物联网丛书

U0812218

物联网系统

杨　震　毕厚杰　王　健　胡海峰　编　著

北京邮电大学出版社
www.buptpress.com

内 容 简 介

对应于信息化时代的到来，本书系统地阐述了物联网的由来及其发展，较详细地阐明了物联网软硬件系统，指出了亟待解决的问题及展望。着重介绍了我国物联网产业化及商业模式。本书可供有关技术人员和高校师生的科研和教学参考使用。

图书在版编目(CIP)数据

物联网系统/杨震等编著. --北京：北京邮电大学出版社，2012. 4

ISBN 978-7-5635-2892-9

Ⅰ. ①物… Ⅱ. ①杨… Ⅲ. ①互联网络—应用②智能技术—应用 Ⅳ. ①TP393. 4②TP18

中国版本图书馆 CIP 数据核字(2012)第 016478 号

书　　　名：物联网系统
著作责任者：杨　震　毕厚杰　王　健　胡海峰　编著
责 任 编 辑：孔　玥
出 版 发 行：北京邮电大学出版社
社　　　址：北京市海淀区西土城路 10 号(邮编：100876)
发　行　部：电话：010-62282185　传真：010-62283578
E-mail：publish@bupt. edu. cn
经　　　销：各地新华书店
印　　　刷：**北京源海印刷有限责任公司**
开　　　本：787 mm×960 mm　1/16
印　　　张：12. 25
字　　　数：266 千字
印　　　数：1—3 000 册
版　　　次：2012 年 4 月第 1 版　2012 年 4 月第 1 次印刷

ISBN 978-7-5635-2892-9　　定　价：26. 00 元

· 如有印装质量问题，请与北京邮电大学出版社发行部联系 ·

前 言

19世纪中叶，在蒸汽机基础上，人类出现了机械化社会；过了半个世纪，出现了电气化时代，生产力明显地提高；20世纪70年代开始，出现了个人计算机，从此人类步入了信息化时代。信息化时代的到来，促进了全球一体化，促进了生产力进一步高速发展，使人类适应自然界的能力大大加强，人们的必须劳动时间大大减少，自由支配时间大大增加，人们开始进入全面自由发展的时代。信息化时代到目前为止，已经经过了二次高潮：计算机网，互联网被人们称为信息网发展的第一、第二次高潮。

现在，又进入物联网的发展时期，人们称之为信息网发展的第三次高潮。物联网使信息的接通范围由人与人之间，扩大到人与物之间、物与物之间，不仅其范围显著扩大，而且其内容较之传统互联网也大大地丰富，可以预期，其通过的信息量将远远超过互联网。

在这样的背景下，我们编著了这一套有关物联网的丛书，主编为杨震、毕厚杰。本书作为丛书的第一本，较系统深入地阐述了物联网的由来及其发展。阐述了其发展历史，较详细地叙述了物联网的体系、节点、数据处理、相关协议、标准化进展等；还着重介绍了我国物联网产业技术及商业模式，指出了物联网中亟待解决的问题及展望。

后续丛书还将分别出版以物联网的关键技术和理论，物联网的应用为主题的内容。

本书的第1、2章由毕厚杰、王健撰写，第3、4、5章由杨震、胡海峰撰写，第6章由毕厚杰、王健撰写。

本书可供有关科技人员、高校师生作为教学、科研参考用书。由于物联网技术和应用正在不断发展，而且我们的水平有限，欢迎广大读者不断指出该书存在的问题和不足，以便不断改进和完善。

编著者

目　录

第1章 物联网的意义、由来和发展

1.1 什么是物联网?

众所周知,互联网由于其标准的统一,结构的简单,已广泛应用于多个领域,它能向人们提供多种信息,能方便地进行人与人之间的通信,但从根本上来说,这些通信对象可以是真实的,也可以是虚拟的。虚拟的通信对象使得互联网面临着安全性、隐私性等诸多问题。

在真实的世界中,存在着许多人,也存在着大量的动物、植物、矿山、森林等物体,在这样的环境中,不仅人与人之间需要通信,需要交换信息,人们还希望感知其周围的物理的多种信息,例如,环境的温度、湿度、光线、二氧化碳含量、污染情况,等等,以便改进人们的生活条件。于是呈现在人们面前的将是一个人与人之间、人与物之间、物与物之间的相互通信的信息网络,它们能通过该网络中唯一的地址(当然,不是现在的 IPv4 地址,它已经不够用了)相互作用,相互交换信息。最终目标是人们能更好地、和谐地生活在这个全球化、信息化的地球上。这个网络一般被称为“物联网”(Internet of Things,IoT)。

稍具体地说,如果一个信息网络的物体附近存在大量的传感器节点,人们可以方便地在远离节点的地方,通过该信息网络感知这些真实物体的信息,这个网络就可称之为物联网。它由真实的物体、其附近的传感器节点,以及通信网络等组成。

由此可见,虽然互联网和物联网都是信息网络,但前者的通信对象可以是虚拟的,而后者的则是真实世界中的真实物体,这是两者根本的区别。后者的信息内容要广泛得多,它们的通信对象可以是在任何时间、任何地点的任何物(包括人)。

1.2 物联网的应用价值[18]

物联网可应用于多个领域。从个人应用看,物联网最引人注目的应用是工作和家庭。由于物联网能提供有关工作和周围环境的信息,使个人工作效率明显提高;由于物联网可提供家庭有关信息,使家庭更安全、更舒适。远程医疗、个人健康监护、远程教学已成为广泛应用的实例。从产业链看,物联网可广泛应用于工业自动化生产,智能电力供应和管理,农产品生产自动维护和管理,食品、物品在运输存储中的质量管理,等等,这些功能呈现给人们的是一派无比美好的前景。

图 1-1 给出了物联网的应用分布图,物联网(IoT)在运输、物流、家庭、安全、工业、农业、林业、石化、气象、电力、水务、移动 POS、环保、消防、医疗、遥感、矿业,以及军事等多

个方面都有着丰富多彩的应用。

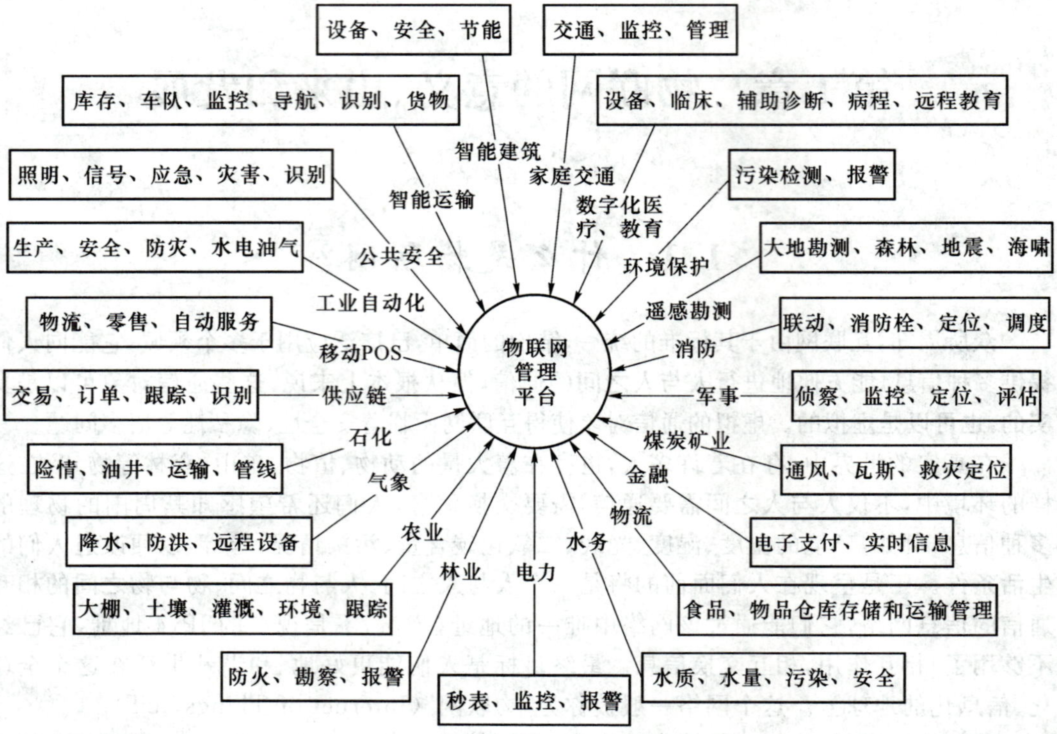

图 1-1　物联网的多种应用

根据物联网的应用领域,可以将上述应用归纳成五类,如图 1-2 所示。

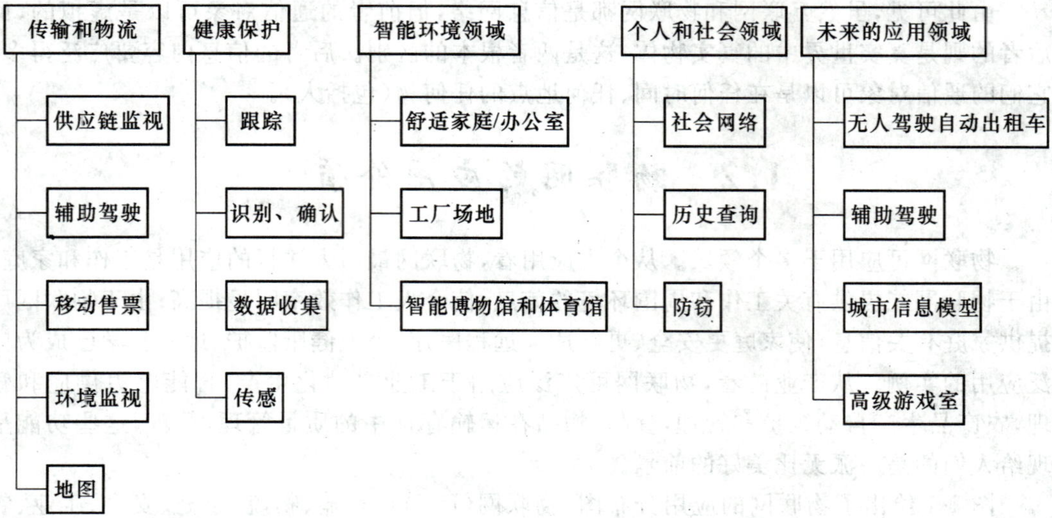

图 1-2　物联网的应用领域

1.2.1　传输和物流

目前在马路上、铁路上行驶的汽车、火车、公交车等正在日益变成这样的设备，它们往往带有传感器、执行器，并具有通信和信息处理能力。道路本身和被传递的货物也装有标记器和传感器，它们把重要信息传送到交通控制中心和传输中的车辆，以便更好地为人们提供交通路由，帮助民航管理中心提供旅游所需适当的传输信息，监视被传送的货物的状态，等等。下面举些具体例子进行说明。

(1) 产品供应链的实时监视和信息反馈

基于电子标签(Radio Frequency IDentification，RFID)技术和近距离通信技术(Near Field Communication，NFC)的实时信息处理技术，可实现产品供应链的每个链的实时监视，包括从日常用品的统计、原始材料的购买、产品(成品和半成品)的生产、传输、存储、销售以及售后服务的信息反馈等。企业能够实时完整地获得有关产品的信息，使其能在最短时间内获得市场可能变化的信息和应用的结果。现代企业由于使用这些技术仅需几天，而且能做到零库存[19,20]，而传统企业从用户需求到日用产品的供应则需 120 天。

(2) 辅助驾驶

如果汽车、火车、公交车，以及马路、公路和铁路等都装有传感器，执行器和具有通信和信息处理能力的设备，就能向驾驶员和(或)乘客提供重要的导航信息和安全信息。其中，碰撞防止系统和危险品监视是安全的典型功能。当道路出现拥挤和堵塞，以及偶发事件时，辅助驾驶可帮助驾驶员找到正确的行驶路径。运输公司如能执行更有效的优化路由，可使汽油得以节省。移动车辆传送食品时，如能由物联网获知食品形式和状态，则可得到食品的传送延迟时间、保险状态等重要信息。

(3) 移动售票

点击移动电话的人机交互指示，可得到相应所需的若干菜单目录，给出业务站点、客户数目、业务类型、业务价格等有关信息，并购得所需业务的飞机票、火车票和汽车票，并可预订宾馆房间等。

1.2.2　健康保护

跟踪的目的是对运动中的人与物的识别。如对医院中病人流的跟踪，对财务清单的连续跟踪，对外科手术时使用的血液、材料的跟踪。

识别和确认也是健康保护中常用的，如对药品品种、用量、服药时间、服用程序的确认，还有对电子医疗记录的确认，医院中婴儿的识别和防止出错的确认，对重要仪器的识别与确认等。

自动数据收集和传送，如远程电子医疗，可减少对疾病处理时间，减少病人往返时间，监视病人是否服从医疗团队的医疗方案，向病人发出警告等，利用不同传感技术和远程病人监视系统可诊治任何地方的病人。

1.2.3 智能环境领域

(1) 家庭和办公室

分布于家庭和办公室的传感器和执行器，使人们的生活和办公更舒适，室温可随着人的出现、气候变化而自动调节；室内光线可按一天的不同时间而自适应地变化；监视和告警系统，避免突发事故；电器设备不需用时可自动关掉，以节约电能；按不同时间启用电力，以节省电费；等等。

(2) 工厂

利用电子标签(RFID)，可使合格部件自动进入流水线下一程序，否则就利用机器人剔除该部件。工厂管理人员凭借企业资源计划(Enterprise Resource Planning，ERP)平台对生产过程，设备状态进行系统管理，以便企业合理调配资源，最大化地提高生产效率。

1.2.4 个人和社会领域

该领域中物联网的应用，主要是使用户与其他有关人员进行互通，以维持和适应和谐的社会关系。物联网中的用户会自动触发消息并传递给一些朋友，让他们知道自己正在做什么，或过去已经做了些什么，例如，正在家、正在办公室、正在旅游、正和朋友见面、正踢足球，等等。

(1) 社会网络

该应用与自动修改在 Web 入口上的人们的社会活动信息有关，人们可利用 RFID，使它产生关于人、物的事件，给出其在社会网络中的实时修改，并载入网络化的网站上，应用用户的接口，于是可显示事件的反馈，即其朋友已准备好做些什么。用户可控制其朋友名单，以及什么事件应告诉哪些友人，等等。

(2) 历史查询

关于物体和事件数据的历史查询是很有用的，它可让用户掌握这些活动的时间变化趋势，这对支持长期的商业项目和合作是很必需的。例如，谷歌的历史记录和显示的每天的数字应用就可提供日后的精读。历史趋势曲线可以用谷歌 Chart Tools 自动产生以回答何时、何地、何人、如何完成哪些项目等。

(3) 防窃

用户通过物联网可知道严格限制区域中的某些贵重物体被移动过了，这往往表明物体正被偷窃。该事件必须立即自动发短信告知用户本人或关闭保险门。这些物品可以是笔记本式计算机、挂壁上的重要设备、贵重的装饰品等。

1.2.5 未来的应用领域[21]

(1) 无人驾驶自动出租车

在未来城市中，将出现许多自动出租车，它可提供及时、高效的服务，从而大大减少城市中交通阻塞现象。它们自动寻找最佳路由，以最快最安全速度到达指定的目的地，用户的位置会自动地被跟踪；用户可利用移动电话或手势向路边打招呼，用户只需指向街边的带有传感器的地图，指出在某一特定时间到达某一位置，该自动出租车就会自动编成相应的交通程序，并按时把用户送到目的地。

(2) 城市信息模型(City Information Model,CIM)

一个城市的信息模型是基于这样的概念：每一建筑物和市区结构，例如，步行街、环形路，以及重要应用基础设施，如铁路线、公交路线等，被连续地由政府有关部门监视，并可通过一系列应用编程接口(API)被第三方所应用，用户的管理业务与 CIM 平台相互通信，从而以最有效的价格，共享资源、共享能量。他们相互自动交换过剩的能量，价格则按供应点需求相适配的原则被计算。每一项的业务性能被实时地向 CIM 报告，并相互比较。在这个意义上，计划和设计是一个进行中的社会过程。在此基础上，可推出城市最佳总体性能、总体效率。

1.3 物联网的定义及其各种形式

物联网有多种定义，本章文献[1]给出了确定的定义："物联网是通过信息传感设备，按约定的协议实现人与人、人与物、物与物全面互联的网络，其主要特征是通过射频识别、传感器等方式获取物理世界的各种信息，结合互联网、移动通信网等网络进行信息的传送与交互，采用智能计算技术对信息进行分析处理，从而提高对物质世界的感知能力，实现智能化的决策和控制"。当然，这里指的互联网并不是目前的互联网，而应在地址、规模、安全性、质量保障等方面有明显提高的下一代互联网。

IoT 从字面意思上看，一个是"面向网络"的，另一个是"面向物体"的，这二者放在一起，IoT 就意味着是一个互相连接的、大量的不同物体在世界范围内构成的网络。这些物体都具有基于标准规程[2]的唯一地址。

物体的大量地址如何表示，相互交换信息，如何存储和进行，成为最具挑战性的问题。于是直接带来了 IoT 的第三个"面向语义"的定义。

图 1-3 则把 IoT 看成为这三个"面向"形式的融合的结果，它对 IoT 的形式作了技术标准的综述和分类。

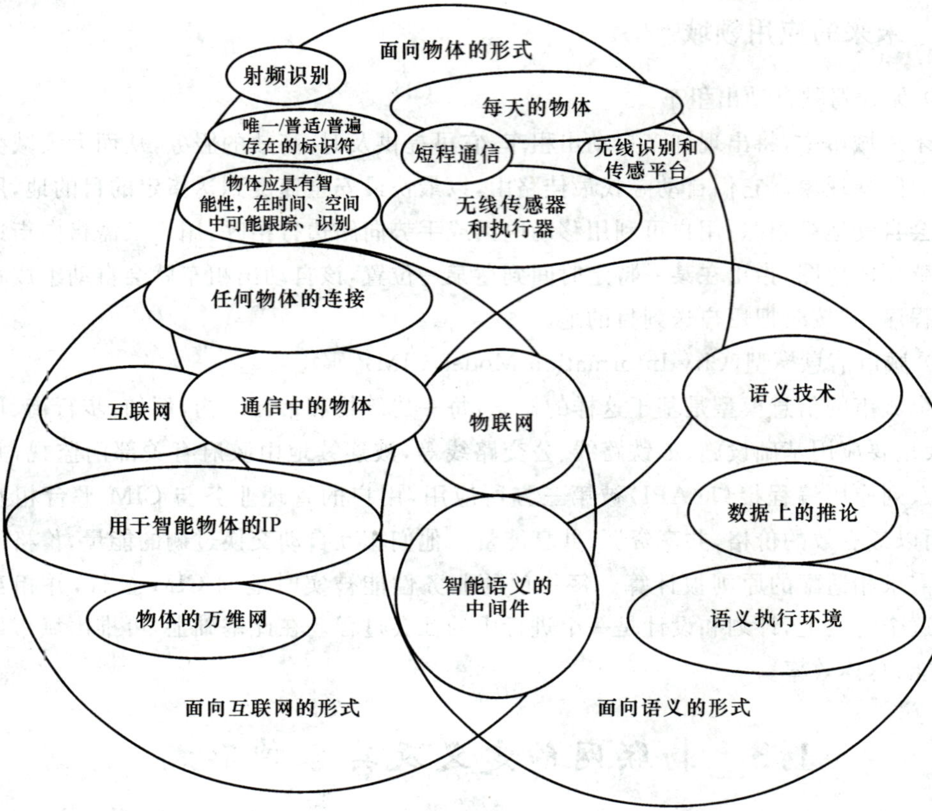

图 1-3　物联网是不同形式网络综合的结果

1.3.1　面向"物体"的形式

这里的物体可以是十分简单的物品，每个物体可带有电子标签或射频识别(RFID)。RFID 与电子产品码(Electronic Product Code，EPC)一起，构成了可用于 IoT 的 EPC global体系[3,4]，用于全球的物联网的物体识别。这个 EPC global 标准可描述物体的状态和位置，这是使物联网得以充分利用的一个关键部分，但不是唯一的部分。

从更广的意义上说，IoT 除了 RFID EPC global 系统，另一个 UID 体系也已被提出[5]，Sakamura 认为：以 RFID 为中心是对的，确实是主要的，RFID 着重于物体可能跟踪和可寻址，但要设法使 IoT 中的物体的全球可视性更完备些。Presser 则认为，短程通信(NFC)和无线传感器以及执行网络(WSAN)与 RFID 一起，被认为是连接真实的数字世界的自动分量，我们的目标是开发诸如无线识别和传感平台(WISP)。

联合国的一份建议提出"一个新时代正来临，人将变成产生和接收信息流的少数，而在互联网中每天的物体(Everyday Objects)则成为主要的"[3]。

Sterling[8]提出了 Spime(Space time)的概念，即"物体应增强其智能性。物体能在其寿命期内通过空间和时间被跟踪，并将是可持续的、可增强的和唯一可识别的”。虽然十分理论性，但 Spime 的定义找到了所谓智能物体（Smart Object）在真实世界中的具体实现。

ITU 对物联网的定义为：“通过在各种各样的日常用品上嵌入一种信息传感装置，如射频识别、红外感应器、全球定位系统、激光扫描仪等，将它们与互联网相连，使我们在信息与通信的世界里获得一个新的沟通维度，将沟通从任何时间、任何地点、任何人之间的沟通连接，扩展到人与物、物与物之间的沟通连接”。

欧盟对于物联网定义为：“为了在社会、环境和用户中相互连接和通信，应在智能空间中，利用智能接口后，使物体可以被识别和具有虚拟个性”[2]。

1.3.2 面向“互联网”的形式

为了使互联网规程成为连接世界上智能物体（Smart Object）的网络技术，2008 年 9 月，25 家前沿性公司成立了一个 IPSO（IP for Smart Object，用于智能物体）联盟[10]。按 IPSO 的建议，IP 堆栈应是一个轻型规程，它连接大量有电池供电的嵌入式通信设备，并运行于 tiny 操作系统，使其保证 IP 具有使物联网成为一个实体的质量。根据 IPSO 的白皮书可知，只需通过一个合理的 IP 自适应性，可把 IEEE 802.15.4 融入 IP 体系中，从 6 Lo WPAN [11]的观点看，物联网的充分利用将自动地被实现。

互联网[11]则是一种减少 IP 堆栈的复杂性的方法，它可获得设计与跟踪“IP 于任何物体”的规程。根据 IPSO 和互联网方法，物联网将可通过对现有 IP 的简化，使其自适应于任何物体，并使这些任何物体位置是可寻址的和可到达的。

1.3.3 面向“语义”的形式

由前述可见，物联网的面向“语义”形式是可以应用的[12-16]。由于未来互联网中物体的数目将变得非常大，因此，如何表示、存储、互连、搜索和组织由物联网产生的信息将变成一个十分具有挑战性的问题。于是，语义技术就可能扮演一个关键的角色。事实上，对物体的描述、由物联网产生数据的理由、满足物联网需求、可扩展存储及通信结构的语义执行的环境和体系，都可开发适当的模型化方案解决[14]。

还有，与物联网有关的进一步的形式有所谓的“物体的万维网”（Web of Things），按这种形式，Web 标准被再利用于连接，和综合到包括一个嵌入式设备或计算机的所谓的 Web 每天生活（every-day-life）的物体中[17]。

1.4 物联网的由来及发展

1995 年，比尔·盖茨在他的著作《未来之路》中，首次提出世界上多个事物均将连接到信息高速公路中。

1999 年，EPC global 全球电子产品编码联盟与 100 多家企业成立 IoT 联盟。2003 年，世界上第一本以物联网为名称的书为 *Das Internet der Dinge*[15]问世。

2005 年，国际电联(ITU)发布了《ITU 互联网报告 2005：物联网》，指出：无所不在的“物联网”通信时代即将来临。

2009 年 8 月，温家宝总理视察无锡，提出“尽快建立在中国的感知中国中心”。

2010 年 11 月 29 日至 12 月 1 日，在日本东京召开了全球“Internet of Things 2010 Conference”。

综上可见，物联网已不再是一个概念，而正在逐步向标准化、应用方面发展。有一个概念正在逐渐浮起，即物联网的标准化是作为未来互联网标准化的一个部分。这个断言是欧洲关于物联网的 RFID 项目(CERP-IoT)最近提出的。因此，把不同物体综合到更宽泛的网络中，不论移动或固定网络，将实现与未来互联网的互连互通[16]。

1.5 传感器网络、物联网、互联网和泛在网络的关系

最后，简述一下物联网与无线传感器、互联网、泛在网络之间的关系。

传感器网络包括传感器，以及短程通信网，实际上只是传感单元的延伸，它不一定连接到公用通信网络。

物联网则包含各种不同的传感单元，诸如 RFID、激光扫描器、GPS、传感器等，一般认为为了实现远程的感知信息，它应包括公用或专用通信网络。于是物联网可实现人与人、人与物、物与物之间的远程通信。传感器网络只是物联网的子集。

至于泛在网，它着重于若干异质网络之间信息的互连与通信。它支持的通信，其方式不仅仅是人与人，而且有物与物、人与物之间的通信。根据 ITU 的定义，泛在网应具有对人与物的接入业务与通信能力，而且可在任何地方、任何时间，以任何方式接入业务，并且其技术限制是最小的。

可见泛在网包括了物联网和传感器网。

至于物联网与互联网的区别，正如前述的，前者通信对象是具体物体的物理世界，而后者可以是虚拟的。

本章参考文献

[1] 江苏省人民政府. 江苏省物联网产业发展规则[Z]. 2010.

[2] INFSO D. 4 Networked Enterprise& RFID, INFSO G. 2 Micro& Nanosystems in co-operation with the WORKING GROUP RFID OF THE ETP EPOSS. Internet of Things in2020, Roadmap for the future[R]. 2008, 1(1).

[3] Auto-Id Labs[EB/OL]. http://www.autoidlabs.org.

[4] The EPC global Architecture Framework, EPC global Final Version 1.3[EB/OL]. www.epcglobalinc.org.

[5] Ken Sakamura. Challenges in the Age of Ubiquitous Compting: a case study of T-engine, an open development platform for embedded systems[C]//Proceedings of ICSE'06, Shanghai, China. New York: 2006: 713-720.

[6] Presser M, Gluhak A. The Internet Things: Connecting the Real World with the Digital World[J/OL]. EURESCOM mess@ge-The Magazine for Telecom Insiders, 2009, 02: 8. http://archive. eurescom. eu/message/messageSep2009/default. asp.

[7] M. Botterman, for the European Commission Information Society and Media Directorate General, Networked Enterprise&RFID Unit-D4. Internet of Things: An Early Reality of the Future Internet[C]//Report of the Internet of Things Workshop. Prague: 2009.

[8] Bruce Sterling. Shaping Things-Mediawork Pamphlets[M]. London: The MIT Press, 2005.

[9] ITU SPU. ITU Internet Reports-The Internet of Things[R]. Geneva: ITU, 2005.

[10] Dunkels A, Vasseur J P. IP for Smart Objects[R]. Internet Protocol for Smart Objects (IPSO) Alliance, White Paper #1, 2008(9).

[11] Hui J, Culler D, Chakrabarti S. GloWPAN: Incorporating IEEE 802.15.4 Into the IP Architecture[R]. Internet Protocol for Smart Objects(IPSO) Alliance, White Paper #2, 2009(1).

[12] Toma I, Simperl E, Graham Hench. A joint roadmap for semantic technologies and the internet of things[C]//Proceedings of Third STI Roadmapping Workshop. Greece: 2009.

[13] Katasonov A, o. Kaykova, o. khriyenko, et al. Smart semantic middleware for the internet of things[C]//Proceedings of the Fifth International Conference on Informatics in Control, Automation and Robotics. Funchal: 2008.

[14] Wahlster W. Web 3.0: Semantic Technologies for the Internet of Services and of Things [C]//Lecture at the 2008 Dresden Future Forum. Dresden: 2008.

[15] Fleisch, et al. Dao Internet der Dinge: Ubiquitious computing and RFID in der Praxis[M]. Berlin: Springer, 2003.

[16] Sanfacci G. Internet of the future, and Internet of Things[C]//Proceeding of

Ematch'09 Future Internet Workshop. Oslo:2009.

[17] Guinarb D, et al. Towardo the web of Things[C]//Proceeding of International world wide web conference 2009. Spain:2009.

[18] 杨震. 物联网及其技术发展[J]. 南京邮电大学学报:自然科学版,2010,30(4):9-14.

[19] Yuan R, et al. Value chain Oriented RFID system Framework and Enterprise Application[M]. Beijing:Science Press,2007.

[20] Metro Group Future Store Initiative[EB/OL]. http://www.future-store.org.

[21] SENSEI FP7 project, Scenario, Portfolio, User and context Requirements, Deliverable 1.1[EB/OL]. http://www.sensei-project.eu.

第 2 章 物联网的体系和组成

2.1 物联网的体系

2.1.1 物联网的体系结构

物联网体系结构如图 2-1 所示，按功能划分，从下到上依次有三个层次，即感知层、传送层和应用层。

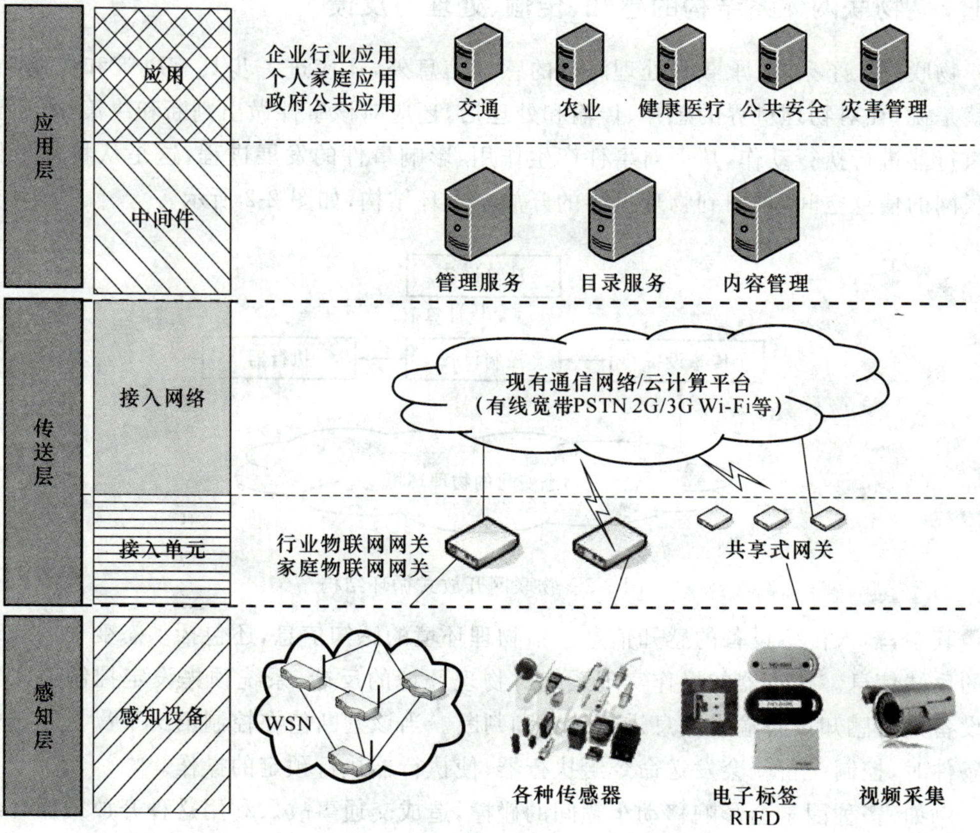

图 2-1 物联网体系结构

1. 感知层

主要的功能为感知和识别物体，采集和捕获物体及其环境的相关信息。它包括各种具有感知能力的设备和网络，如各种传感器、近程通信的无线传感器网络（WSN）、RFID标签和读写器、M2M终端、视频采集器终端等。

2. 传送层

主要功能为传送和处理物联网数据，其中包括现有的有线、无线通信网，以满足数据的高带宽，远距离传输要求。还包括网关设备，以实现感知层和通信网络的互连和协议之间的转换。传送层还包括感知数据管理和处理。云计算平台作为海量感知数据的存储、分析平台，也是物联网传送层的重要组成部分。

3. 应用层

其功能为利用经过传送和分析处理的感知数据，为用户提供丰富的应用服务。中间件则是为物联网应用提供基础的公共服务系统的平台系统。

2.1.2 物联网体系结构的感知、传输、处理与反馈

物联网除了采集、承载和处理海量的感知信息外，还应进一步具有决策和控制功能，也就是说，在对物理世界的感知、传输和处理后，还应对该事件做出判断和决策，再回到控制执行器进行执行动作，从而对事件产生作用，影响事件的发展进程，这是从物理世界到物联网的信息空间，再回到物理世界的开放式循环结构，如图 2-2 所示。

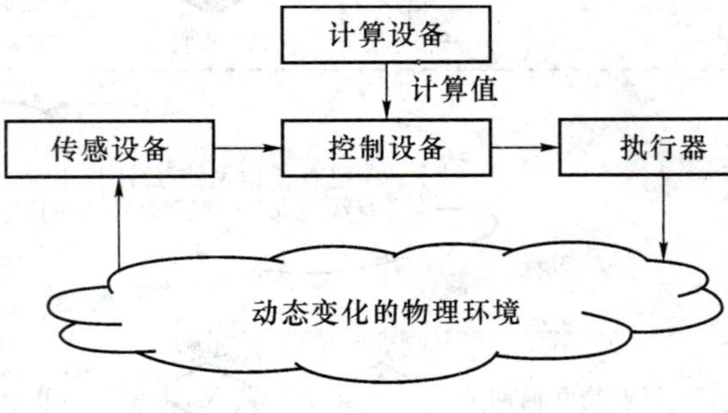

图 2-2 物联网开放式循环结构

其中，输入传感设备的感知信息包括物理环境的感知信息，还包括动态变化的物理环境的反馈信息。执行器的操作实现系统对物理环境的反馈，系统预先设定控制语义。计算设备则对感知设备输出信息进行计算和判断。当该判断值在控制语义下满足预定的触发条件时，控制设备就会发送命令给执行器，使执行器执行预定的操作。

例如，多种因素会影响移动车辆间的碰撞，造成交通事故。利用这种开放式循环结构的物联网系统，通过智能的感知、通信、控制，就可以做出正确判断，避免车辆的碰撞。

2.1.3　单层物联网体系

通常，物联网中含有大量的传感器节点，这些传感器用来感知附近的物体有关信息。为了把数量巨大的节点互连成网络，以便互相交换信息，往往采用无线的方式，显然相对于有线方式，这种无线方式要方便得多。因此物联网中很重要的组成部分，即无线传感器网络，如图 2-3 所示。

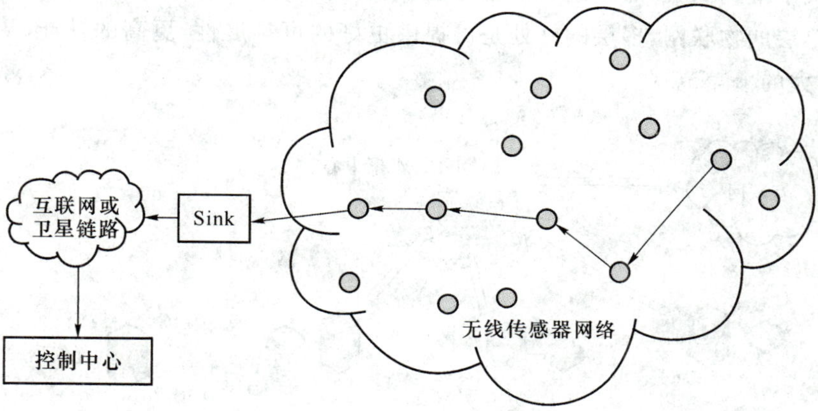

图 2-3　单层物联网体系

物联网通常由传感器节点、汇聚节点、互联网、控制中心等组成。节点上的传感器是用来感知周边环境的有关信息（视频、音频、温度、湿度、光线等），通过多跳中继方式把这些信息传递到汇聚节点（Sink）。然后，再通过互联网或通信网把所有感知的信息传送到相应的控制中心。控制中心则对这些信息进行分析，实现有效的环境监测。

2.1.4　多层物联网体系

一般来说，物联网可由多层组成，如图 2-4 所示。

这里的物联网可由单层，也可由多层传感器网络组成。单层可由同质传感器〔图 2-4(a)〕，也可由异质传感器〔图 2-4(b)〕组成。

图 2-4(a)中，节点由同一类的传感器组成，它们具有相同的传感、计算和通信能力。该图中多媒体处理集线器比视频传感器具有更强计算能力，它也是由周围环境感知多媒体信息的处理集线器。传感信息以无线多跳方式从源节点通过网关被送到汇聚中心。

图 2-4(b)中，为群聚型单层物联网，它由异质传感器节点组成。它们包括音频、视频、纯量(scalar)等不同的传感器。纯量传感器可感知周围物体的温度、湿度、光线等不同系数。

图 2-4(c)为多层物联网，它由三层组成。第一层由纯量无线传感器节点组成，它执行

简单任务，收集周围环境中的一些纯量信息，如温度、红外、湿度、压力、光线等。第二层由中等清晰度视频传感器节点组成，收集周围环境中的一些多媒体信息。第三层由高端清晰度视频传感器节点组成，用于复杂工作，例如，物体识别、跟踪物体的特征等。每一层都有一个中心处理集线器，它基本上是一个视频节点，但具有更强的计算和通信能力。因此，不同层可以分布形式执行存储和数据处理。高层的多媒体处理集线器收集纯量/音频/高端视频传感器的信息，再加上自己的由目标位置感知的信息，然后把处理后的数据以无线方式中继到网关，然后送到汇聚中心，最后经互联网（通信网）传送到监控中心。

比起单层的物联网，多层的好处是可提供更好的可扩展性，更高的功能、更好的可靠性，以及更大的覆盖范围。

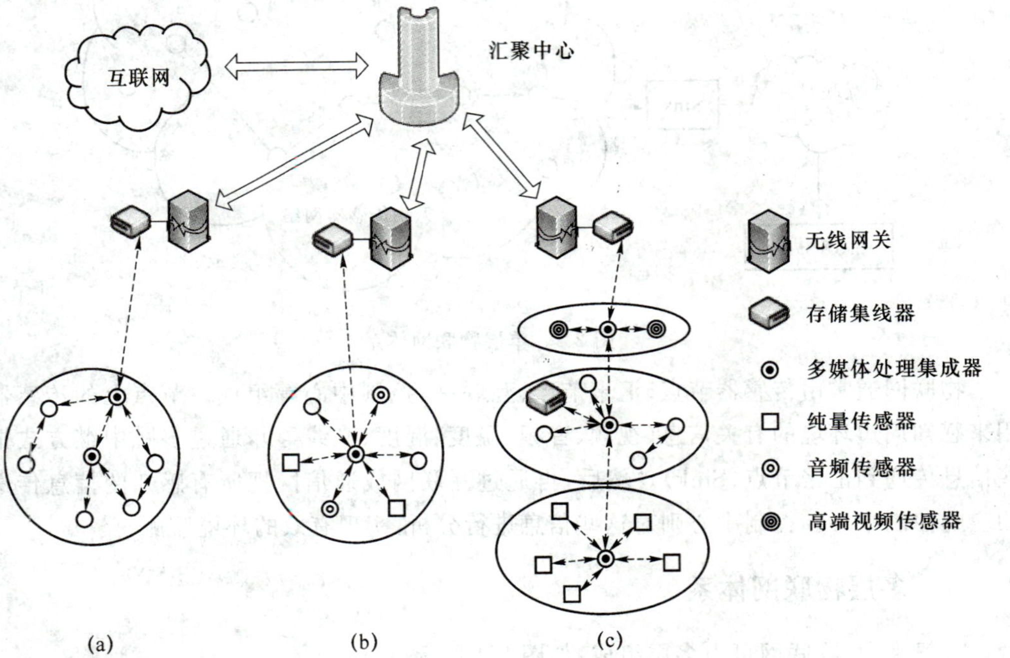

图 2-4　多层物联网体系

2.2　物联网的节点

2.2.1　WSN 和 WMSN 节点特点

物联网中包含大量传感器节点，大多采用无线方式。按传感器感知内容的不同，大体上可以分为两大类：无线传感器节点（WSN）和无线多媒体传感器节点（WMSN）。

无线传感器节点用来感知周边环境中的温度、湿度、红外、声纳等物理现象及其参数，多媒体传感器节点则着重感知周边环境中的视频、音频、图像等信息及其参数。这些传感器节点除了具有感知能力外，还应具有信息处理、存储能力和通信能力。表 2-1 给出了这两类特点的比较。

表 2-1　无线传感器节点和多媒体传感器节点特点比较

		WSN	WMSN
共同点		自组织、多跳路由、超大规模、资源受限、能耗敏感、无人值守等	
不同点	能耗分布	能耗低，主要集中在无线收发上，能耗分布呈聚集状态	能耗较高，无线收发、数据采集、数据处理的能力基本相当，是“均匀”分布状态
	处理任务	较简单，简单的加、减、乘、平均、数据“聚合”等	复杂，图像压缩编码、分布式视频处理、信息融合等
	QoS 要求	要求较低，牺牲 QoS 换取能耗最小化	很强大实时性，较高的网络吞吐量，能适应不同应用的需求
	功能应用	功能简单，感知信息量有限，用于简单的环境监测等场合	感知媒体丰富，细粒度，精确度环境监测，能完成目标探测
	传感模型	全向性，可以任何方向感知数据	大多数（如视频传感器）有很强的方向性
	核心点	能耗最小化	在满足 QoS 条件下，追求能耗最小化

2.2.2　传感器节点硬件结构

传感器节点通常由传感器模块、处理器模块、无线通信模块及能量供应模块四部分组成，如图 2-5 所示。

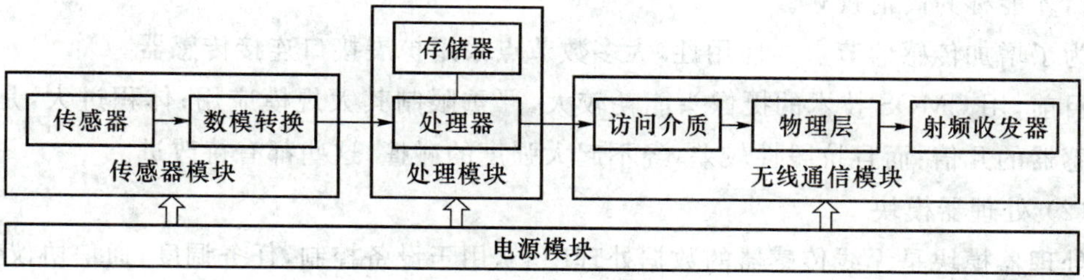

图 2-5　传感器节点结构[1]

（1）传感器模块

纯量传感器：用来感知温度、湿度、光照、声音、加速度、超声波、震动、压力、磁等物理量。

传感器一般包括传感器探头和变送系统两部分。通过探头测到物理量的变化，然后送入变送系统，转换成电阻、电容、电感的变化，这些模拟电子特性的变化，通过 A/D 变换器转换成相应的数字信号。

温湿度传感器、光照传感器和声音传感器价格不高，体积小，如图 2-6 所示为 Sensirion 公司的温湿度一体传感器，体积仅火柴头大小。加速度、超声波、震动、压力传感器则体积较大，价格较高。

(a)SHT1x和SHT2x传感器

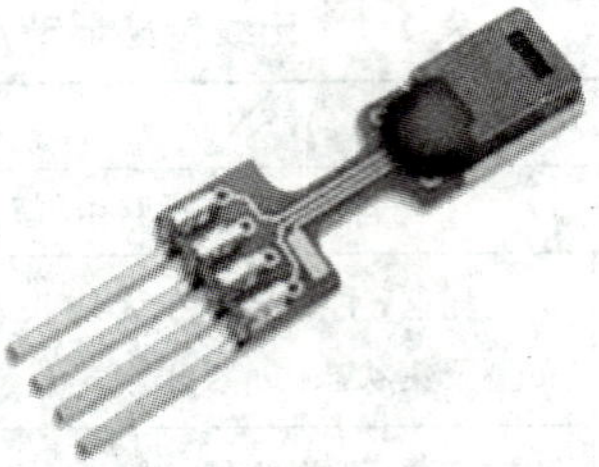

(b)SHT7x传感器

图 2-6 SHTxx 湿温度一体化传感器[1]

目前，国内纯量传感器(scalar sensor)的技术和工艺水平尚不高，而美国的产品则性能较好。

多媒体传感器：用于感知视频、图像以及声音等多媒体信息。大多数的图像、视频采集功能采用 CMOS 传感器的摄像头。按视频清晰度不同，有标清(标准清晰度)和高清(高清晰度)两大类。在视频通信中，传统的标清有 QCIF(176×144)、CIF(352×288)和 4CFF(704×576)等。后来出现了高清产品，包括标清 SD(1280×720p)和高清 HD(1280×1080p)，其中“p”为逐行扫描格式，“i”为隔行扫描格式，而一般不必写。现在，美国电影电视工程师协会(SMPTE)制定的高清数字电视的格式为 1920×1080。

严格来讲，只有支持 1280×720 或更高分辨率，同时达到一定的帧频(例如，25 fps 以上)时，才能称为高清视频。

为了增加传感器节点的通用性，大多数节点采用扩展接口连接传感器。

目前，用 CMOS 技术的摄像头能耗较大，严重限制其大规模应用；体积过大，是一般纯传感器的几倍；而且抗毁性较差，经不起大强度的碰撞，这些都有待改进。

(2) 处理器模块

处理器模块是无线传感器的数据处理中心，用于设备控制，任务调度，通信协议，数据处理、存储等。

对处理器模块的要求是：体积要尽量小，集成度要尽量高，功耗低，支持睡眠模式，要有外部的通用 I/O 端口和通信接口，价格要低，有安全保证。

从处理器的角度看，一类节点采用以 ARM(Advanced RISC Machine)为代表的高端处理器，可支持动态电压调节(DVS)，或动态频率调节(DFS)等节能方式，有很强的视频处理能力，如 Stargate。另一类节点则采用低端微控制器，其处理能力较弱，只能完成简单的图像采集任务，如 Cyclops[2]等。表 2-2 为部分视频传感器节点和通用平台。

表 2-2　无线传感器、处理器、无线芯片

节点/通用平台	处理器	无线芯片	性能
Cyclops	Mica 平台/ATmega1282	CC2420(ZigBee)	低功耗，ADCM-1700 摄像头，tiny OS 操作系统
CMUcam3	Telos 平台/MSP430	CC2420(ZigBee)	低功耗，帧频 26 fps
Imote2	TXA270(520 MHz)	CC2420(ZigBee)	处理功能强，可进行视频处理，Linux 操作系统
XY2	ML67Q5002(60 MHz)	CC2420(ZigBee)	处理功能强
Stargate	PM255(400 MHz)	802.11b	DVS，DFS，处理功能强大
uAMPS-2	TMS320e55xx(200 MHz)	802.11b	处理功能强大

多媒体信息处理的一个核心问题是压缩编码，既要压缩冗余的信息，以便在带宽较窄的信道上传送，又要保证在解压缩(解码)后的信息有较好的保真度。

在无线多媒体传感器网络中，一般采用分布式信源编码方法。由于大量节点是进行视频编码，少量节点是进行视频解码的(如汇聚节点)，按传统方式，则编码端需要进行复杂的运动估计及运动补偿，而解码端的运算较简单。显然，这种传统编码方式不适于无线多媒体传感器网络。因而无线多媒体传感器网络中，编码端节点信号是资源和能量严重受限制的，而解码端节点如汇聚节点则处理能力可以很强。为此，在无线多媒体传感器网络中，信号采用分布式信源编码技术，即以增加解码端的复杂性换取编码端的简单操作，但其结果仍应和传统编码方式类似，即高效压缩编码，而重建图像的质量却接近传统方式。由于这种方式是对多个信源分别进行独立编码，即分布式的信源编码，从而避免了传感器节点之间的信息交互，节省了由于信息交互带来的带宽需求和能耗。Bajcsy 等[3]提出了用 Turbo 码作为统计相互的二值信源的压缩方法，其压缩性能可接近于理论下限。其在无线多媒体传感器网络中的实现，尚存在多节点的联合概率模型和分布函数的建立等问题，在编码端的信道编码及解码端的运动补偿等问题，也需要进一步研究。

还有一种方法可采用，即多节点分布式图像压缩方法，将单个节点的计算负荷有效地分解到多个节点上，通过节点间的"在网计算"，分布并行地实现图像及视频的处理、存储和传输。目前较多的是基于小波变换的多节点分布式图像压缩方法[4]，但这种方式用于无线多媒体传感器网络并不理想，还应降低其复杂度。

(3) 无线通信模块

目前无线通信技术非常多，GSM 和 CDMA 等技术主要应用于移动通信中。在传感器网络中，它们主要用于汇聚节点和互联网之间的互通。

IEEE 802.15 系列标准主要应用于小范围的无线网络(WPAN)，特别是 802.15.4(即 ZigBee 协议)，是定义于 250 kbit/s，低复杂度、超低功耗、超低价格的无线数据通信。除了 2.4 GHz 频段是无须申请许可证的可用于无线传感器网络的优先选择外，还定义了 700 MHz 和 866 MHz 两个频段。早期，无线多媒体传感器网络大多采用单一通信协议结构(如 802.15.4)，这种方式便于管理和实现，但未能考虑网络中簇头与成员节点间的差

异。因此后来有人提出在无线多媒体传感器网络中采用多种通信协议的方法，如图 2-7 所示。在资源有限的簇内，采用简单的数据率较低的 802.15.4 协议进行无线电通信，而在簇间的通信，则采用带宽资源较丰富的 802.11 标准，从而能有效地兼顾资源、能耗、传输等多方面因素，更好地为多媒体应用服务。其中用于 802.15.4 标准的，采用 CC2420 芯片，而 802.11 则采用相应的无线局域网芯片。

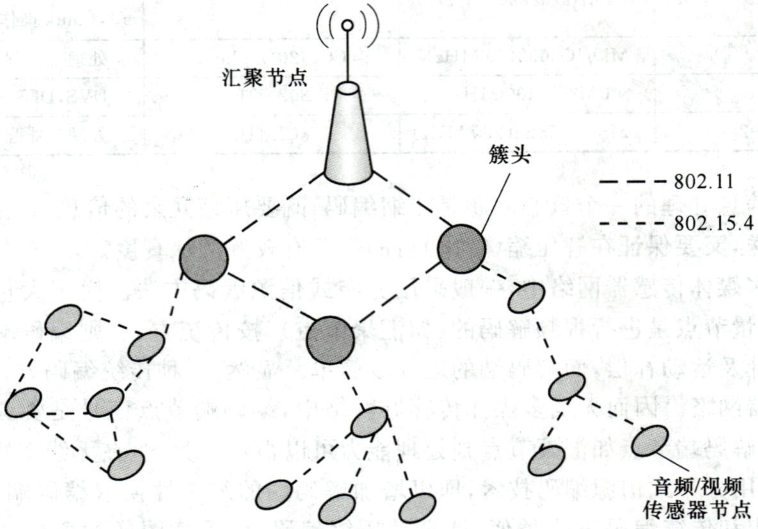

图 2-7　混合通信协议[4]

2.2.3　传感器的节点实例简介

1. Mica 系列节点

Mica 系列节点是美国加州大学伯克利分校研制的传感器试验节点。由于该平台的软硬件都是公开的，因此是研究传感器网络的主要试验平台。其主要性能指标如表 2-3 所示。

表 2-3　Mica 系列传感器节点的主要性能指标[1]

节点类型		WecMoTe	Mica	Mica2	Mica2dot
微处理器	芯片类型	AT90S8535	ATmega163	ATmega128	
	CPU 时钟/MHz	4		7.372 8	4
	程序空间/KB	8	16	128	
	内存/KB	0.5		4	
无线通信	芯片类型	TR1000(RFM 公司)		CC1000(Chipcon 公司)	
	载波频率/Hz	916(单频点)		916/433(多频点跳频)	
	调制方式	OOK	ASK	FSK	

Mica 系列节点在硬件上由两个模块组成，一个模块是运算和通信平台，另一个是传感器平台。两者之间通过 51 针的统一定义接口进行连接。这种统一定义的接口可使不同的通信平台与不同传感器平台之间自由组合。

在电源管理方面，ATmega128L 设计了 6 种不同的睡眠模式，特别适合能量有限的应用。

Mica2 由于有一完整、通用的标准接口，因而得到了广泛应用。如图 2-8 所示为 Mica2节点的通用接口原理图，其说明如表 2-4 所示。

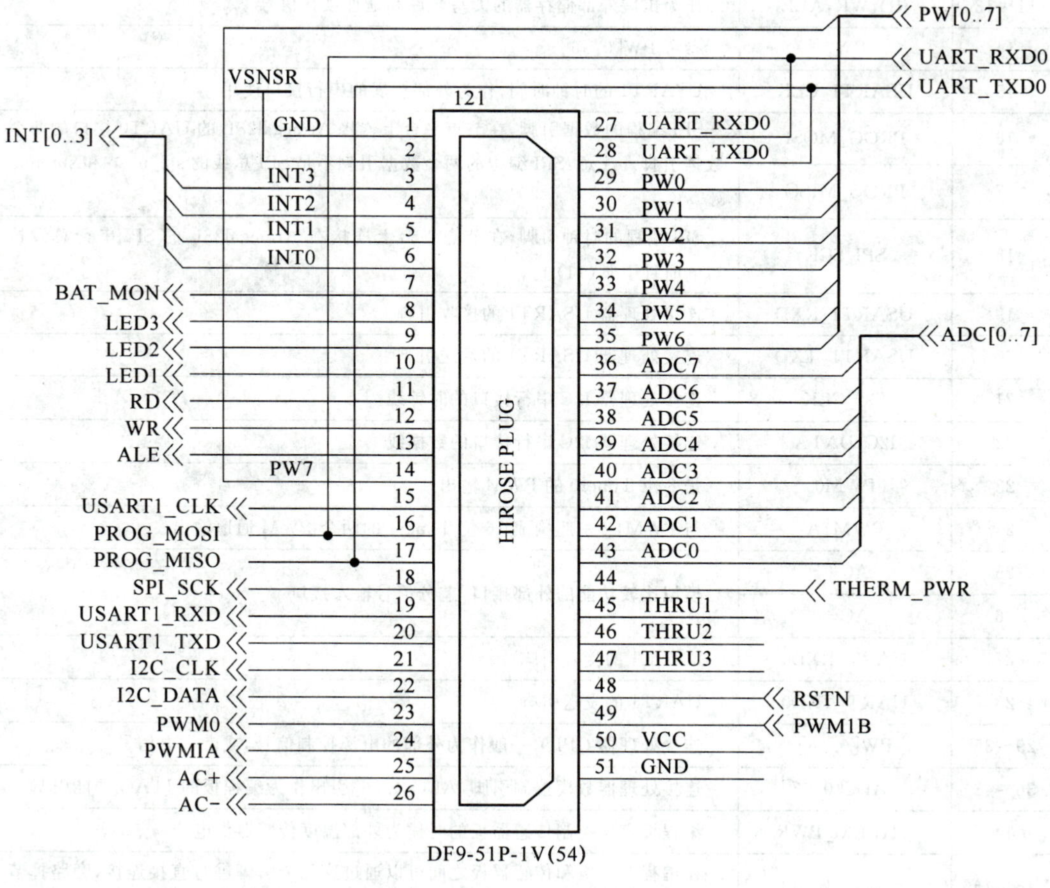

图 2-8　Mica2 节点通用接口原理图

表 2-4　Mica2 节点通用接口原理图说明

引脚	原理图网络标号	说　明
1	GND	地
2	VSNSR	传感器提供的模拟电压,注意这个参考电压不能超出(VCC±0.3) V
3～6	INT[0..3]	连接处理器通用 GPIO,可以作为外部供电引脚,也可以作为外部终端输入
7	BAT_MON	在检测电池的电路时提供电源。这个引脚通常不用,只有在外部 GPIO 不够用的时候使用
8～10	LED[1..3]	Mics2 的三个指示灯,引出连接到编程调试板的指示灯
11～13	RD,WR,ALE	作为扩展外部储存器的读写允许和地址锁存信号
14	PW7	参考 PW[0..6]
15	USART1_CLK	USART1 的时钟时间,作为外部扩展的串行接口使用
16	PROG_MOSI	SPI 编程的数据引脚,在节点平台上连接 Atmegal28L 的 UART0 接口的两个数据引脚。注意:SPI 编程的两个数据引脚不是 SPI 总线的 spi_miso 和 spi_mosi
17	PROG_MISO	
18	SPI_SCK	SPI 编程的时钟引脚,在节点平台上连接在 Atmegal28L 的 SPI 串行总线接口的时钟引脚(11)上
19	USART1_RXD	连接处理器 USART1 的接收引脚
20	USART1_TXD	连接处理器 USART1 的发送引脚
21	I2C_CLK	连接处理器 I2C 串行接口的时钟线
22	I2C_DATA	连接处理器 I2C 串行接口的数据线
23	PWM0	是 8 位 Timer0 的 PWM 输出
24	PWM1A	与 PWM1B 一起构成 16 位 Timer1 的两个 PWM 通道输出
25	AC+	模拟比较功能的外部接口,差分信号输入接口
26	AC-	
27	UART_RXD0	UART1 的接收引脚
28	UART_TXD0	UART1 的发送引脚
29～35	PW[0..6]	连接处理器 GPIO,一般作为外部的电源控制信号,或者供电信号
36～43	ADC[0..7]	连接处理器数模控制引脚,ADC[4..6]引出作为编程板的 JTAG 功能引脚
44	THERM_PWR	编程板直接控制传感器板的时候为外部温度传感器供电
45～47	THRU[1..4]	在编程调试板和传感器板之间可以通过这几个引脚进行直接连接,旁路掉节点平台模块(Atmegal28L)
48	RSTN	连接处理器复位引脚
49	PWM1B	参考 PWM1A
50	VCC	供电接口
51	GND	地接口

Crossbow 公司有丰富的 Mica 兼容产品，如图 2-9 所示为其传感器板举例[1]。

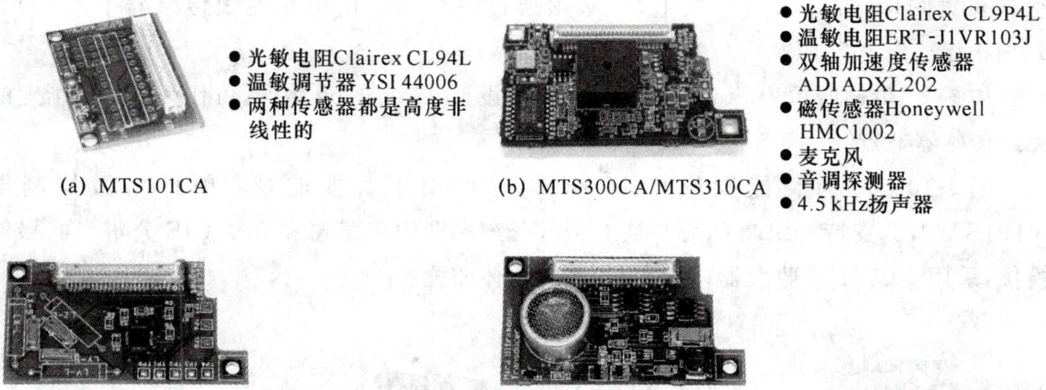

(a) MTS101CA　(b) MTS300CA/MTS310CA

(c) PNI—(磁力计/罗盘)　(d) Ultrasonic Transceiver—(超声波收发器)

图 2-9　Crossbow 公司传感器板举例

2. Telos 节点

(1) 通信模块采用了 Chipcon 公司的 CC2420 芯片，支持 IEEE 802.15.4 协议。

(2) 处理器采用 TI 公司超低功耗微处理器芯片 MSP430。

(3) Telos 节点预留了温度传感器的接口和板面，使用了 SHT11 型或 SHT15 型传感器。

(4) 一个 10 脚接口，一方面可连接简单的传感器板，另一方面可通过一个适配板与 Mica2 系列部件互连。

3. Smart Dust(智能尘埃)

Smart Dust 是一种采用 MEMS(微电子机械系统)和集成电路相结合的技术，体积不超过1 mm^3，使用太阳能电池，具有通信能力的传感器节点，其主要特点为：

- 采用 MEMS 技术，体积微小。
- 使用太阳能作为其能源，具有长期工作潜力。
- 使用光通信方式，一方面功耗比无线电通信方式小，另一方面不需要长的天线，整个体积非常小。此外，通信信道采用空分复用，所以基站可同时与多个节点通信。

光通信方式使其传输必须有方向性，无视距阻碍，这种通信方式对其部署带来了很大挑战性。

4. 无线多媒体传感器节点举例

Cyclops 视距节点如图 2-10(a)所示，采用 CMOS CIF 摄像模块，用于高速数据通信的 CPLD 和存储器，它提供视距传感器和无线传感器类似于 Mica 等之间的电子接口。

CMUcam3 节点如图 2-10(b)所示，具有嵌入式优势，CIF 清晰度(352×288)。RGB

彩色传感器,支持 JPEG 压缩,并具有基本的图像处理库,它能以每秒 26 帧速率从彩色传感器采集图像,并存入内存板上,它必须通过串行通信信道与无线传感器节点,例如 TelosB相接。

如图 2-10(c)所示为 Stargate 板,由 Intel 设计,Crossbow 生产,可作为中等清晰度的无线传感器节点。

图 2-10(d)为智能摄像机 Mesh Eye,可用于智能监视。硬件由微控制器 AT91SAM75,支持 USB2.0,可扩展 2 个低分辨率图像传感器和 2 个 CIF 分辨率的摄像模块,采用 802.15.4 收发器,可应用于实时物体监测。

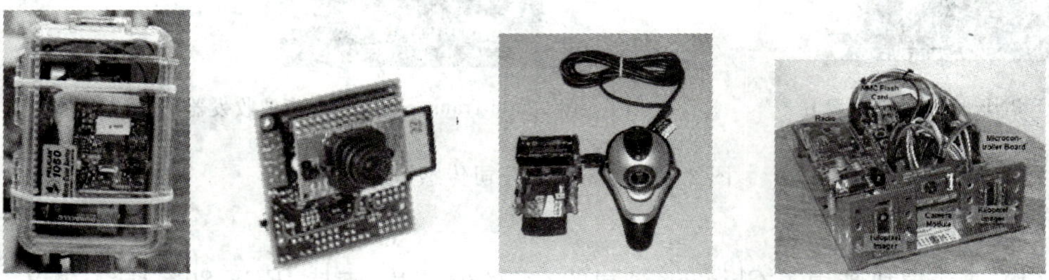

Cyclops　　CMUcam3　　Stargate　　MeshEye

图 2-10　无线多媒体传感器节点[4]

5. 射频识别(RFID)技术在物联网中的作用

物联网实际上是人类长时间对通信网的一个梦想的实现,即传统的通信网实现“任何人、任何地方、任何时间”的信息系统,而到了物联网,把“任何人”扩大到“任何物”,这里的“物”包括“人”。这样一来,衣服、食品、书籍、动物、植物等各类物体,无一例外都可通过传感器发出该物体的有关信息,这对于人类社会的发展具有极其重要的意义。在实现物联网中,显然无线电通信技术是不可或缺的,因为它在使用中十分方便,易于实现。但怎样来识别这些物体,利用无线电的高频无线电波(简称为“射频”)无疑是首选的识别技术,因为人们不可能让物体感知的信息通过“有线”传送过来,如果每个物体都使用若干对“线路”(例如铜缆线),将使这个网络无比复杂,以至无法实现。下面来简单介绍一下 RFID 技术,并说明其在 IoT 中的组成和作用,如图 2-11 所示。

RFID 是一种新的自动识别技术,它是利用无线射频进行的一种非接触式的双向通信、用来实现识别并进行交换数据的目的,被称为是“无线射频识别技术”,俗称“电子标签”。

RFID系统有三个基本组成部分:“标签”(或应答器)、读写器(或称阅读器)、处理器[6]。“标签”是设置在识别对象物体上的,由集成电路芯片和扁天线组成并封装在卡片内,当它在距离读写器一定范围内,读写器就会间歇地向标签发射电波 RF,标签即被激活与读写器进行双向通信、交换信息；处理器是计算机处理和控制的设备，实现识别信息的采集、处理和传送控制等。

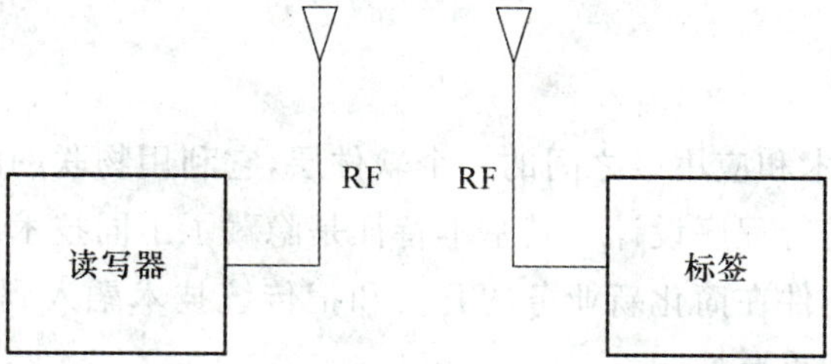

图 2-11　RFID 系统的组成

从物理上看，一个 RFID 标签实际上是一个附在微型天线上的微型芯片，它类似于一个小的探棒，其尺寸十分小（例如，最新 RFID 芯片尺寸可达 0.15 mm×0.15 mm×7.5 μm），其传输频段可以从低频 124～135 kHz，直到超高频(UHF)860～960 MHz。

把传感器技术综合到无源 RFID 标签中将使物联网获得大量新的应用，特别像电子远程健康监护[7]，该系统由传感器、计算设备、RFID 读写器等组成，它用于传感 RFID 标签产生数据的汇聚中心，并提供工作所需功率。

表 2-5 比较了 RFID，WSN 和 RSN(RFID sensor networks)可见：

1）RFID 系统具有非常小的尺寸，十分低的价格，寿命长；

2）WSN 具有高的无线覆盖范围，通信时不需要读写器的出现，但必须由电池供电，寿命有限；

3）RSN 在无线系统中支持传感、计算和通信能力。

表 2-5　RFID，WSN，RSN 的比较

	处理	传感	通信	传输距离/m	功率	寿命	尺寸	标准
RFID	无	无	不对称	10	由射频信号取得	无限	非常小	ISO18000
WSN	有	有	对称	100	电池	小于 3 年	小	IEEE 802.15.4
RSN	有	有	不对称	3	由射频信号取得	无限	小	无

2.3 物联网的数据处理技术

物联网的数据处理技术包括云计算、中间件技术，以及数据挖掘和融合技术等。

2.3.1 中间件技术

中间件是介于技术和应用级之间的一个软件层，它利用物联网的基础设施，开发出特定应用，而不需直接进行程序设计。其基本特征是隐藏了不同技术的细节。

最近几年来，中间件在简化新业务的开发和把传统技术融入到新技术中去扮演了主要角色，日益显示出其重要性。

用于物联网协议的中间件体系，经常采用面向业务（Service Oriented Architecture，SOA）的方法。面向业务的原理是把复杂的系统分成较简单和人所熟知的分量。它采用了通用的接口和标准的规程，于是，面向业务开发的业务过程，也就是设计若干相互协调业务的工作流的过程。这也减少了因适应市场发展变化所需的开发时间[9]。一个面向业务方法也可重复利用硬件和软件，因为它并不涉及实现业务的具体技术[10]。

当一个人们已公认的层次体系无法应用时，人们面临的共同问题是提取该设备的功能和通信能力，以及提供一个通用的业务组和用于组成业务的环境。这些共同的目标成为中间件的定义，如图 2-12 所示[9]。

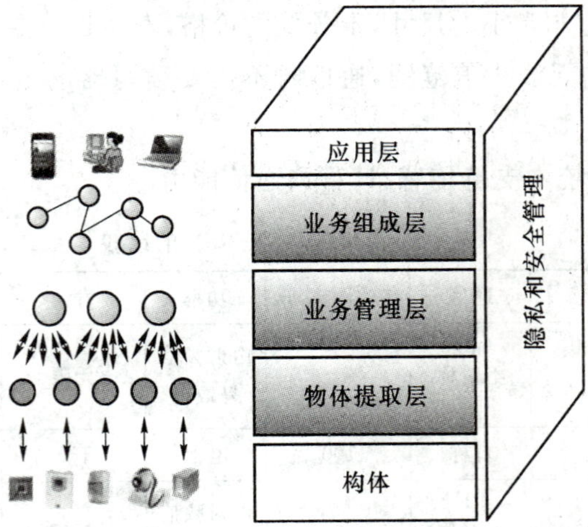

图 2-12 用于物联网中间件基于面向业务的体系

（1）应用层

应用层处于该体系的顶层，把系统的全部功能输出给最终的用户。它利用了中间件的全部功能，实现了若干分布系统的应用之间的完全的综合。

(2) 业务组成层

该层提供选择的功能：把由不同特定应用的各物体提供的若干单个业务组合起来。因而该层只构成组合后的新业务，并不涉及具体设备。它具有一个现有全部业务的仓库，利用标准的语言，例如，事务过程的执行语言(Business Process Execution Language，BPEL)[11,12]产生该复杂业务的逻辑。复杂过程的产生可表示成多个或单个分量执行的序列。

(3) 业务管理层

一个业务的基本集包括：物体的动态发现、状态的监视和业务的结构，在该层包括有关 QoS 管理和同步管理，以及某些语义功能(如警示、上下文管理)。该层建立了一个物体附有的业务一览表，于是上一层能通过在该层提供的业务，组合成复杂业务。

(4) 物体提取层

物联网含有大量异质物体，每一物体通过其自己的特定语言提供特定的功能。于是需要用一个共同的语言和程序接入不同物体的提取层。因此只要一个物体在 IP 网络上提供可发现的业务，就有必要引入一个提取层，它由 2 个主要子层组成：第一子层提供一个 Web 接口，该接口采用一个标准的方法，负责外部通信中的输入/输出消息的运算和管理。第二个子层实现 Web 业务方法之后的逻辑，并把运算方法转变成一组特定的指令，以便和真实世界的物体进行通信。

(5) 隐私和安全管理

在物联网中，物体是可以自动通信的，这意味着潜在的风险。例如，物联网中的诸如设备、衣服、食品等各种物体，都会安装人们无法注意到的 RFID，在人不知情的情况下，物与物之间相互通信。这种物物通信使得人们的生活时时刻刻都处在"被监控"的状态。因此，针对物联网中交换的数据，进行有效的隐私和安全管理就显得非常必要。可以引入中间件来确保信息的隐私、信任和安全。当然，隐私和安全管理不应该影响系统的性能和要求过多的开销。

当然，中间件还可采用其他不同于面向业务的体系，例如，e-SENSE 项目[17]、UbiSec&Sens 项目[18]，此处不另赘述。

2.3.2　云计算简介

1. 什么是云计算？

当前，互联网正被广泛使用，尽管它有安全、隐私、QoS 保证等尚待解决的问题，但它能方便地获得信息，通过 IP 地址，很容易使信息得以共享，无疑是其最突出的优点。

随着物联网的出现，通信对象由人扩大为物(人也包括在物内)。于是用户数将急剧地增加，梅特卡菲定理指出："网络价值的增速，等于用户数量的平方"[13]。这意味着现在的互联网的开发还是处于初级阶段，远未到尽头，只有物联网才是发展的方向。到了物联网被大规模使用后,用户数即通信对象数将急剧地增长,只有那时,网络的价值才能真正体现出来。

显然,用户数越多,即网中的计算机资源越多,于是出现了云计算网的技术,人们称云计算为互联网历史中继微软、超级计算机后的第三个里程碑。

什么是云计算?维基百科对它的解释是:云计算是一种互联网上的资源利用新方式,可为大众用户依托异构、自治的服务进行按需分配的计算。

伯克利大学对它的定义是:云计算包含互联网上的应用服务,及在数据中心提供这些服务的软硬件设施。

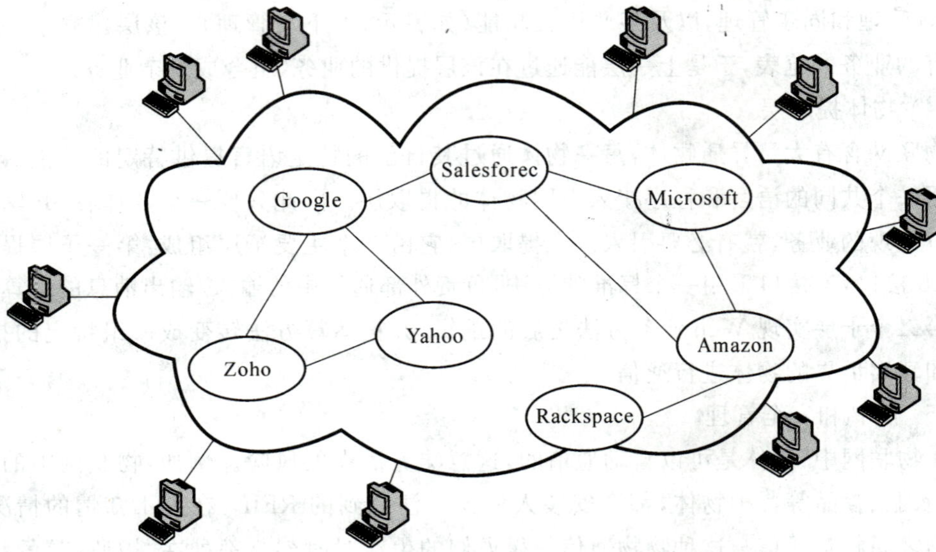

图 2-13 云计算概观

如图 2-13[14] 所示,人们需要关心的是随时随地可接入,有无限存储可供使用,有无限的计算能力为人们提供安全可靠的服务,而人们只需按实际使用情况计量付费。作为云计算的使用者,不用关心云里面是什么 CPU,硬盘容量是多少,服务器在哪里,计算机怎么连接,应用软件是什么,等等,一句话,人们可以充分使用互联网的所有的各种计算资源、各种计算能力,即使它们离人们所在位置十分遥远。

1961 年,计算机科学奠基人 John Me Carthy 已指出:“计算机的分时技术使得将来的计算能力,甚至特定的应用程序有可能按公共服务的商业模式来销售,就像自来水和电力一样”。这个概念实际上就是云计算。

因此,简单来说,云计算就是最新的一种分布式计算技术,人们利用云计算,就像使用 PC 一样,方便地利用整个互联网中的计算资源所构成的超级计算能力。

2. 云计算的优点

降低投资。随着科学技术的发展,随着生产力的发展,企业、科研单位、高校等的计算任务日益复杂，计算量日益增大。面对这种背景，传统的做法是购买新的可承担复杂任务的超级计算机，但这种设备不仅价格贵，而且利用率往往不高。现在的方法则是用云计算，在需要时将计算任务提交给具有强大计算能力的云计算平台，从而显著节省设备的投资费用，用户就像使用电力一样，用多少电付多少费用。

安全可靠。人们都有过这样的体验：计算机里的大量数据丢失往往比丢失计算机更令人烦恼。但如果把数据存放到云平台，由专业团队帮助管理信息。同时，严格的权限管理策略，可使用户放心地与指定的人(或只有用户自已)共享数据，这样数据的存储就会更安全可靠。就像把钱放在有严格安全制度的银行比放在自己家中更安全是一个逻辑。

有了云计算，用户不再需要自已购买或升级软硬件，不仅降低了成本，而且十分灵活，十分方便。

3. 云计算的应用

云计算的三大法宝，即 GFS，McpReduce 和 BigTable 技术都是 Google 提供的，它并不保密，以学术论文的形式，公开了这些技术，成为搭造云计算平台和云计算编程的工具。

Google 中国区前 CEO 李开复曾说，Google 真正的竞争力就在于拥有这些云，这些法宝使 Google 拥有了无与伦比的存储和计算全球数据能力。

2007 年，IBM 推出了“蓝云”计算平台，为用户带来即买即用的云计算平台。2008 年，IBM 投资 4 亿美元用于其在美国北卡罗莱纳州和日本东京的云计算中心，2009 年，投资 3 亿美元在 10 个国家建设 13 个云计算中心。

Amazon 两年前进入云计算服务市场，据统计，Amazon 靠提供云计算的业务收入已达 1 亿美元。

Microsoft 于 2008 年 10 月推出了 Windows Agare(蓝天)云计算操作系统。Microsoft 拥有全世界数以亿计的 Windows 用户桌面和浏览器，现在微软将它们连接到“蓝天”上。微软的在线服务云计算产品还有：MSN，Hotmail，Bing 和 Product Service&Support。

4. 中国云计算现状

2008 年 5 月，IBM 在中国无锡建立了中国第一个云计算中心，2008 年 6 月，IBM 在北京成立第二家云计算中心，2008 年 12 月，阿里巴巴集团在南京建立国内首个电子商务云计算中心。中国企业还创造了“云安全”概念，它为用户对木马等恶意程序进行监测，自动分析，提出解决方案。例如，瑞星提出了云安全策略开发的 2009 年新产品每天可拦截数百万次木马攻击。借助云计算，趋势科技每天阻断新的病毒威胁最高达 1 000 万次。

2.3.3　物联网中数据挖掘和融合

1. 物联网中数据的特点

① 海量性：物联网中有大量的物体(人、动物、植物、环境……)，由这些物体感知的信息所获得的数据量之大，可以说无法估计。如何有效地管理这些海量数据是物联网中进一步计算和处理它的关键之一。

② 异构性:物联网中有着多种多样的物体对象,有着不同结构的网络,如何实现将如此复杂的异构的数据信息在异构网络中的处理和传递是物联网中必须介绍的另一重要关键。

③ 不确定性:物联网中的数据具有明显的不确定性,这是由于这些数据经常在变化,而且查询分析的不准确等造成的。因此,人们必须采取恰当方法,尽可能准确表达客观物体,需要去粗取精,去伪存真,以便人们更好地作出合理的判断、推理及反馈。

2. 数据挖掘和数据融合技术

除了前面已简述利用云计算进行物联网海量数据的计算外,对这些数据进行智能分析,特别是数据挖掘和融合技术也是十分重要的。

所谓数据挖掘就是从大量的数据中提取有用的,能被人理解的潜在数据过程。这种被挖掘的数据可以是结构化的关系数据库中的数据、半结构化的文本、图形、图像数据,也可以是分布式的异构数据。这是过程控制和进一步决策的重要技术手段。

所谓数据融合,实际是一个多级的数据处理过程,它是对多个信息源数据进行自动检测、综合、判断和决策的过程。大体上,数据融合可有以下三种不同层次的融合。

① 数据组的融合。直接将采集到的各种原始数据进行融合,这种直接融合的原始数据,失真度极小,提供的信息虽全面,但只能是初级的。

② 特征组的融合。先对各感知的原始信息进行特征提取,然后对这些特征信息进行综合分析和处理,这是中间层次的融合。

③ 决策组融合。按一定准则,对各种数据融合后做出最优决策。

2.4 物联网的网关简介

1. 功能

物联网网关是连接感知网络和传统通信网络之间的纽带,可以实现感知网络和通信网络之间协议的转换。具体来讲有以下功能。

① 广泛的接入能力

现在近程通信的标准很多,但都只是针对某一应用而言的,都有各自的协议。如何实现协议的兼容接口,如何把各种感知信息广泛地接入通信网络,这是对物联网网关的第一个要求。

② 协议转换能力

从不同的感知网络到接入网络的协议转换,将下层的数据统一封装,保证不同的感知网络的协议能变成统一的数据和信令,将上层下发的数据包分析成感知协议可以识别的信令和控制指令,这是物联网网关的第二个要求。

③ 可管理能力

对网关必须首先进行管理,如注册、权限、状态监督等,其次是网关应实现对子网内节点的管理,如获取节点的标识、状态、属性、能量以及运程唤醒、控制、升级、维护等。

2. 网关的层次结构

如图 2-14 所示为物联网网关的层次结构,可以有效屏蔽底层通信的差异细节,采用模拟化统计,以实现网关的功能。

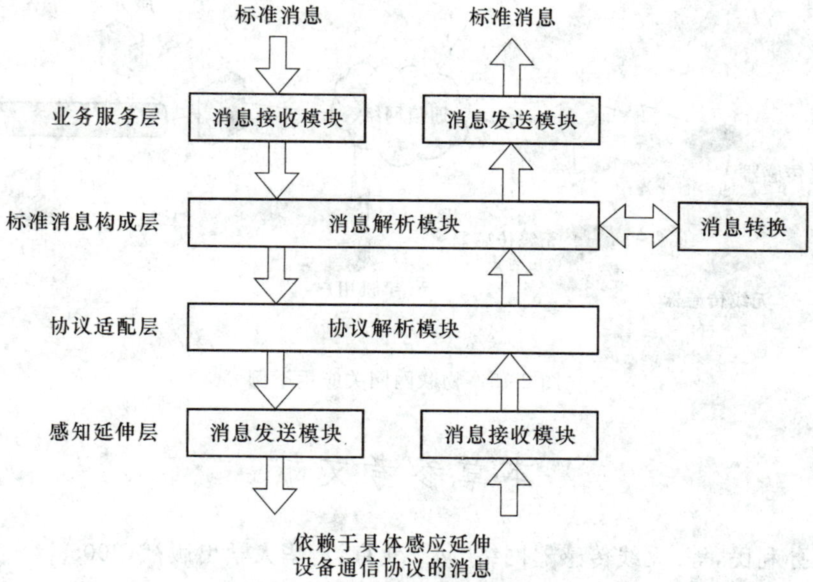

图 2-14　物联网网关的层次结构

① 业务服务层

消息接收模块负责接收来自业务应用的标准消息,然后传送给标准消息构成层,消息发送模块负责发出来自处理后的感知消息。不论是接收还是发送,必须符合标准的消息构成。

② 标准消息构成层

消息分析模块分析来自业务服务层的标准消息,调用消息解析模块,将标准消息转换成感知延伸层能理解的数据格式。当感知数据上传时,调用消息解析模块将其转换成业务服务层能接收的标准格式消息。

③ 协议适配层

保证不同的感知延伸层协议通过此层变成格式统一的数据和控制信令。

④ 感知延伸层

消息发送模块将经过消息构成层转换后能被特定的感知设备理解的消息发送给底层设备,消息接收模块则接收来自底层设备的消息,并发送至标准消息构成层。

3. 应用举例

如图 2-15 所示,各种传感器节点、RFID 系统等的传感消息进入网关,通过网关进入通信网络(以 WCDMA 的移动通信网为例),再经隔离墙到达用户。

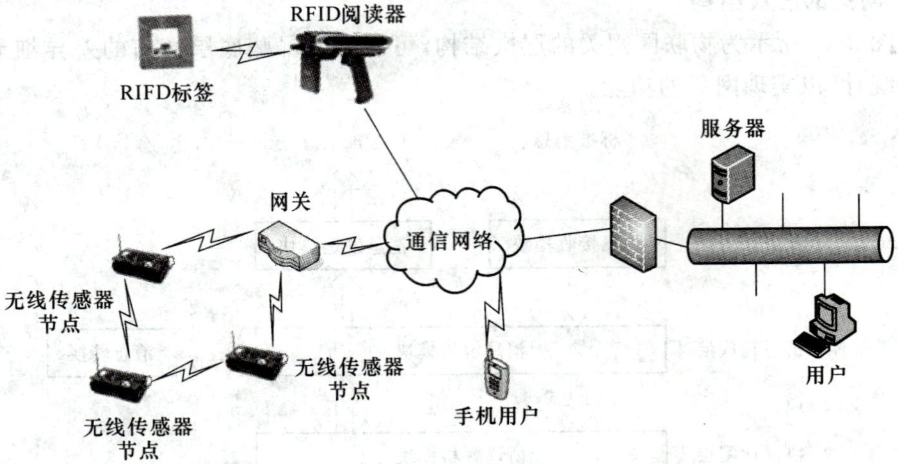

图 2-15　物联网网关应用举例

本章参考文献

[1]　孙利民,等. 无线传感器网络[M]. 北京:清华大学出版社,2005.

[2]　罗武胜,等. 无线多媒体传感器网络研究[J]. 电子与信息学报,2008,30(6):2013-2020.

[3]　Bajcsy J,MiFran P. Coding for the slepian-wolf problem with turb code[C]//Proceedings of Global Telecommunications Conference, 2001. GLOBECOM 01. IEEE. New York:2001,400-1404.

[4]　Bajcsy J, Mitran P. Coding for the Slepian-Wolf problem with turbo codes [C]//Proceedings of IEEE Global Telecommunications Conference. 2001: 1400-1404.

[5]　马华东,陶丹. 多媒体传感器网络及其研究进展[J]. 软件学报,2006,17(9):2013-2028.

[6]　Sharif A,Potdar V,Chang E. Wireless multimedia sensor network technology:A survey[C]//Proceedings of 7th IEEE International Conference on Industrial Informatics. 2009:606-613.

[7]　K • Finkerpeller. RFID Handbook[M]. Chichester:John Wiley and Sons,2010.

[8]　Michael Buettner, Ben Greenstein, Alanson Sample. Revisiting Smart Dust with RFID Sensor Networks [J]. Hot Topics in Computer Networks (Hotnets-VII),2008(10).

[9]　Luigi Atzori, Antonio Iera, Giacomo Morabito . The Internet of Things: A Survey[J]. Computer Networks, 2010, 54(15): 2787-2805.

[10]　de Deugd S, Carroll R, Kelly K E, et al. SODA: Service Oriented Device Architecture[J]. Pervasive Computing, IEEE, 2006, 5(3): 94-96.

[11]　Pasley J. How BPEL and SOA are changing Web services development[J]. Internet Computing, IEEE, 2005, 9(3): 60-67.

[12]　Spiess P, Karnouskos S, Guinard D, et al . SOA-Based Integration of the Internet of Things in Enterprise Services[C]//Proceedings of IEEE International Conference on Web Services. 2009: 968-975.

[13]　Buckl C, Sommer S, Scholz A, et al. Service to the filed, Services to the Field: An Approach for Resource Constrained Sensor/Actor Networks [C]//Proceedings of the IEEE International Conference on Advanced Information Networking and Applications Workshops. 2009: 476-481.

[14]　刑陆容. 信息技术正改变人类生活方式[N]. 新华日报, 2001-1-26.

[15]　王柏, 徐六通. 云计算[J]. 中兴通信技术, 2010. 16[1]: 57-60.

[16]　李玲娟. IOT 数据管理与智能处理[J]. 中兴通信技术, 2011, 17(1): 38-41.

[17]　罗俊海, 周应宾, 邓胥博. 物联网网关系统设计[J]. 电信科学, 2011, (2): 105-109.

[18]　e-SENSE VISION [EB/OL]. http://www.ist.e-sense.org.

[19]　UbiSec&Sens [EB/OL]. http://www.ist-wbisecsens.org.

第3章 物联网技术及相关协议

3.1 概 述

本章主要针对当前物联网的一些主要的业务需求，对物联网领域所涉及的相关协议做出总体概述与展望。

物联网涉及的关键技术非常多，从传感器技术到通信网络技术，从嵌入式微处理节点到计算机软件系统，包含了自动控制、通信、计算机等不同领域，是跨学科的综合应用。总体上看，物联网技术不是对现有技术的颠覆性革命，而是对现有技术的综合运用。物联网技术融合现有技术实现全新的通信模式转变，同时，通过融合也必定会对现有技术提出改进和提升的要求，催生出一些新的技术。

从物联网的架构来看，物联网通常被认为包括三个层次，从下到上依次是感知层、传送层和应用层。因此，这里将物联网的主要相关协议及技术进行相应分类：①物联网感知层的技术和协议；②物联网传送层的技术和协议；③物联网应用层的技术和协议。

在物联网的当前发展阶段，对底层感知层的技术研究是近年来的国际热点。

3.1.1 物联网感知层的技术和协议

感知层主要实现物理世界信息的采集、自动识别和智能控制。从技术角度划分，感知层的技术和协议主要分为以下四类技术。

1. 传感器技术

传感器将物理世界中的物理量、化学量、生物量转化成供处理的数字信号。感知的对象包括温度、湿度、压力、流量、黏度、浓度、物位、位移、速度、加速度、转速、力矩等。传感器技术的主要方向是低成本、低功耗、微型化、智能化、网络化；未来发展的重点在于新材料和新功能的新型传感器、智能传感器、多功能传感器等。

2. 识别技术

识别技术主要实现物联网中物体标识和位置信息的获取。其中，物体识别以采用RFID技术为主。RFID涉及无线通信、芯片、天线、标签封装、系统集成、信息安全等技术。位置识别技术主要有卫星定位技术、蜂窝移动通信定位技术以及基于近距离无线通信的定位技术等。目前卫星定位系统有美国GPS、俄罗斯GLONASS、欧盟GALILEO和中国北斗等卫星导航系统。蜂窝移动通信系统的小区定位技术已经在全球大规模商用，但定位精度与 GPS 差距较大。

3. 嵌入式系统技术

嵌入式系统技术是实现感知层物体、通信及信息处理设备智能的重要基础。主要包括嵌入式芯片技术、嵌入式操作系统技术、嵌入式应用软件和系统集成技术，可以灵活地定制，以满足物联网对设备功能、性能、可靠性、成本、体积、功耗等综合要求。

4. 近距离无线通信与组网技术

无线通信与组网技术主要实现物联网中机器与机器（Machine to Machine，M2M）的数据信息和控制信息的双向传递、路由和控制。物联网重点技术包括：适应 M2M 通信需求的蜂窝移动通信增强技术和满足传感器网络低速率、低功耗、低配置的近距离无线通信和组网技术。近距离无线通信和组网技术用于构建感知层的底层通信基础，主要包括 ZigBee、ISA100、Wireless HART、基于 IPv6 的 WPAN 等低速低功耗无线通信组网技术，以及蓝牙、超宽带（UWB）、低速低功耗通信（802. 15. 4）等物理层和链路层技术。M2M 通信技术具有低速率、低移动性、高并发、省电等方面的要求，世界上主要的电信设备制造商和运营商正在进行面向 M2M 通信的蜂窝移动通信增强技术。

3.1.2　物联网传送层的技术和协议

物联网的传送层主要完成信息传递和处理。传送层的关键技术主要由现有各种网络通信技术、终端设备技术，以及云计算平台技术组成。前者包括移动通信技术、有线宽带技术、公共交换电话网技术、Wi-Fi 通信技术等。其中，移动通信技术包括 GSM，CDMA，CDMA 2000，WCDMA，TD-CDMA，LTE 等；终端设备技术，如实现传感器网络与通信网结合的网桥设备、为各种行业终端提供通信能力的通信模块等。云计算平台作为海量感知数据的存储、分析平台，是物联网传送层的重要组成部分。

3.1.3　物联网应用层的技术和协议

物联网的应用层主要完成数据的管理和数据的处理，并将这些数据与各行业的应用结合。应用层包括两部分：物联网中间件、物联网应用。物联网中间件则是为物联网应用提供基础的公共服务系统的控制平台系统，将许多可以公用的能力进行统一封装，提供给丰富多样的物联网应用。

物联网应用是用户直接使用的各种应用，种类非常多。在智能测量、电子医疗和健康、城市自动化、汽车应用、消费电子应用等领域均有相当数量的应用层标准正在制定中，例如，智能交通、智能电网、智能家居等。

本章将以物联网感知层的关键技术：短距离通信技术 ZigBee、RFID 技术、无线传感器和物联网传送层的 IPv6 技术为主做出总体概述与展望。

3.2 ZigBee 协议及相关技术

随着网络和通信技术的发展，人们对无线通信的要求越来越高。无线传感器网络是物联网的重点之一，而 ZigBee 则是无线传感器网络的热门技术。ZigBee 技术作为一种短距离、低速率无线传感器网络技术，是一种拓展性强，容易布建的低成本无线网络，强调低耗电、双向传输和感应功能等特色，故可以广泛应用在物联网领域。本节探讨 ZigBee 通信协议架构及其在相关领域的应用。

3.2.1 ZigBee 的由来

在蓝牙技术的使用过程中，人们发现蓝牙技术尽管有许多优点，但仍存在许多缺陷。对工业、家庭自动化控制和工业遥测遥控领域而言，蓝牙技术显得太复杂、功耗大、距离近、组网规模太小等，而工业自动化对无线数据通信的需求越来越强烈。而且，对于工业现场，这种无线数据传输必需是高可靠的，并能抵抗工业现场的各种电磁干扰。因此，经过人们长期努力，ZigBee 协议在 2003 年正式问世。

ZigBee 是 IEEE 802.15.4 协议的代名词。根据这个协议规定的技术是一种近距离、低复杂度、低功耗、低数据速率、低成本的双向无线通信技术，不仅适合于自动控制和远程控制领域，还可以嵌入各种设备中，同时支持地理定位功能。

由于蜜蜂(bee)是靠飞翔和“嗡嗡”(zig)地抖动翅膀的“舞蹈”来与同伴传递花粉所在方位和远近信息的，也就是说蜜蜂依靠着这样的方式构成了群体中的通信“网络”，所以，ZigBee 的发明者们形象地利用蜜蜂的这种行为来描述这种无线信息传输技术。

3.2.2 ZigBee 技术概述

无线传感器网络节点要进行相互的数据交流就要有相应的无线网络协议〔包括媒体接入控制(MAC)层、路由、网络层、应用层等〕。ZigBee 的基础是 IEEE 802.15.4，但 IEEE 仅处理低级 MAC 层和物理层协议，因此 ZigBee 联盟扩展了 IEEE，对其网络层协议和 API 进行了标准化。ZigBee 作为一种新兴的短距离、低速率的无线网络技术，主要用于近距离无线连接。它有自己的协议标准，在数千个微小的传感器之间相互协调实现通信。这些传感器只需要很少的能量，以接力的方式通过无线电波将数据从一个传感器传到另一个传感器，所以它们的通信效率非常高。ZigBee 是一个可多达 65 000 个无线数传模块组成的一个无线数传网络平台，十分类似于现有的移动通信的 CDMA 网或 GSM 网，每一个 ZigBee 网络数传模块类似移动网络的一个基站，在整个网络范围内，它们之间可以进行相互通信；每个网络节点间的距离可以从标准的 75 m 到扩展后的几百米，甚至几 km；另外整个 ZigBee 网络还可以与现有的其他的各种网络连接。通常，符合如下条件的应用，就可以考虑采用 ZigBee 技术做无线传输：需要数据采集或监控的网点多；要求传输的数据量不大，而要求设备成本低；要求数据传输可靠性高，安全性高；设备体积很小，不便放置较大的充电电池或者电源模块，电池供电；地形复杂，监测点多，需要较大的网络覆盖；现有移动网络的覆盖盲区；使用现存移动网络进行低数据量传输的遥测遥控系统；使用 GPS 效果差，或成本太高的局部区域移动目标的定位应用。值得注意的是，在已经发布的 ZigBee V1.0 中并没有规定具体的路由协议，具体协议由协议栈实现。

1. ZigBee 的技术特点

低功耗：在低耗电待机模式下 2 节 5 号干电池可支持 1 个节点工作 6～24 个月，甚至更长。这是 ZigBee 的突出优势。相比之下蓝牙只可以工作数周，Wi-Fi 却只可以工作数小时。

低成本：通过大幅简化协议使成本很低（不足蓝牙的 1/10），降低了对通信控制器的要求。按预测分析，以 80C51 的 8 位微控制器测算，全功能的主节点需要 32 KB 代码，子功能节点少至 4 KB 代码，而且 ZigBee 的协议专利免费。

低速率：ZigBee 工作在 250 kbit/s 的通信速率，满足低速率传输数据的应用需求。

近距离：传输范围一般在 10～100 m，在增加 RF(Radio Frequency)发射功率后，也可增加到 1～3 km。这指的是相邻节点间的距离。如果通过路由和节点间通信的接力，传输距离可以更远。

短时延：ZigBee 的响应速度较快，一般从睡眠转入工作状态只需 15 ms，节点接入网络只需 30 ms，进一步节省了电能。相比较，蓝牙需要 3～10 s，Wi-Fi 需要 3 s。

高容量：ZigBee 可采用星状、片状和网状网络结构，由一个主节点管理若干子节点，最多一个主节点可管理 254 个子节点；同时主节点还可由上一层网络节点管理，最多可组成 65 000 个节点的入网。

高安全：ZigBee 提供了三级安全模式，包括无安全设定，使用接入控制列表(Access Control List，ACL)，防止非法获取数据以及采用高级加密标准(AES128)的对称密码，以灵活确定其安全属性。

免执照频段：采用直接序列扩频在工业科学医疗 2.4 GHz 频段。

2. ZigBee 的协议架构(协议栈介绍)

ZigBee 协议自下而上包括物理层、MAC 层、网络层、安全层和应用层(如图 3-1 所示)。其中，物理层和 MAC 层由 IEEE 802.15.4 定义，网络层、应用层和安全服务由 ZigBee联盟定义[1]。

应用层定义了各种类型的应用业务，是协议栈的最上层用户。

应用汇聚层负责把不同的应用映射到 ZigBee 网络层上，包括安全与鉴权、多个业务数据流的汇聚、设备发现和业务发现。

网络层的功能包括拓扑管理、MAC 管理、路由管理和安全管理。

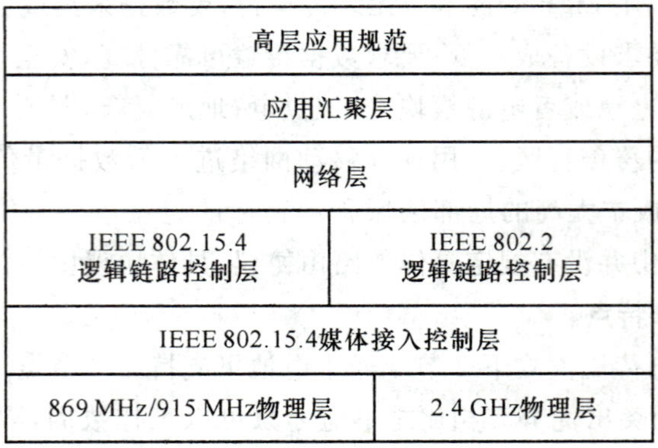

图 3-1　ZigBee 协议层次结构

数据链路层又可分为逻辑链路控制层(LLC)和媒体接入控制层(MAC)。IEEE 802.15.4 的 LLC 子层与 IEEE 802.2 的相同,其功能包括传输可靠性保障、数据包的分段与重组、数据包的顺序传输。IEEE 802.15.4 MAC 子层通过 SSCS(Service-Specific Convergence Sublayer,特定业务汇聚子层)协议能支持多种 LLC 标准,其功能包括设备间无线链路的建立、维护和拆除,确认模式的帧传送与接收,信道接入控制、帧校验、预留时隙管理和广播信息管理。

物理层采用直接序列扩频(Direct Sequence Spread Spectrum,DSSS)技术,定义了 3 种流量等级:当频率采用 2.4 GHz 时,使用 16 信道,能够提供 250 kbit/s 的传输速率;当采用 915 MHz 时,使用 10 信道,能够提供 40 kbit/s 的传输速率;当采用 868 MHz 时,使用单信道,能够提供 20 kbit/s 的传输速率。

3. IEEE 802.15.4

IEEE 802.15.4 负责制定 ZigBee 的底层协议,包括物理层和 MAC 层,下面分别对其进行介绍。

(1) IEEE 802.15.4 物理层

主要负责无线发射机的激活或去活,在当前信道内进行能量检测,对接收到的数据包进行链路质量指示,基于 CSMA/CA(Carrier Sense Multiple Access with Collision Avoidance,载波侦听多点接入/冲突避免)多址进行空闲信道评估,信道频率选择,数据的发送和接收。

IEEE 802.15.4 定义了两种物理层:一种工作频段为 868/915 MHz,系统采用直接序列扩频,BPSK 和差分编码技术,868 MHz 频段支持 1 个信道,915 MHz 频段支持 10 个信道;另一种物理层工作频段为 2 450 MHz,在每个符号周期,被发送的 4 个信息比特转化为一个 32 位的伪随机(PN)序列,共有 16 个 PN 码对应于这 4 个比特的 16 种变化,这 16 个 PN 码进行正交,随后系统对 PN 码进行 O-QPSK 调制,支持 16 个信道。如表 3-1 所示为两种物理层的频段和数据速率[2]。

表 3-1 ZigBee 频段和数据速率

物理层/MHz	频段/MHz	扩频参数		数据参数		
		码片速率/（千码片·秒$^{-1}$）	调制方式	比特速率/（kbit·s^{-1}）	符号速率/（千符号·秒$^{-1}$）	符号
868/915	868～868.6	300	BPSK	20	20	Binary
	902～928	600	BPSK	40	40	Binary
2 450	2 400～2 483.5	2000	O-QPSK	250	62.5	16-ary Orthogonal

① 868/915 MHz 频段。作为 ZigBee 的工作频段，欧洲采用 868 MHz 频段，美国采用 915 MHz 频段。这些频段比较相近，对信号合成器的程序稍作改动，就可使用相似的硬件，从而降低生产成本。这个频段的无线信号传播损耗较小，可降低对接收机灵敏度的要求，获得较远的通信距离，可用较少的设备覆盖较大的区域。其中，915 MHz 频段（902～928 MHz）被划分为 10 个信道，数据传输速率为 20 kbit/s；868 MHz 频段（868.3 MHz）有 1 个信道，数据传输速率为 20 kbit/s，码元速率为 20kbaud。两者均采用了差分编码的二进制移相键控（BPSK）调制，用码片长度为 15 的 M 序列直接扩频。

② 2.4 GHz 频段。该频段为全球统一无须申请的 ISM 频段，有助于 ZigBee 设备的推广和生产成本的降低。该频段物理层通过采用高阶调制技术，可获得更高的吞吐量、更小的通信时延和更短的工作周期，从而更省电。该频段（2.4～2.483 GHz）被划分为 16 个信道，数据传输速率为 250 kbit/s，码元速率为 62.5kbaud，采用十六进制正交调制，并用码片长度为 8 的伪随机码直接扩频。

（2）IEEE 802.15.4 MAC 层

MAC 层的存取协议有三种不同的模式，即为分时隙式（Slotted CSMA-CA）模式、非分时隙（Unslotted CSMA-CA）模式和有保障的时隙（Guaranteed Time Slot，GTS）模式，其中 GTS 主要用于紧急情境或周期性信号的传递。

ZigBee/IEEE 802.15.4 的网络所有节点都工作在同一个信道上，因此如果邻近的节点同时发送数据就有可能发生冲突。为此 MAC 层采用了 CSMA/CA 的技术，简单来说，就是节点在发送数据之前先监听信道，如果信道空闲则可以发送数据，否则就要进行随机的退避，即延迟一段随机时间，然后再进行监听，这个退避的时间是指数增长的，但有一个最大值，即如果上一次退避之后再次监听信道忙，则退避时间要增倍，这样做的原因是如果多次监听信道都忙，有可能表明信道上的数据量大，因此让节点等待更多的时间，避免繁忙的监听。通过这种信道接入技术，所有节点竞争共享同一个信道。在 MAC 层当中还规定了两种信道接入模式，一种是信标模式，另一种是非信标模式。信标模式当中规定了一种“超帧”的格式，在超帧的开始发送信标帧，里面含有一些时序以及网络的信息，紧接着是竞争接入时期，在这段时间内各节点以竞争方式接入信道，再后面是非竞争接入时期，节点采用时分复用的方式接入信道，然后是非活跃时期，节点进入休眠状态，等待下一个超帧周期的开始又发送信标帧。而非信标模式则比较灵活，节点均以竞争方式接入信道，不需要周期性地发送信标帧。显然，在信标模式当中由于有了周期性的信标，整个网络的所有节点都能进行同步，但这种同步网络的规模不会很大。实际上，在ZigBee当中用得更多的可能是非信标模式。

ZigBee MAC 层的通用帧格式如图 3-2 所示。

如果设备是网络协调者：必须产生网络信标；通过信标取得同步；支持 PAN 的联合和分裂；支持设备的安全性；采用 CSMA/CA 机制进行信道接入；掌握、控制保证时隙(GTS)分配机制；在两个 MAC 层实体之间提供可靠的链路。

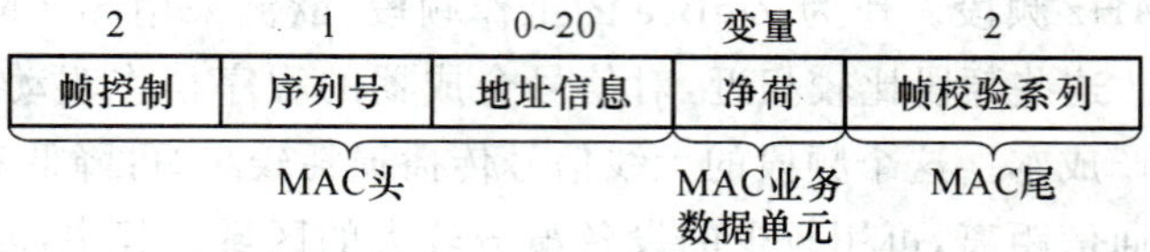

图 3-2　ZigBee MAC 层的通用帧格式

IEEE 802.15.4 的 MAC(Media Access Control，媒体接入控制)层支持多种 LLC(Logical Link Control，逻辑链路控制)标准，通过 SSCS(Service Specifie Convergence Sublayer)业务相关汇聚子层协议承载 IEEE 802.2 类型的 LLC 标准，且允许其他 LLC 标准直接使用 IEEE 802.15.4 MAC 层的服务。MAC 层和 LLC 层主要完成设备间无线链路的建立、维护和结束，信道接入控制，帧校验，传输可靠性保证和控制，数据报的分段与重组等功能。ZigBee MAC 层通用帧格式如图 3-2 所示，有四种类型：数据帧、标志帧、命令帧和确认帧。为了提高数据传输的可靠性，ZigBee 采用了载波侦听多址/冲突避免(CSMA/CA)的信道接入方式和完全握手协议。分组传送的最大尺寸为 128 B，其中允许最大净负荷为 104 B，这足以解决低速的数据传送。ZigBee 网络中所有的设备都被分配以唯一的 64 bit 的 IEEE 地址，此地址的分配是动态的。一旦网络建立，可以应用短地址使得网络可以支持超过 65 000 个节点。

4. ZigBee 2007/PRO(ZigBee 上层协议)

ZigBee 联盟负责制定 ZigBee 的上层协议(包括应用层、网络层和安全服务)，最新版本为 ZigBee 2007/PRO，下面对其进行详细介绍。

(1) 应用层

应用层包括三个组成部分：应用支持子层(Application Support Sub-layer，APS)，应用框架(Application Framework，AF)和 ZigBee 设备对象(ZigBee Device Object，ZDO)。主要规定了一些和应用相关的功能，包括端点(endpoint)的规定，还有绑定(binding)、服务发现和设备发现，等等。其中端点是应用对象存在的地方，ZigBee 允许多个应用同时位于一个节点上，例如，一个节点具有控制灯光的功能，又具有感应温度的功能，又具有收发文本消息的功能，这种设计有利于复杂 ZigBee 设备的出现。而绑定是用于把两个“互补的”应用联系在一起，如开关应用和灯的应用。更通俗的理解，“绑定”可以说是通信的一方了解另一方的通信信息的方法，如开关需要控制“灯”，但它一开始并不知道“灯”这个应用所在的设备地址，也不知道其端点号，于是它可以广播一个消息，当“灯”接收到之后给出响应，于是开关就可以记录下“灯”的通信信息，以后就可以根据记录的通信信息去直接发送控制信息了。服务发现和设备发现是应用层需要提供的，ZigBee 定义了几种描述符，对设备以及提供的服务可以进行描述，于是可以通过这些描述符来寻找合适的服务或者设备。

应用支持子层内包含数据实体 APSDE(APS Data Entity)和管理实体 APSME(APS Management Entity)，APSDE 为网络中的两个或更多的应用实体之间提供数据通信，APSME 负责应用层的安全服务、绑定设备并维护应用层信息库。应用支持子层的接口包括应用层与上层的接口、与网络层的接口、APSDE 和 APSME 之间的接口。应用框架中厂家最多可定义 240 个独立的应用对象，编号为 1～240，端点号 0 用于对 ZDO 的数据接口，端点号 255 用于对所有应用对象的广播数据接口，端点 241～254 保留。设备对象 ZDO 负责初始化应用支持子层、网络层和安全服务、设备和业务发现、安全管理、绑定管理等功能。

ZigBee 应用层亦提供元件间的连系功能，即在互补的应用元件间产生逻辑连动，此连动记录在一连系表中，这对于有相互关系的控制元件或感测器特别有用。

在完成设备发现与业务发现后，ZigBee 元件间可建立关联，并且开始传送指令到特定的 ZigBee 地址。在定址方面有三种方式，即直接定址、间接定址与广播定址。ZigBee 主控元件自设备发现(Device Discovery)与业务发现(Service Discovery)取得目的地元件的地址与 Cluster ID，可使用直接定址。在 ZigBee 网路协调器连系资料表中有直接定址的记录，可使用 APSDE 透过连系来做间接定址，这对欲节省能量与记忆体的简易型感测元件特别有用。另外，可使用广播定址将应用广播给所有元件，在此状况中，目的地的地址是 16 bit 网络广播地址且须设定 APS 时框中的广播旗标。

在应用层中还有一个称为 ZigBee 元件物件(ZDO)的软体模组，作为应用物件、元件应用类别与 APS 间的介面。ZDO 位于应用架构与 APS 之间，负责启动 APS、网路层与保密服务，及负责组合来自使用者的设定，以决定并执行发现、保密控管、网路控管与联系。此介面亦提供应用层中有关元件发现、连系与保密功能的定址管理。

(2) 网络层

网络层的主要功能是路由，路由算法是它的核心。目前 ZigBee 网络层主要支持两种路由算法——树路由和网状网路由。树路由采用一种特殊的算法，具体可以参考 ZigBee 的协议栈规范。它把整个网络看做是以协调器为根的一棵树，因为整个网络是由协调器所建立的，而协调器的子节点可以是路由器或者是末端节点，路由器的子节点也可以是路由器或者末端节点，而末端节点没有子节点，相当于树的叶子。这种结构又好像蜂群的结构，协调器相当于蜂后，是唯一的，而路由器相当于雄蜂，数目不多，末端节点则相当于数量最多的工蜂。其实有很多地方仔细一想，就可以发现 ZigBee 和蜂群的许多暗合之处。树路由利用了一种特殊的地址分配算法，使用 4 个参数——深度、最大深度、最大子节点数和最大子路由器数来计算新节点的地址，于是寻址的时候根据地址就能计算出路径，而路由只有两个方向——向子节点发送或者向父节点发送。树状路由不需要路由表，节省存储资源，但缺点是很不灵活，浪费了大量的地址空间，并且路由效率低，因此常常作为最后的路由方法，或者干脆不用。ZigBee 当中还有一种路由方法是网状网路由，这种方法实际上是 AODV(Ad Hoc On-Demand Distance Vector，无线自组网按需平面距离矢量)路由算法的一个简化版本，非常适合于低成本的无线自组织网络的路由。它可以用于较大规模的网络，需要节点维护一个路由表，耗费一定的存储资源，但往往能达到最优的路由效率，而且使用灵活。除了这两种路由方法，ZigBee 当中还可以进行邻居表路由，其实邻居表可以看做是特殊的路由表，只需要一跳就可以发送到目的节点。

ZigBee 网络架构支持点对点对等型态(图 3-3)与星形型态(图 3-4)，星形型态也可以是簇树状网络型态(图 3-5)。在星形 WPAN(Wireless Personal Area Network，无线个域网)型态中，FFD(Full Function Device，全功能设备)网络协调器作为控制器，负责启动或终止 ZigBee 元件间的通信，并且负责选定某些主要 WPAN 参数，同时也担任网内元件间路由(Route)的功能；星形型态特别适合有中心控制器的家庭或建筑物自动化网络应用。点对点型态可以是网状(Mesh)型态。点对点 WPAN 型态中，任一 ZigBee 元件可不必透过网络协调器，而直接和传输范畴内的任一 ZigBee 元件通信。点对点型态特别适合于无线网络感测器应用，且可以实现多跳式(Multi-hop)的自组织网络(Ad-Hoc Networks)或网状网络(Mesh Networks)。在树状或网状型态中，可借助 ZigBee 路由器扩充网络的范围。(图 3-3、图 3-4、图 3-5 中，○表示简化功能设备，●表示全功能设备。)

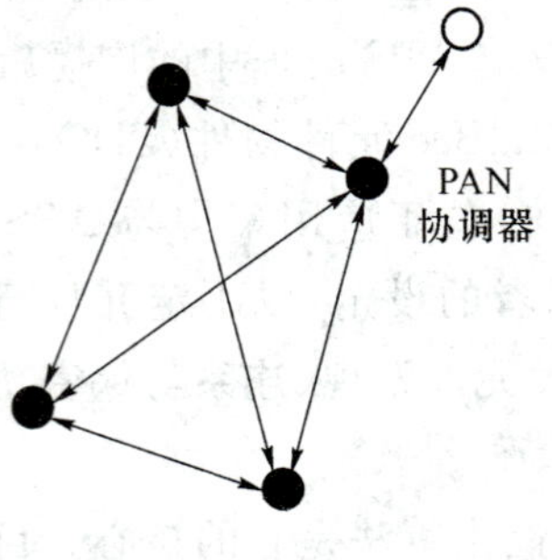

图 3-3 点对点对等型态

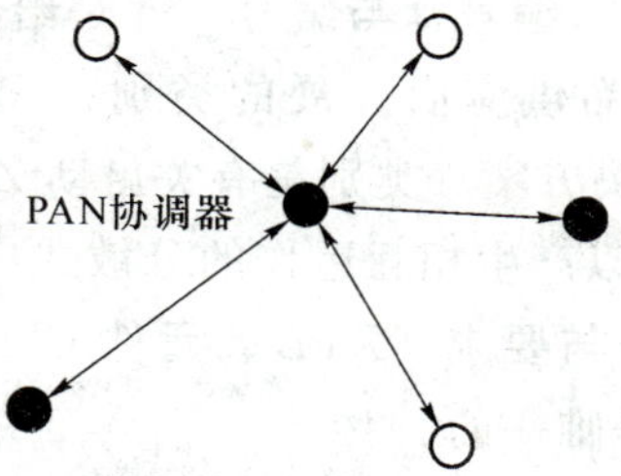

图 3-4　星形型态

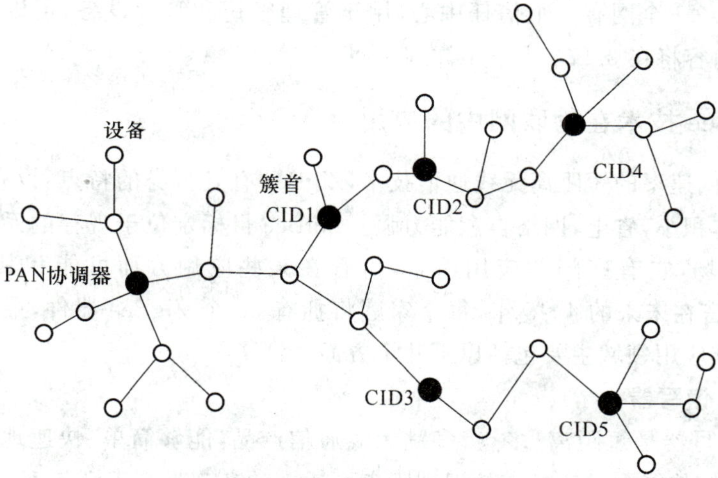

图 3-5　ZigBee 的簇树状网络结构图

ZigBee 网络层分为两个部分，即网络层数据部分(Network Layer Data Entity, NLDE)与网络层管理部分(Network Layer Management Entity,NLME)。NLDE 负责产生网络层协议数据(Network Level PDU)与传输所需的路由。而 NLME 工作包括负责设定 ZigBee 元件成为网络协调器，或加入或离开已存在的 PAN，启动无线个域网定址，发现临近 ZigBee 元件，寻找路由路径，与媒体接入控制层接收启动控制。

ZigBee 网络层主要包括网络头端(NWK Header)与网络负载(NWK Payload)。网络头端中的半径栏定义网络负载中数据允许传输的范围，若一 ZigBee 元件接到此时框，即将 Radius 值减一，若 Radius 值减至零则到达传输的最大范围。所有 ZigBee 元件网络层须提供加入与离开无线个域网的功能。而 ZigBee 网络协调器与路由器须提供下列功能：接受来自媒体接入控制层或应用层的指令以允许其他元件加入与离开无线个域网；指定网络逻辑地址，与维护邻近 ZigBee 元件的列表。

另外，网络层也负责 ZigBee 传输元件与目标元件间的路径与路由寻找功能。应用层启动发现程序以寻找周边元件，ZigBee 应用层目前只定义编号 1～240 的元件，而 241～

254 则是保留给未来使用。另外，编号 0 与编号 255 是给予其他介面使用。ZigBee 应用层的通信基础是由 ZigBee 产品供应商发展的类别（profile）所构成，某一类别提供对 ZigBee特定应用技术需求的解决方案。类别是有关启动 ZigBee 元件应用的共通信息、信息格式，与处理动作的协定，用以产生相互运作的分散式应用，其中包括不同元件间指令传送、数据要求，以及处理指令与要求。ZigBee 元件 Cluster 是由 8bit Cluster ID 所辨认，在同一类别中 Cluster ID 是唯一的。

ZigBee 还提供了安全组件，采用了 AES128（Advanced Encryption Standard，高级加密标准）的算法对网络层和应用层的数据进行加密保护，另外还规定了信任中心（trust center）的角色——全网有一个信任中心，用于管理密钥和管理设备，可以执行设置的安全策略，具体内容将在 3.2.3 小节中详细说明。

3.2.3 ZigBee 技术在物联网中的应用

作为一种低速率的短距离无线通信技术，ZigBee 有其自身的特点：设备成本低，传输速率低，设备体积小，省电，网络自愈能力强。ZigBee 目标定位于现存的系统尚不能满足需求的特定市场，它有广阔的应用前景，尽管在某些应用方面可能和其他技术重叠。ZigBee联盟预言在未来的 4～5 年，每个家庭将拥有 50 个 ZigBee 器件，最后将达到每个家庭 150 个，其应用领域主要包括以下几个方面。

1. ZigBee 读写器

ZigBee 读写器是短距离、多点、多跳无线通信产品，能够简单、快速地为串口终端设备增加无线通信的能力。产品有效识别距离可达 1 500 m，最高识别速度可达 200 km/h，同时识别 200 张标签。具有性能稳定，工作可靠，信号传输能力强，使用寿命长等优势。该设备已广泛应用于门禁、考勤、会议签到，以及高速公路、油站、停车场、公交等收费系统的各种领域。该产品的主要功能优势是防水、防雷、防冲击，满足工业环境要求。如图3-6所示为一固定式读写器实物图。

图 3-6 ZigBee 读写器产品

ZigBee 读写器具有非常广阔的应用领域：如停车场车辆免伸手出入控制，煤矿井下人员定位管理系统，驾校考试系统，机动车电子牌照自动识别系统，高速公路 ETC 电子收费系统，公交车进出站"标杆"自动管理系统，"家校通"学生出入校平安短信系统，重要会议和活动的人员会议报道系统，企事业单位人员出入自动考取系统，城市宠物追踪和管理，野生动物追踪和管理，动物园管理，仓库电力设备巡检，燃气管线、变压设备智能检修，高附加值产品追踪，工厂生产线工序管理，仓储托盘等容器追踪和管理，海运、水运、公路和铁路中的集装箱运输等领域。

2. 智能家居

家庭内部地理范围小，非常适合 ZigBee 技术对其进行联网，而 ZigBee 的最初切入点也正是家庭自动化。电灯、窗帘、空调、电视等装载 ZigBee 模块，用户可以在家中或者通过家庭网关与电信网结合远程对其进行无线控制。例如，在家中打开电视，灯光自动减弱；电话铃响起或拿起话机准备打电话时，电视机自动静音等。再如通过手机或互联网随时了解家中的状况，在下班前远程控制家中的空调调节室温到设定温度，热水器打开烧好水，电饭煲开始煮饭。总之，可以把人们从日常琐事中解放出来，实现智能化家居，如图 3-7 所示。

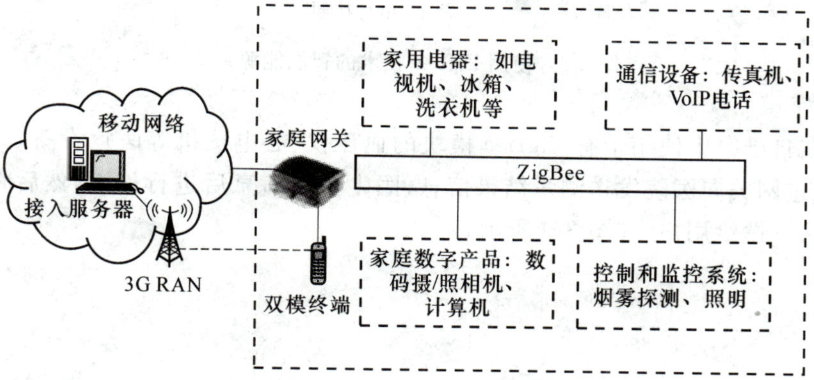

图 3-7　使用 ZigBee 技术的智能家居系统

3. 无线定位应用

无线定位应用于煤炭、医疗看护、消防等众多行业中。

矿井人员定位。随时了解矿工的工作位置，并通过连接矿工随身装置的传感器，实时上报该区域的瓦斯浓度变化等相关信息。

医院被看护对象定位。随时了解被看护对象活动区域或贵重医疗设备的放置场所。被看护对象也可以通过随身装置，向医护人员发出求救信号。

消防人员定位。动态掌握火灾现场消防员的活动区域，为现场指挥提供有效资料。消防员可通过随身装置的传感器，向指挥车上报活动区域内有害气体浓度及自身状况。

4. 智能能源

将 ZigBee 模块安装在家庭中的电表、水表、天燃气表以及各家用电器上，通过公共抄表网络，能源企业和家庭用户之间进行双向通信，及时掌握用户的能源使用情况，并向用户反馈某些有用信息，如提供实时价格信息，指导用户调整用电习惯，从而可以有效地管理能源输送负荷，如图 3-8 所示。

图 3-8 使用 ZigBee 技术的智能能源系统

5. 医疗

用户在自己家中使用带有 ZigBee 模块的血压仪、心电图机等医疗设备，如果超过临界值，则通过网关向医院发送测量结果信息，医生接到信息后进行诊断，然后将诊断结果和治疗方法反馈给用户，如图 3-9 所示。

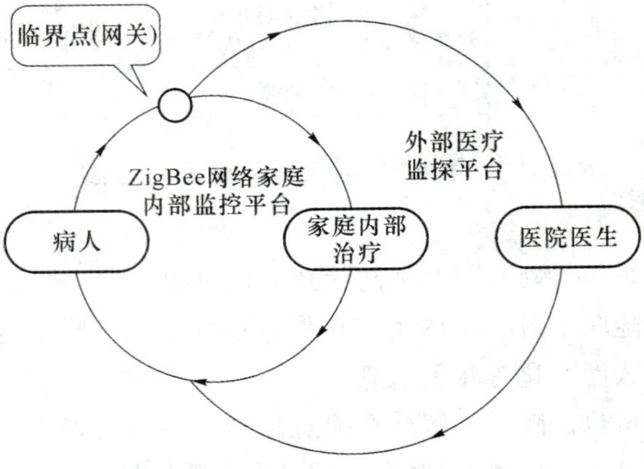

图 3-9 使用 ZigBee 技术的医疗系统

6. 精准农业

传统农业主要使用孤立的、没有通信能力的机械设备，主要依靠人力检测作物的生长状况。采用了传感器和 ZigBee 网络后，农业将可以逐渐地转向信息和软件为中心的生产模式，使用更多的自动化、网络化、智能化和远程控制的设备来耕种。传感器可能收集包括土壤湿度、氮浓度、pH 值、降水量、温度、空气湿度和气压等信息。这些信息和采集信息的地理位置经由 ZigBee 网络传递到中央控制设备供农民决策和参考，这样农民能够及早准确地发现问题，从而有助于保持并提高农作物的产量。

3.3　RFID 协议及相关技术

物联网核心技术是 RFID 技术，作为物联网象征的 RFID 技术在国外发展很快，RFID 产品种类也很多。在我国，射频识别被列为加速推动我国国民经济信息化进程的重大国家级工程，并将很快在全国得到普及。

3.3.1　基于 RFID 的物联网结构

基于 RFID 的物联网结构示意图如图 3-10 所示，内容大致可分为五个部分，即电子标签、读写器、物联网中间件(Internet of Things Middle Ware，IoT-MW)、名称解析服务(Internet of Things Name Service，IoT-NS)和信息发布服务(Internet of Things Information Service，IoT-IS)。在物联网系统中，每一个物品都被赋予一个射频识别标识码(RFID 码)，存储于物品上的电子标签中，同时这个代码所对应的详细信息和属性，包括名称、类别、生产日期、保质期等被存储在 IoT-IS 中。读写器对电子标签进行扫描后，将读取到的 RFID 码发送给 IoT-MW 服务器，服务器再经因特网向相关的 IoT-NS 服务器发出一条查询指令，IoT-NS 服务器收到查询指令后，根据规则查得与之相匹配的地址信息，就像因特网中域名服务器(Domain Name Server，DNS)的功能一样，引导 IoT-MW 服务器访问存储在该物品详细信息的 IoT-IS 服务器。IoT-IS 服务器接收到查询信息后，就将物品的详细信息以网页的形式发送给中间件，从而获得与物品对应的详细信息。

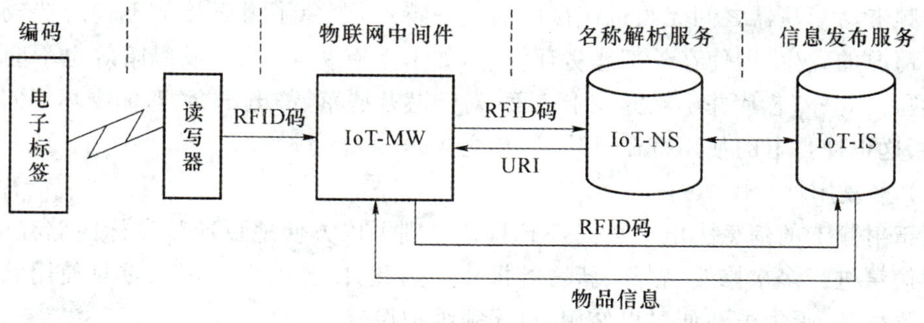

图 3-10　物联网结构示意图

跟条形码一样,RFID 码用一串数字代表产品的制造商和产品类别。不同的是,RFID 码可以保证对每个单个物品的标识和识别。RFID 码与数据库里的大量数据相联系,可获得产品更多的详细信息,包括产品的生产地点和日期、有效期、运往何地等,并且这些数据可以实时更新。由此,一个全新的物联网就建立起来了。

3.3.2 RFID 技术概述

射频识别(Radio Frequency Identification,RFID)技术是 20 世纪 90 年代兴起的一种非接触式的自动识别技术,通过利用射频信号和空间耦合(电感或电磁耦合)或雷达反射的传输特性,不仅可以实现对被识别物体的自动识别,还可同时识别多个标签,甚至可对高速运动的物体进行识别,操作方便快捷,可工作于各种恶劣环境,是目前最先进的自动识别技术。

RFID 又称为电子标签、远距离射频卡、远距离 IC 卡、射频标签、应答器、数据载体。

1. RFID 技术特点

RFID 技术在数据处理、安全认证等方面与其他自动识别技术相比较具有以下优点。

(1) 读写速度快、操作简便

由于读写器是非接触通信,因此在几厘米甚至几十米范围内都可以对卡片进行操作,不像 IC 卡那样进行插拔工作。使用非接触卡时没有方向性,卡片可以从读写器表面任意方向掠过,使用速度大大提高。由于射频卡中有快速防冲突机制,因此对于卡片之间可能出现的数据干扰情况能有效防止,并且可同时辨识读取多个 RFID 标签,读写器一次可处理 200 张以上非接触式射频标签。

(2) 形状多样化、体积小型化

在读取方面,RFID 技术并不受尺寸大小及形状限制,因此纸张的固定尺寸和印刷品质等不会影响数据读取的精确度。此外,RFID 标签的制造正向多样化和小型化发展,以适用于不同产品的需要。

(3) 高可靠性和耐用性

射频卡与读写器之间无须机械接触的这一特点,避免了由于接触不良所造成的读写错误等情况的发生,即使在外部恶劣环境下,如卡上有灰尘、油污或黑暗等也不会影响对卡的读写。此外,芯片并不裸露在卡表面,对于芯片脱落、静电击穿、弯曲损坏等问题也无须担心,这也使得卡的使用寿命可达 10 年之久。

(4) 可复用性

由于射频卡的信息为电子数据,RFID 标签则可以方便地更新其卷标内储存的数据,如可对信息进行多次修改、删除、新增等操作。因此,回收的标签可以重复使用。对于被动式射频标签,无须电池便可以使用,也无须维护保养。

(5) 强穿透性

RFID 标签被纸张、木材、塑料等非金属或非透明的材质覆盖的情况下,具有较强穿透性，并能够进行无屏障通信，但如果是铁质金属，由于具有屏蔽作用，则无法进行正常的通信。

(6) 安全加密性

由于 RFID 标签携带的是电子数据，为了使其内容不被伪造和编造，可以设置密码保护。制造射频卡的厂家在产品出厂前已将一个唯一的序列号固化在 RFID 标签上，此序号不能再更改，读写器可对其合法性进行验证，同时射频标签也可对读写器的合法性进行验证，处理前，这两者之间需进行 3 次相互认证，并且在通信过程中所有的数据都加密。另外，卡中各个扇区都设置了不同的操作密码和访问条件。

(7) 记忆容量大、一卡多用

一维条形码的容量是 50 B，二维条形码最大的容量也只能储存 2～3 000 个字符，容量受限制，而射频卡信息容量可达到 2^{96} 个码，即 268 亿个码。一卡多用利用了射频卡中多个分区，而各分区又各自设有密码的特点，将不同的分区用于不同的应用。今后物品所需承载的信息量会越来越大，不仅记忆载体的容量要不断扩大，而且对其所能扩充容量的需求也相应增加了。

(8) 追踪定位性

如果把附有 RFID 标签的物体与 GPS 相结合，系统则可以对带有射频卡的货柜车、货舱等进行有效地理位置的追踪定位。

2. RFID 系统的组成

一般的 RFID 系统由射频识别标签、射频读写器和计算机通信网络三部分组成，如图 3-11 所示，在实际应用中还需要其他硬件和软件的支持[3]。

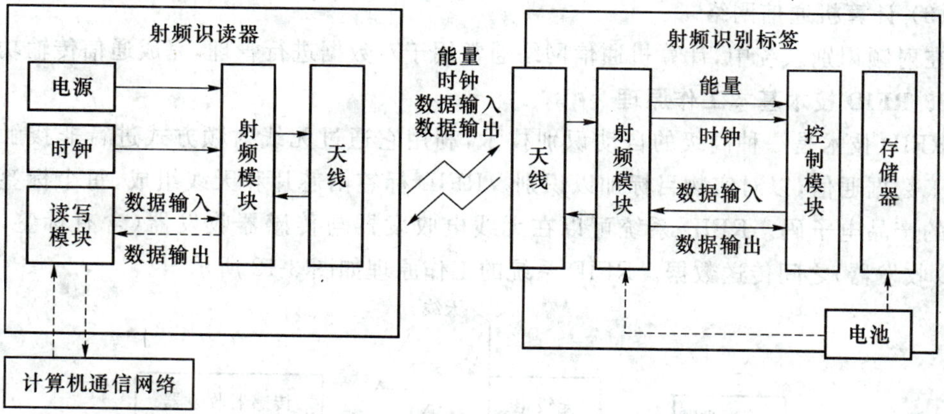

图 3-11　射频识别系统的组成示意图

(1) 射频识别标签

射频识别标签由耦合元件及芯片组成，存储着需要被识别物品的相关信息，通常被放置在需要识别的物品的表面，它所存储的信息通常可被射频读写器通过非接触读/写获取，每个标签具有全球唯一的识别号(ID)，无法修改、无法仿造，这样提供了安全性。RFID 标签分类如表 3-2 所示。

表 3-2　RFID 标签分类

工作频率	一般最大读写距离	数据传输速率(相对)	受方向影响	芯片价格(相对)	典型应用	目前使用情况
125 kHz	10 cm	慢	无	一般	动物识别、容器识别、工具识别和电子闭锁防盗	大量使用
13.56 MHz	10 cm	较慢	无	一般	电子车票、电子身份证和电子闭锁防盗	大量使用
	单向 180 cm 全向 100 cm	较快	无	低		大量使用
860～930 MHz	10 m	读快，写较慢	一般	一般	移动车辆识别、电子身份证、仓储物流应用、电子闭锁防盗	大量使用
2.45 GHz	10 m	较快	一般	较高		可能大量使用
5.8 GHz	10 m 以上	较快	一般	较高		可能大量使用

(2) 射频读写器

射频读写器是可以利用射频技术读/写射频识别标签信息的设备。读取(或写入)标签信息的设备，可设计为手持式或固定式。读写器可无接触地读取并识别电子标签中所保存的电子数据，从而达到自动识别物体的目的。通常读写器与计算机相连，所读取的标签信息被传送到计算机上，进行下一步处理。

(3) 计算机通信网络

在射频识别系统中，计算机通信网络通常用于对数据进行管理，完成通信传输功能。

3. RFID 技术基本工作原理

RFID 技术是一种高级的自动识别技术，利用它通过无线射频方式进行非接触式的全双工数据通信，以对实物目标加以识别。RFID 标签由芯片和天线组成，每个标签具有唯一的产品电子码。RFID 系统可以在无线电收发器与传感器收发器(含有标签，又称 RFID 收发器)之间传送数据。RFID 系统的工作原理如图 3-12 所示[4]。

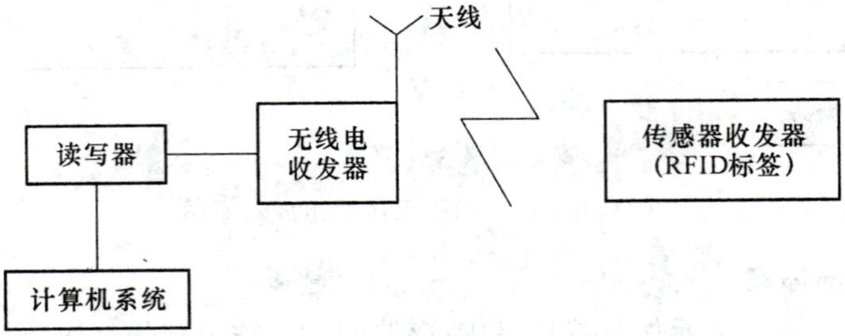

图 3-12　RFID 系统工作原理框图

RFID 系统工作时，先由阅读器通过天线发送一定频率的射频信号，当 RFID 标签进入阅读器的工作场时，其天线产生感应电流，从而使 RFID 标签获得能量被激活并向阅读器发送自身的编码等信息。对于无源系统，阅读器通过耦合元件（无线电收发器）发送出一定频率的射频信号，当标签进入该区域时通过耦合元件从中获得能量以驱动后级芯片与阅读器进行通信。阅读器读取标签的自身编码等信息并解码后送至数据交换、管理系统（计算机系统）处理。而对于有源系统，标签进入阅读器工作区域后，由自身内嵌的电池为后级芯片供电以完成与阅读器间的相应通信过程。

RFID 的工作原理具体描述如下：

(1) 无线电载波信号经过射频读写器的发射天线向外发射；

(2) 当射频识别标签进入发射天线的作用区域时，射频识别标签就会被激活，经过天线将自身信息的数据发射出去；

(3) 射频识别标签发出的载波信号被接收天线接收，并经过天线的调节器传输给读写器，对接收到的信号，射频读写器进行解调、解码后，再传送到后台的计算机控制器；

(4) 该标签的合法性由计算机控制器根据逻辑运算进行判断，针对不同的设定作出相应的处理和控制；

(5) 按照计算机发出的指令信号，控制执行机构进行运作；

(6) 计算机通信网络通过将各个监控点连接起来，形成总控信息平台，根据实际不同的项目要求可以设计各不相同的相应软件来完成需要达到的功能。

4. RFID 物品识别的基本模型

RFID 物品识别功能的实现主要由 EPC 编码标准、RFID 电子标签、读写器、Savant 网络、对象名解析服务以及 EPC 信息服务系统六方面组成。如图 3-13 所示为 EPC 码的读写流程。

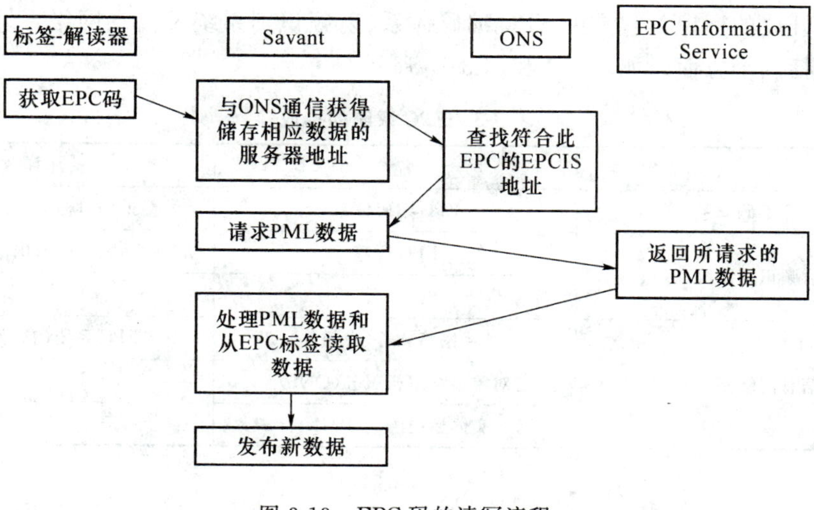

图 3-13 EPC 码的读写流程

RFID 技术是以网络为支撑的大系统，它一方面利用现有的因特网网络资源，另一方面可在世界范围内构建出实物互联网。如图 3-14 所示为基于 RFID 技术的物联网系统。

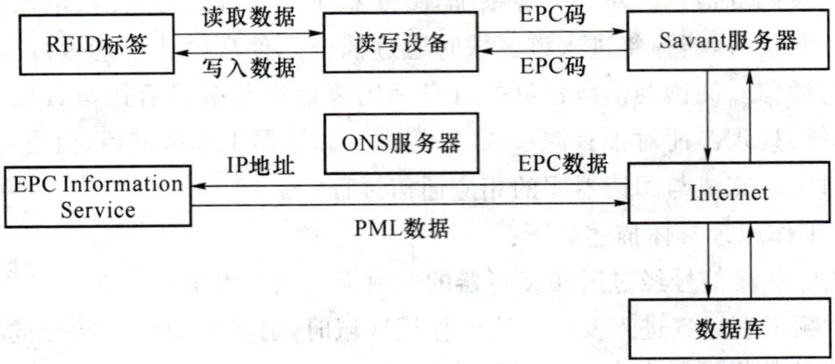

图 3-14　基于射频识别的物联网系统

3.3.3　EPC 无线通信协议

EPC(Electronic Product Code，产品电子代码)属于 RFID 系统中数据采集部分的电子产品编码标准之一，是由 EPC global 组织、各应用方协调一致的编码标准，可以实现对所有实体对象(包括零售商品、物流单元、集装箱、货运包装等)的唯一有效标识。

本小节在介绍物联网基本技术知识的基础上，详细说明了 RFID 读写器与 EPC 标签之间的接口协议，阐述 EPC 与物联网的工作原理，并从理论角度探讨物联网读写器与标签通信协议。

1. 物联网中的 EPC 系统结构

EPC 系统是一个非常先进的、综合性的、复杂的系统。其最终目标是为每一单品建立全球的、开放的标识。它是由 EPC 编码体系、射频识别系统及信息网络系统三部分组成，主要包括六个方面。如表 3-3 和图 3-15 所示[5]。

表 3-3　EPC 系统的构成

系统组成	名称	注释
EPC 编码体系	EPC 编码体系	识别目标的特定代码
射频识别系统	EPC 标签	贴在物品之上的或内嵌在物品之中
	读写器	读写 EPC 标签
信息网络系统	神经网络软件(中间件)	EPC 系统的软件支持
	对象名称解析服务(ONS)	
	实体标记语言(PML)	

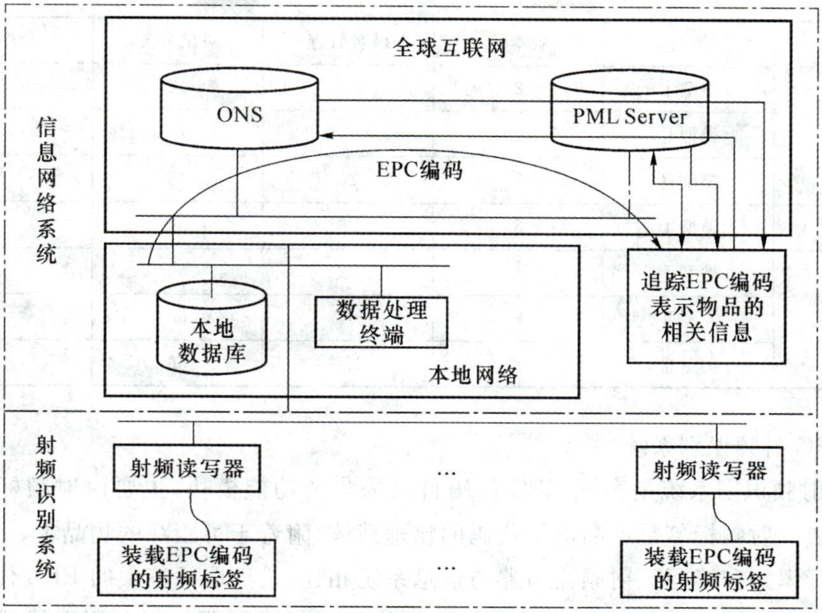

图 3-15　EPC 系统的构成图

2. EPC 相关技术概述

1) EPC 编码体系

EPC 编码由版本号、域名管理、对象分类和序列号 4 个字段组成。具体结构如表 3-4 所示。版本号字段标识 EPC 的版本号，它给出 EPC 编码的长度；域名管理字段标识相关的生产厂商信息；对象分类字段编码物品精确类型；序列号用于编码出唯一物品。

它是由 EPC global 组织、各应用方协调一致的编码标准，具有以下特性：

(1) 科学性结构明确，易于使用、维护；

(2) 兼容性兼容了其他贸易流通过程的标识代码；

(3) 全面性可在贸易结算、单品跟踪等各环节全面应用；

(4) 合理性由 EPC global、各国 EPC 管理机构（中国的管理机构称为 EPC global China）、标识物品的管理者分段管理、共同维护、统一应用，具有合理性；

(5) 国际性不以具体国家、企业为核心，编码标准全球协商一致，具有国际性；

(6) 无歧视性编码采用全数字形式，不受地方色彩、语言、经济水平、政治观点的限制，是无歧视性的编码。

表 3-4　EPC 编码结构

EPC	类型	版本号	域名管理	对象分类	序列号
EPC-64	类型Ⅰ	2	21	17	24
	类型Ⅱ	2	15	13	34
	类型Ⅲ	2	26	13	23
EPC-96	类型Ⅰ	8	28	24	36
EPC-256	类型Ⅰ	8	32	56	160
	类型Ⅱ	8	64	56	128
	类型Ⅲ	8	128	56	64

2）EPC 射频识别系统

EPC 射频识别系统是实现 EPC 代码自动采集的功能模块，主要由射频标签和射频读写器组成。射频标签是产品电子代码的物理载体，附着于可跟踪的物品上，可全球流通并对其进行识别和读写。射频读写器与信息系统相连，是读取标签中的 EPC 代码并将其输入网络信息系统的设备。EPC 系统射频标签与射频读写器之间利用无线感应方式进行信息交换，具有以下特点：

- 非接触识别；
- 可以识别快速移动物品；
- 可同时识别多个物品等。

EPC 射频识别系统为数据采集最大限度地降低了人工干预，实现了完全自动化，是“物联网”形成的重要环节。

(1) EPC 标签

EPC 标签是产品电子代码的信息载体，主要由天线和芯片组成。EPC 标签中存储的唯一信息是 96 位或者 64 位产品电子代码。为了降低成本，EPC 标签通常是被动式射频标签。

EPC 标签根据其功能级别的不同目前分为五类，目前所开展的 EPC 测试使用的是 Class1/GEN2。

(2) 读写器

读写器是用来识别 EPC 标签的电子装置，与信息系统相连实现数据的交换。读写器使用多种方式与 EPC 标签交换信息，近距离读取被动标签最常用的方法是电感耦合方式。只要靠近，盘绕读写器的天线与盘绕标签的天线之间就形成了一个磁场。标签就利用这个磁场发送电磁波给读写器，返回的电磁波被转换为数据信息，也就是标签中包含的 EPC 代码。

读写器的基本任务就是激活标签，与标签建立通信并且在应用软件和标签之间传送数据。EPC 读写器和网络之间不需要 PC 作为过渡，所有的读写器之间的数据交换直接可以通过一个对等的网络服务器进行。

读写器的软件提供了网络连接能力，包括 Web 设置、动态更新、TCP/IP 读写器界面、内建兼容 SQL 的数据库引擎。

当前 EPC 系统尚处于测试阶段，EPC 读写器技术也还在发展完善之中。Auto-ID Labs 提出的 EPC 读写器工作频率为 860～960 MHz。

3) EPC 信息网络系统

信息网络系统由本地网络和全球互联网组成，是实现信息管理、信息流通的功能模块。EPC 系统的信息网络系统是在全球互联网的基础上，通过 EPC 中间件、对象命名称解析服务(ONS)和 EPC 信息服务(EPC IS)来实现全球"实物互联"[6]。

(1) EPC 中间件

EPC 中间件具有一系列特定属性的"程序模块"或"服务"，并被用户集成以满足他们的特定需求，EPC 中间件以前被称为 SAVANT。

EPC 中间件是加工和处理来自读写器的所有信息和事件流的软件，是连接读写器和企业应用程序的纽带，主要任务是在将数据送往企业应用程序之前进行标签数据校对、读写器协调、数据传送、数据存储和任务管理。

(2) 对象名称解析服务

对象名称解析服务(Object Name Service，ONS)是一个自动的网络服务系统，类似于域名解析服务(DNS)，对象名称解析服务给 EPC 中间件指明了存储产品相关信息的服务器。

ONS 服务是联系 EPC 中间件和 EPC 信息服务的网络枢纽，并且对象名称解析服务设计与架构都以因特网域名解析服务 DNS 为基础，因此，可以使整个 EPC 网络以因特网为依托，迅速架构并顺利延伸到世界各地。

(3) EPC 信息服务

EPC 信息服务(EPC Information Service，EPC IS)提供了一个模块化、可扩展的数据和服务的接口，使得 EPC 的相关数据可以在企业内部或者企业之间共享。它处理与 EPC 相关的各种信息，例如：

- EPC 的观测值。就是观测对象、时间、地点以及原因，这里的原因是一个比较宽泛的说法，它应该是 EPC 信息服务步骤与商业流程步骤之间的一个关联，例如，订单号、制造商编号等商业交易信息。
- 包装状态。例如，物品是在托盘上的包装箱内。
- 信息源。例如，位于 Z 仓库的 Y 通道的 X 读写器。

EPC 信息服务有两种运行模式，一种是 EPC IS 信息被已经激活的 EPC IS 应用程序直接应用;另一种是将 EPC IS 信息存储在资料档案库中,以备今后查询时进行检索。独立的 EPC IS 事件通常代表独立步骤,如 EPC 标记对象 A 装入标记对象 B,并与一个交易码结合。对于 EPC IS 资料档案库的 EPC IS 查询,不仅可以返回独立事件,而且还有连续事件的累积效应,如对象 C 包含对象 B,对象 B 本身包含对象 A。

4) EPC 系统的工作流程

在由 EPC 标签、读写器、EPC 中间件、因特网、ONS 服务器、EPC 信息服务以及众多数据库组成的实物互联网中,读写器读出的 EPC 只是一个信息参考(指针),由这个信息参考从因特网找到 IP 地址并获取该地址中存放的相关的物品信息,并采用分布式的 EPC 中间件处理由读写器读取的一连串 EPC 信息。由于在标签上只有一个 EPC 代码,计算机需要知道与该 EPC 匹配的其他信息,这就需要对象名称解析服务来提供一种自动化的网络数据库服务,EPC 中间件将 EPC 代码传给 ONS 服务器,ONS 服务器指示 EPC 中间件到一个保存着产品文件的服务器(EPC IS)查找,该文件可由 EPC 中间件复制,因而文件中的产品信息就能传到供应链上,EPC 系统的工作流程如图 3-16 所示[7]。

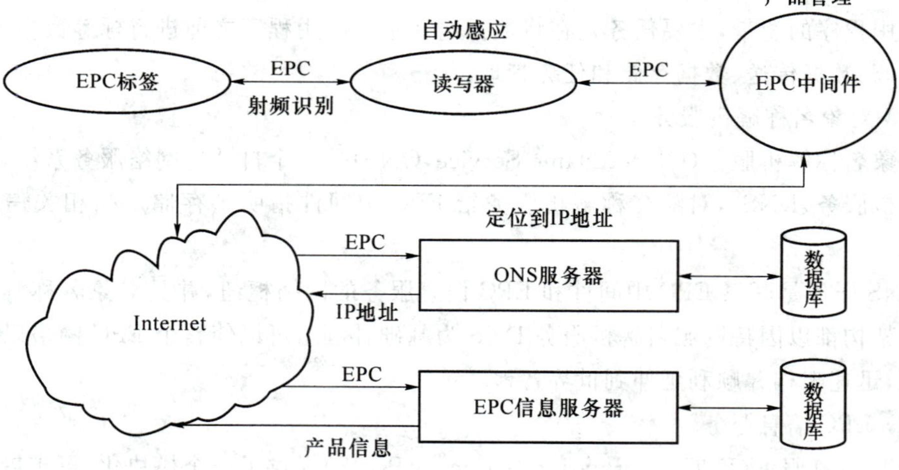

图 3-16　EPC 系统工作流程示意图

3.3.4　RFID 技术的应用

RFID 技术在零售业、物流业、制造业以及防伪和军事物流上有着十分广泛的应用,如图 3-17、图 3-18 所示。

1. 物流仓储管理

在货物的追踪管理及监控方面,RFID 技术所具有的方便快捷、准确、自动化等技术特点显得尤为突出。当物品出库时,贴有 RFID 标签的货物就被跟踪,它会自动被读写器解读。物品在运输过程中，RFID 技术可以对温度和湿度进行有效控制，可避免在运输过程中造成损失以及被盗等情况的发生。到达目的地之后，分拣中心将对物品进行自动分拣，这样既降低了成本，又提高了准确性。在整个零售环节，RFID 技术同样有效，甚至能查出物品损失、被盗信息的根源，测出物品在货架上的状态，如发生断货的情况，在退货管理及产品的召回方面也可以进行跟踪管理。简而言之，RFID 技术在电子物品监视系统方面的应用可以有效防止物品失窃；在智能仓储管理中，能高效解决仓库与货物流动相关的信息（如货物的基本情况、监控、识别以及位置等）的管理问题。

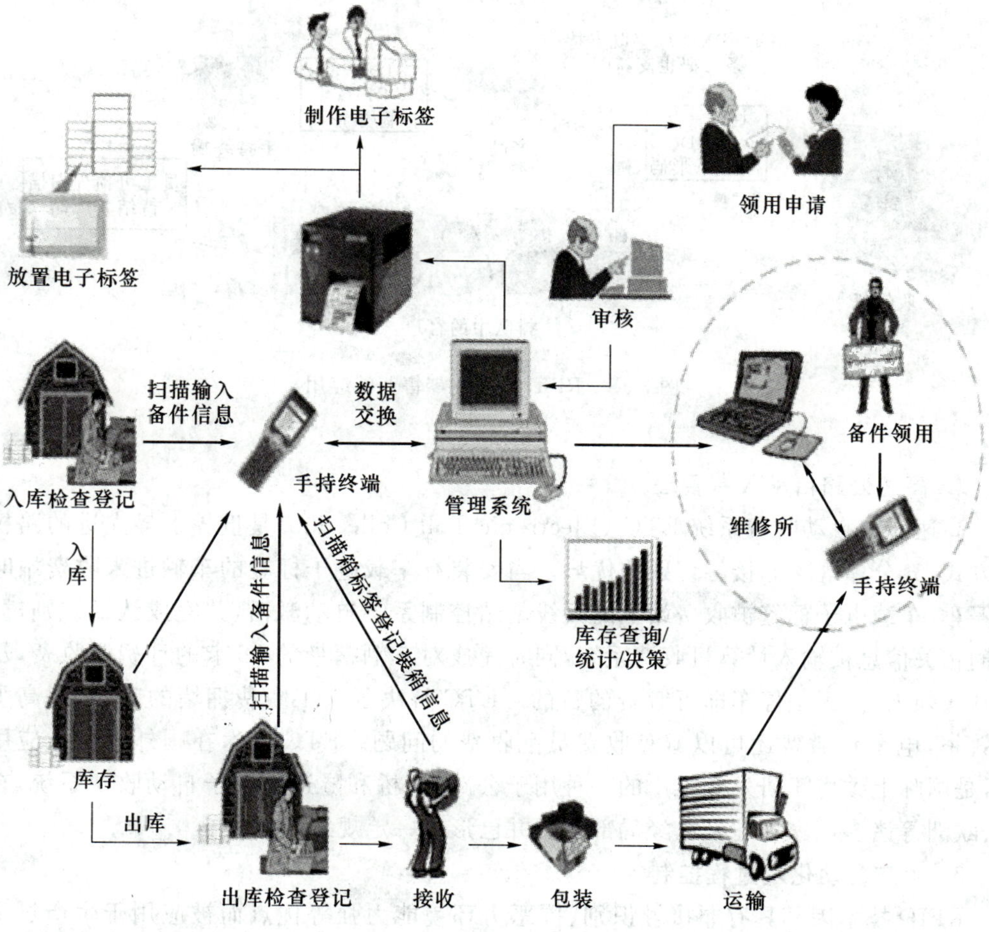

图 3-17　RFID 技术在物流仓储的应用

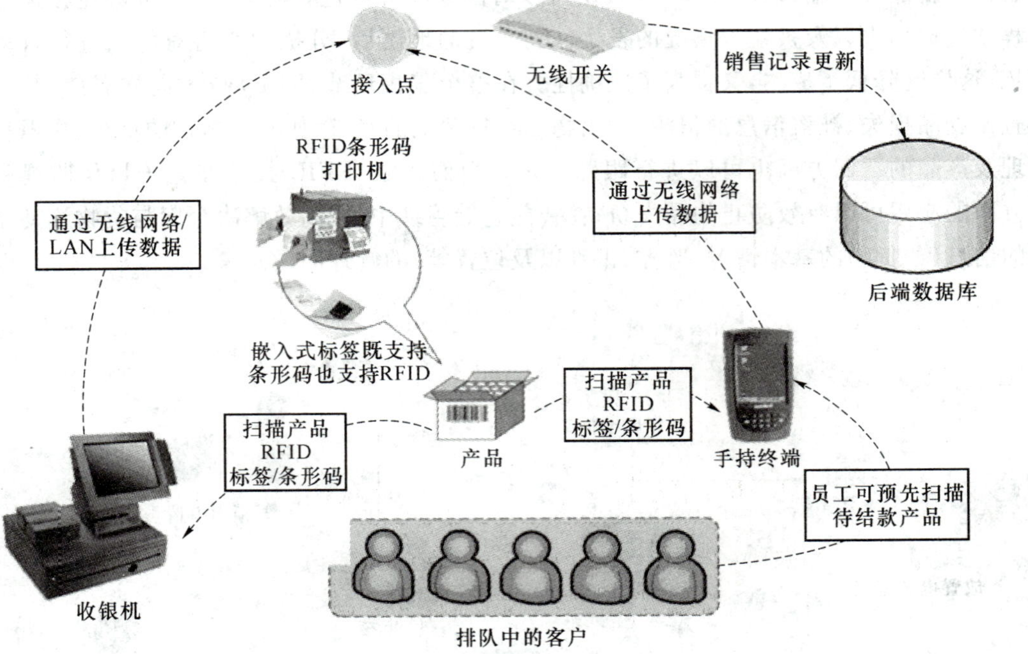

图 3-18　RFID 技术在零售业的应用

2. 高速公路自动收费管理

高速公路自动收费系统 ETC (Electronic Toll Collection)是世界上最先进的路桥收费方式,充分体现了非接触识别的优势。当安装有车载电子标签的车辆进入收费站时无须停车,车载电子标签被收费站上的天线基站控制系统自动激活,并完成认证识别过程,车辆相关信息被输入计算机收费系统,同时完成对车辆携带的 IC 卡的计费及收费,从而达到无须人工、无须停车即可缴费的目的。ETC 解决了人工缴费拥堵的问题,提高了缴费效率,电子化缴费还可以避免收费员乱收费的问题。ETC 技术在国外研究及应用较早,是国际上致力于研发和推广的一种用于公路、大桥和隧道的电子自动收费系统,在美国、欧洲等诸多国家和地区已经局部联网并已形成一定规模效益。

3. 生产自动化及过程控制

RFID 技术因其具有非接触识别、抗恶劣环境能力强等优点而被应用于生产过程控制中。例如,在汽车装配流水线的应用,德国宝马汽车的生产是基于用户对式样需求而定制生产的,用户所需要的颜色、引擎型号还有轮胎式样等可以从上万种内部和外部选项中选定,由此,各种式样的宝马汽车在汽车装配流水线上装配生产,这样复杂的任务需要一个高度组织的、复杂的控制系统,否则很难完成。在配有 RFID 系统的宝马汽车装配流水线上,可重复使用的射频卡携带有定制汽车所有详细的要求,安放在各工作点处的读写器使汽车在各个流水线位置处能有条不紊、无错误地完成装配任务。射频识别技术在生产流水线上的使用，通过对物料跟踪、生产过程自动控制和监视，大大改进了生产方式，不仅节约了成本，还提高了生产效率。

4. 车辆的自动识别以及防盗

RFID 技术在我国最早应用于铁路系统，通过采用 RFID 技术，可以随时了解车辆的运行状况。先将车号信息存储在电子标签里，并在车体的表面安装此电子标签，当携带有电子标签的车辆经过读写器时，通过天线的作用，读写器接收经由电子标签反射回来的带有车辆车号信息的电子信号。接收到的电子信号被计算机处理后，自动显示或打印出来，即实现了自动识别车辆车号的功能。RFID 技术在此方面的应用不仅实现了车辆的自动跟踪，还能够大大降低交通事故的发生率，甚至通过 RFID 技术，可以对车辆主人的身份进行验证，防止车辆偷盗行为的发生。即使在车辆丢失以后，也可以方便寻找。RFID 技术在我国铁路系统成功应用，使统计自动化、实时化，不仅大大降低了管理成本，还提高了铁路资源利用率，据统计，每年的直接经济效益达到 3 亿多元。

5. 金融电子票证

金融电子票证是一种将 RFID 芯片嵌入各种金融票证中，实现票务防伪目的的票证。由于现金交易不方便也不安全，且容易出现税收漏洞等问题，而各种磁卡、IC 卡又都存在容易损坏、怕静电等问题，因此，目前国内外各种交易大多采用电子标签来代替各种“卡”以实现非现金结算。同时，射频卡具有使用方便、快捷以及多卡同时识别的特性，使得收费变得快速，通行速度显著提高，有效地避免了假票带来的麻烦。例如，我国香港地区使用的“八达通卡”，不仅可以在公交收费系统中使用，还具有付款功能，如在商场、便利店、肯德基等大众化的消费场所使用，实现一卡多用。

6. 身份识别、门禁保安

射频识别卡在门禁保安系统中使用，可实现一卡多用，如工作证、停车卡、住宿卡、出入证甚至旅游护照等，可以对人员身份有效识别，加强安全管理，同时也简化了出入手续，提高了收费效率。对于安全级别要求高的场所，还可以结合如指纹、虹膜、面部特征等识别方式存入射频卡。

7. 防伪

将 RFID 技术应用在防伪领域，突出了自身的技术优势。防伪技术具有成本较低，很难伪造的特点。射频识别卡的成本虽然相对便宜，但是制造芯片的工艺非常昂贵，这是伪造者望而却步的主要原因。在射频识别卡的内存中，可以储存、修改与产品有关的资料数据，这有利于产品真伪的鉴别。利用这种技术不用改变现行的数据管理体制，唯一的产品标识号完全可以做到与已用数据库体系兼容。

3.3.5　RFID 技术应用前景

埃森哲首席科学家弗格森认为，RFID 技术是未来五年一个重要的应用技术。在信息社会，对于各种信息的获取及处理要求快速、准确，在不久的将来 RFID 技术就将同其他识别技术一样深入人们的生活。

据美国零售巨头沃尔玛介绍，采用 RFID 技术后，货架缺货情况减少了 16%，补充存货的效率比从前高出了 3 倍，劳动成本降低了 10%，由存货缺货带来的经济损失大约可以减少 6 亿美元，反偷盗所减少的损失达 5.75 亿美元，劳动力成本下降 67 亿美元。

据调查，RFID 应用系统产品全球销售额从 1999 年的 6.58 亿美元，提升到 2002 年的 11 亿美元，其中日本占 1.8 亿美元，美国占 6 亿美元。2005 年全球 RFID 市场规模达 30 亿美元。根据 ABI Research 的研究报告，虽经历 2008-2009 年的全球经济衰退，2010 年全球 RFID 市场规模仍约 54 亿美元，年平均增长率为 14%。

目前，RFID 技术作为一种先进的自动识别技术，在我国已展开相关研发并投入使用，在生产、生活等多方面已取得显著成效，它将在我国很快普及，射频识别产品的市场是非常巨大的。科学家陈十一说："预计未来在射频识别标签的使用上，中国大概需要 30 亿以上的射频识别标签，其中，电子消费品将需要 8 300 万个射频识别标签；香烟产品将需要 8 亿个射频识别标签；酒类产品将需要 1.3 亿个射频识别标签；IT 产品大概需要 13 亿～14 亿个射频识别标签。"总而言之，射频识别技术的需求及应用前景将是非常广泛的。

目前 RFID 技术的应用过程中还存在诸如标准不统一、标签制作及应用软件成本高、个人隐私透明、技术瓶颈以及工人失业等问题，这些问题在国际标准组织、各国政府、制造商等的努力下，正逐步得到解决。

RFID 技术作为一个新兴产业，涉及信息、材料、装备及工艺等多技术领域，可以拉动很多相关行业的经济增长。RFID 技术涵盖了无线电通信、芯片设计制造、天线设计、封装、软件和系统集成、信息安全等技术。RFID 产业链更是包含了彼此衔接的多个环节。当所有物品通过 RFID 技术融入信息网络系统后，目前的物品生产、流通、销售、应用和服务模式都将发生彻底的改变，未来 RFID 技术对于人类生活的影响将是革命性的。

以 RFID 系统为基础，结合已有的网络技术、数据库技术、中间件技术等，用无数的电子标签和大量联网的读写器构成的物联网实现物体的自动识别和信息的互联与共享，推动着各个行业领域的重大变革，但物联网也存在标准问题、RFID 标签和读卡器的价格问题、安全问题、统一的数据格式问题。如果要大规模地推广和应用到各个行业领域，提升综合服务和竞争力，需要对物联网技术更深入地研究。

3.4 无线传感器网络的相关协议

无线传感器网络（Wileless Sense Networks，WSN）[12]是由大量无处不在的，具有通信与计算能力的微小传感器节点构成的自治网络系统，是能根据环境自主完成指定任务的"智能"系统。无线传感器网络是涉及微传感器与微机械、通信、自动控制、人工智能等多学科的综合性学科。由于其在军事、工业、家居、环境等诸多领域有着广阔的应用前景，无线传感器网络引起了各国政府和学者的广泛重视，已成为最新的研究热点。

无线传感器网络是多学科高度交叉、知识高度集成的关于现代网络通信的一个前沿热点研究方向。作为一种典型的普适计算(pervasive computing)应用,WSN 能够通过各类集成化的微型传感器协作地实时监测、感知和采集各种环境或监测对象的信息,并对这些信息加以处理,使需要这些信息的用户获得详尽而准确的数据,从而实现逻辑上的信息世界与真实的物理世界的融合,深刻地改变了人与自然的交互方式。

3.4.1　物理层协议

物理层主要负责数据的调制、发送与接收,是决定无线传感器网络的节点体积、成本以及能耗的关键环节,是无线传感器网络的研究重点之一。

1. 无线传感器网络物理层协议设计的要点

无线传感器网络节点一般由四个基本模块组成:传感模块、处理模块、通信模块和电源模块,如图 3-19 所示。传感模块包含传感器和模数转换器(ADC)两个子模块。传感器采集的模拟信号经过模数转换器转成数字信号后,传给处理模块,处理模块根据任务需求对数据进行预处理,并将结果通过通信模块送到网上。

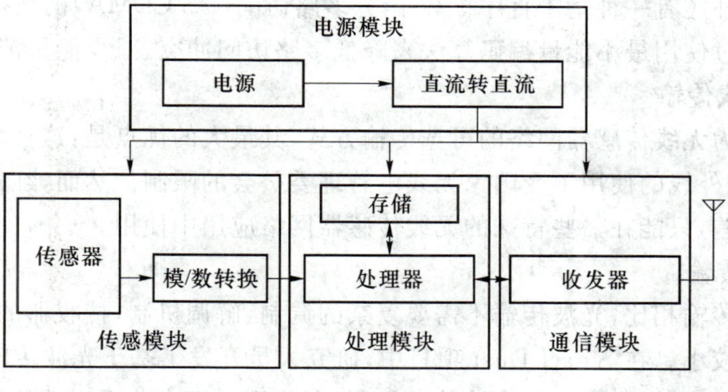

图 3-19　无线传感器网络节点硬件模型

能耗和成本是无线传感器网络最主要的两个性能指标,也是指导无线传感器网络物理层协议设计的关键因素。

2. 无线传感器网络物理层协议的研究现状

物理层协议涉及无线传感器网络采用的传输媒体、选择的频段以及调制方式。目前,无线传感器网络采用的传输媒体主要包括无线电、红外线和光波等。

(1) 无线电传输

无线电波易于产生,传播距离较远,容易穿透建筑物,在通信方面没有特殊的限制,比较适合无线传感器网络在未知环境中的自主通信需求,是目前无线传感器网络的主流传输方式。

在频率选择方面,一般选用工业、科学和医疗(ISM)频段。选用 ISM 频段的主要优点是 ISM 频段是无须注册的公用频段，具有大范围的可选频段，没有特定的标准，可以灵活使用。面对传感器节点小型化、低成本、低功耗的特点，人们提出在欧洲使用 433 MHz ISM 频段，在美国使用 915 MHz ISM 频段。

在调制机制选择方面，传统的无线通信系统需要考虑的重要指标包括频谱效率、误码率、环境适应性以及实现的难度和成本。在无线传感器网络中，由于传感器节点能量受限，需要设计以节能和成本为主要指标的调制机制。为了同时满足无线传感器网络最小化符号率和最大化数据传输率的指标，M-ary 调制机制被应用于无线传感器网络。然而，简单的多相位 M-ary 信号将降低检测的敏感度，为了恢复连接，则需要增加发射功率，因此导致额外的能量浪费。为了避免该问题，准正交的差分编码位置调制方案采用 4 位二进制符号，每个符号被扩展为 32 位伪噪声 CHIP，采用半正弦脉冲波形的偏移四相移键控(O-QPSK)调制机制，仿真实验表明该方案的节能性较好。M-ary 调制机制通过单个符号发送多位数据的方法减少了发射的时间，降低了发射功耗，但是所采用的电路很复杂，无线收发器的功耗比较大。如果以无线收发器的启动时间为主要条件，则 Binary 调制机制在启动时间较长的系统中更加节能、有效，而 M-ary 调制机制适用于启动时间较短的系统。另外还有一种基于直序扩频-码分多路访问(DS-CDMA)的数据编码与调制方法。该方法通过使用最小能量编码算法来降低多路访问冲突，减少能量消耗。

(2) 红外线传输

红外线作为无线传感器网络的可选传输方式，其最大的优点是：这种传输方式不受无线电干扰，且红外线的使用不受国家无线电管理委员会的限制。然而，红外线对非透明物体的透过性极差，只能在一些特殊的无线传感器网络应用中使用。

(3) 光波传输

与无线电传输相比，光波传输不需要复杂的调制、解调机制，接收器的电路简单，单位数据传输功耗较小。在 Smart Dust 项目中，研究人员开发了基于光波传输，具有传感、计算能力的自治系统，提出了两种光波传输机制，即使用三面直角反光镜的被动传输方式和使用激光二极管、易控镜的主动传输方式。前者，传感器节点不需要安装光源，通过配置直角反光镜来完成通信。后者，传感器节点使用激光二极管和主控激光通信系统来发送数据。光波与红外线相似，通信双方不能被非透明物体阻挡，因此只能在一些特殊的无线传感器网络应用中使用。

3. 无线传感器网络物理层实现的相关协议标准

WSN 物理层协议的实现可以基于 IEEE 的 2 个标准：IEEE 802.15.4[13] 和 IEEE 802.13.3a[14]。

(1) IEEE 802.15.4

IEEE 于 2002 年开始研究制定低速无线个人局域网(WPAN)标准——IEEE 802.15.4。IEEE 802.15.4 主要是物理层和 MAC 层标准，IEEE I451 工作组正在考虑以此为基础实现传感器网络。

IEEE 802.15.4 标准主要有如下特性：

- 工作于 2.4 GHz ISM 频段的 16 个信道，915 MHz 频段的 10 个信道以及868 MHz 频段的 1 个信道。
- 2.4 GHz 频段提供的数据传输率为 250 kbit/s，适用于较高的数据吞吐量、低延时或低作业周期的场合；868/915 MHz 频段提供的数据传输率为 20 kbit/s，40 kbit/s，用较低的速率换取较高的灵敏度和较大的覆盖面积。
- 2.4 GHz 物理层采用如前所述的基于 DSSS 方法的准正交调制技术；868/915 MHz 物理层使用简单 DSSS 方法，每个数据位被扩展为长度为 15 的 CHIP 序列，然后使用二进制相移键控调制技术。
- 采用 CSMA/CA 信道接入技术，以及两种寻址方式——短 16 位比特和 64 位比特寻址。
- 保证低功耗的电源管理。

(2) IEEE 802.15.3a 与超宽带

近来，IEEE 802.15.3a 标准的提交者把超宽带（UWB）作为一个可行的高速率无线个人局域网的物理层选择方案，无线传感器网络是其潜在的应用。

超宽带技术起源于 20 世纪 60 年代，直到 1989 年美国国防部才使用“超宽带”这一术语。超宽带与传统的窄带或其他宽带通信技术相比，有两个主要特点：

- 频带宽，功率谱密度小。UWB 系统的带宽超过中心频率的 25%或者超过 1.5 GHz，明显宽于当前通信系统所用的带宽。其主要的工作频带被限制在 3.1～10.6 GHz，功率谱密度将被要求低于 41.3 dBm/MHz。由于脉冲的超短持续时间，使得 UWB 系统具有重要的内在优势对抗多径衰落。
- 无载波方式。典型的超宽带以一种无载波的方式实现，可以直接调制非常尖锐的脉冲，从而导致波形占用几个 GHz 的带宽。因为不需要本地生成载波，UWB 发射器直接用脉冲波形激励天线，不需要传统收发器所需的变频，从而不需要功率放大器和混频器，允许采用非常低廉的宽带发射器。同时，在接收端，UWB 接收机也有别于传统的超外差接收机，不需要中频处理，不必提供多级混合电路、成形滤波等。因此，UWB 收发器的电路结构比传统收发器简单。

无线传感器网络无人值守、能量受限等特点给其物理层的实现带来了很多的困难，因此，有必要对其进行更多的研究和关注。这里概括与总结了物理层协议设计的主要问题，详细描述了已有的设计思路和解决策略，介绍了与 WSN 物理层协议相关的两个标准。然而，人们对 WSN 物理层协议的研究还处于初级阶段，以下方面还需要做进一步的研究：

(1) 硬件方面。目前的 WSN 节点在体积、成本和功耗上与其广泛应用的标准还存在一定的差距，缺乏小型化、低成本、低功耗的片上系统（SOC）实现；细胞计算是实现纳米级组装的新技术，也为 WSN 的研究提供了新的思路。

（2）软件方面。WSN 物理层迫切需要符合其特点和要求的简单的协议、算法设计，特别是调制机制。

3.4.2 WSN MAC 协议概述

1. WSN MAC 协议设计原则

在无线传感器网络中，节点能量有限且难以补充，为保证无线传感器网络长期有效工作，MAC 协议以减少能耗、最大化网络生存时间为首要设计目标；其次，为了适应节点分布和拓扑变化，MAC 协议需要具备良好的可扩展性；传统无线网络关注的实时性、吞吐量及带宽利用率等性能指标成为次要目标；此外，WSN 节点一般属于同一利益实体，可为系统优化作出一定的牺牲。因此，能量效率以外的公平性一般不作为设计目标。

无线传感器网络中的能量消耗主要包括通信能耗、感知能耗和计算能耗。其中，通信能耗所占比重最大。因此，减少通信能耗是延长网络生存时间的有效手段。大量研究表明，通信过程中主要能量浪费存在于：冲突导致重传和等待重传；非目的节点接收并处理数据形成串音；发射/接收不同步导致分组空传（overemitting）；控制分组本身开销；无通信任务节点对信道的空闲侦听等。此外，无线发射装置频繁发送/接收状态切换也会造成能量迅速消耗。

基于上述原因，WSN MAC 协议通常采用“侦听/休眠”交替的信道访问策略，节点无通信任务则进入低功耗睡眠状态，以减少冲突、串音和空闲侦听；通过协调节点间的侦听/休眠周期以及节点发送/接收数据的时机，避免分组空传和减少过度侦听；通过限制控制分组长度和数量减少控制开销；尽量延长节点休眠时间，减少状态切换次数。同时，为了避免 MAC 协议本身开销过大，消耗过多的能量，MAC 协议尽量做到简单、高效。

当然，影响传统无线网络 MAC 协议设计的一些基本问题，如隐藏终端和暴露终端问题、无线信道衰减和无规律冲突问题等，在 WSN MAC 协议中依然存在，需要解决。

2. WSN MAC 协议分类

无线传感器网络与应用高度相关，研究人员从不同的方面出发提出多种 MAC 协议，但目前尚无统一分类方式。可根据信道分配方式、数据通信类型、性能需求、硬件特点以及应用范围等策略，使用多种分类方法对其分类：

（1）根据信道访问策略的不同可分为竞争协议、调度协议和混合 MAC 竞争协议。竞争协议无须全局网络信息，扩展性好，易于实现，但能耗大；调度协议有节省优势和延时保障，但帧长度和调度难以调整，扩展性差，且时钟同步要求高；混合协议具有上述两种 MAC 协议的优点，但通常比较复杂，实现难度大。

（2）根据使用单一共享信道还是多信道可分为单信道 MAC 协议和多信道 MAC 协议。前者节点体积小，成本低，但控制分组与数据分组使用同一信道，降低了信道利用率；后者有利于减少冲突和重传，信道利用率高，传输时延小，但硬件成本高，且存在频谱分配拥挤问题。

(3) 根据数据通信类型可分为单播协议和组播/聚播(convergecast)协议。前者适于沿特定路径的数据采集,有利于网络优化,但扩展性差;后者有利于数据融合与查询,但时钟同步要求高,且数据冗余,重传代价高。

(4) 根据传感器节点发射器硬件功率是否可变可分为功率固定 MAC 协议和功率控制 MAC 协议。前者硬件成本低,但通信范围相互重叠,易造成冲突;后者有利于节点能耗均衡,但易形成非对称链路,且硬件成本增加。

(5) 根据发射天线的种类可分为基于全向天线的 MAC 协议和基于定向天线的 MAC 协议。前者成本低,易部署,但增加了冲突和串音;后者有利于避免冲突,但增加了节点复杂性和功耗,且需要定位技术的支持。

(6) 根据协议发起方的不同可分为发送方发起的 MAC 协议和接收方发起的 MAC 协议。由于冲突仅对接收方造成影响,因此,接收方发起的 MAC 协议能够有效避免隐藏终端问题,减少冲突概率,但控制开销大,传输延时长;发送方发起的 MAC 协议简单,兼容性好,易于实现,但缺少接收方状态信息,不利于实现网络的全局优化。

此外,根据是否需要满足一定的 QoS 支持和性能要求,WSN MAC 协议还可分为实时 MAC 协议、能量高效 MAC 协议、安全 MAC 协议、位置感知 MAC 协议、移动 MAC 协议等。

3. 基于竞争的 MAC 协议

竞争协议采用按需使用信道的方式,当节点需要发送数据时,通过竞争方式使用无线信道,若发送的数据产生了冲突,就按照某种策略重发数据,直到数据发送成功或放弃发送为止。在无线传感器网络中,睡眠/唤醒调度、握手机制设计和减少睡眠延时是竞争协议重点考虑的三大问题。一般而言,竞争协议对时钟同步精度要求没有调度协议高,但为了实现及时可靠通信并保证协议能量高效,仍需为睡眠/唤醒调度和控制分组安排合理的时序关系。

(1) S-MAC(sensor-MAC)[15]协议和 T-MAC(timeout-MAC)[16]协议

这两个协议均采用节点周期睡眠调度,不同点是调度周期中节点活跃时间所占的比例(占空比)。

S-MAC 协议基本思想是:节点周期睡眠以减少空闲侦听,苏醒后侦听信道,判断是否需要发送或接收数据。具有相同睡眠调度的节点形成一个虚簇。既保证相邻节点调度周期同步,又满足可扩展性。为了避免冲突和串音,S-MAC 协议采用与 802.11 类似的虚拟和物理载波侦听机制以及 RTS/CTS(Request To Send/Clear To Send,请求发送、允许发送)通告机制,且在控制分组中捎带数据传输剩余时间,邻居节点据此计算 NAV,并进入睡眠状态,直到长消息发送完毕为止。

S-MAC 协议成功实现周期睡眠调度,显著减少了空闲侦听,能够较好地满足无线传感器网络的节能需求。其后,大多数竞争协议延续这一思想,并将其作为基准协议进行比较。但 S-MAC 协议帧长度和占空比(duty cycle)固定,帧长度受限于延迟要求和缓存大小,活跃时间主要依赖于消息速率,特别是当网络负载较小时,空闲侦听时间仍然过长。周期睡眠造成通信延迟累加。尽管 S-MAC 协议改进版本采用流量自适应侦听机制将睡眠延时减少一半以上,但周期睡眠造成的传输延迟仍然十分显著。因此,S-MAC 协议不适合健康监测、目标跟踪等实时性要求较高的应用。

T-MAC 协议针对 S-MAC 协议的上述缺陷进行改进。定义了五个激活事件,如果在 TA 时间内没有发生任一激活事件,则节点认为信道空闲,节点进入睡眠状态。每一帧中的活跃时间可根据网络流量动态调整,增加了睡眠时间。但随机睡眠带来早睡问题,增加了延时,T-MAC 协议为此提供两种解决方案:未来请求发送(FRTS)和满缓冲区优先(FBP),但仍存在缺陷。FRTS 可以减少延时和提高吞吐率,但 DS 分组和 FRTS 分组带来额外的通信开销;FBP 方法减少了早睡发生的可能性,并具有简单流量控制作用,但当网络流量较大时增加了冲突概率。

(2) B-MAC[17] 协议、WiseMAC[18] 协议和 X-MAC[19] 协议

S-MAC 协议和 T-MAC 协议通过精确的时序关系控制节点的睡眠调度,因此对时钟同步的要求较高。下面 3 个协议则更多地利用了竞争协议,其对无线信道的"抢占原则",睡眠调度更具主动性,同时减少对时钟同步精度的依赖。

B-MAC 协议使用扩展前导和低功率侦听(LPL)技术实现低功耗通信,采用空闲信道评估技术进行信道裁决。节点在发送数据分组之前先发送一段长度固定的前导序列。为避免分组空传,前导序列长度要大于接收方睡眠时间。若节点唤醒后侦听到前导序列,则保持活跃状态,直到接收到数据分组或信道变得再次空闲为止。

B-MAC 协议无须共享调度信息,可以有效缩短唤醒时间,因此,在吞吐量和延时等方面优于 S-MAC 协议,但在减少能量消耗上并没有太大优势。较长的固定前导序列造成发送方和接收方能耗增加和发送方邻居节点串音。在前导序列结束后才接收到有效数据,平均接收延时为前导长度的一半。B-MAC 协议更适合于延时要求不高的应用,在延时要求较高的情况下,S-MAC 协议等同步 MAC 协议更节能。

此外,WiseMAC 协议和 X-MAC 协议见相关参考文献,不另赘述。

(3) PMAC[20] 协议和 Sift[21] 协议

在基于竞争的 MAC 协议,根据网络流量决定占空比是提高能量效率的有效手段,PMAC (pattern-MAC)协议和 Sift 协议采用的方法为人们提供了一种新的思路。

PMAC 协议根据网络负载和流量模式自适应调整睡眠调度。时间被分为连续的超时间帧(STF),每个 STF 包含 2 个子帧:模式循环时间帧(PRTF)和模式交换时间帧(PETF)。模式循环时间帧由 N 个时隙和 1 个附加时隙组成,节点根据模式(pattern)决定在每个时隙睡眠或唤醒,模式用 1 个比特串 0m1 表示,表示连续 m 个时隙睡眠和 1 个时隙唤醒。在附加时隙,所有节点均唤醒。模式交换时间帧也分为多个时隙,用于与邻居节点交换模式。在首个模式循环时间帧,每个节点均唤醒,即模式为 1。然后,在每个模式位为 1 的时隙考察是否有数据需要发送,如果没有,则采用类似于 TCP 慢启动算法的

方法逐步增加模式中 0 位的数量，即增加节点休眠时间；如果有数据需要发送，则将模式恢复为 1。在模式交换时间帧阶段，节点竞争信道并广播自己的模式，然后根据收集到的邻居节点模式计算下一个模式循环时间帧中的睡眠调度。

在 PMAC 协议中，当网络流量较小时节点睡眠时间更长，能量浪费更少；模式交换保证只有传输路径上的节点需要唤醒以转发数据，减少了邻居节点过度侦听和分组冲突，但通过广播交换模式增加冲突概率；邻居节点间协商产生睡眠/唤醒调度，收敛时间长；协议各时隙长度、模式位数、竞争窗口大小等参数未确定。

Sift 协议是一个新颖而简单的基于竞争窗口的 MAC 协议，能满足事件驱动 WSN 数据突发性和冗余性，但未考虑如何减少空闲侦听。协议简单地认为，当节点监听到 R 个 ACK 后就取消相应事件报告，对如何选择 R 个节点及时无冲突发送并没有进一步研究。协议要求时钟严格同步，因此只适于在无线传感器网络局部区域内（如簇内）使用。

4. 基于调度的 MAC 协议

调度协议通常以 TDMA 协议为主，也可采用 FDMA 协议或 CDMA 协议的信道访问方式，考虑到硬件成本和计算复杂度，在 WSN 无线传感器网络中，后两种方式 MAC 协议较少。调度协议基本思想是：采用某种调度算法将时槽/频率/正交码映射为节点，这种映射导致一个调度决定一个节点只能使用其特定的时槽/频率/正交码（1 个或多个）无冲突访问信道。因此，调度协议也可称做无冲突 MAC 协议或无竞争 MAC 协议。调度可静态分配，也可动态分配。为提高协议可扩展性和信道利用率，往往采用分布式算法实现信道重用。

(1) Cluster-Based 基于簇的 MAC 协议[22]

在 TDMA 协议中，时槽分配需要一定的全局视图，计算量较大。很多 TDMA 协议利用了分簇网络以便于管理维护，对系统变化反应迅速的特点，将时槽计算和分配任务交由簇头节点承担，既能避免扩大计算规模，又有利于实现信道重用。下面两个协议就具有这样的特点。

Energy-Aware TDMA-Based MAC 协议包含四个主要阶段：在数据发送阶段，活跃节点在分配的时槽根据转发表向网关节点发送/转发数据，非活跃节点保持睡眠，除非向簇头报告状态或接收路由广播；在更新阶段，节点在分配的时槽向簇头报告各自状态（剩余能量、位置等）；在基于更新的重路由阶段，簇头根据接收信息重新计算时槽和更新转发表，并发布调度；在事件触发重路由阶段，当拓扑变化或某节点能量小于阈值时，簇头产生新调度并发送给簇内节点。协议提供两种时槽分配算法：宽度时槽分配和深度时槽分配。宽度分配法为簇内节点提供连续时槽，减少硬件切换次数；深度分配法有利于数据及时上传，减小报文丢失概率。

在 BMA 协议中，节点根据剩余能量选举簇头。当选簇头广播当选通告，其余节点根据接收信号强度决定加入哪个簇。稳定状态阶段由多个时间帧组成，每个时间帧又分成竞争时槽、数据传输时槽和空闲时槽 3 部分。节点在竞争时槽获得数据传输时槽，并在数据传输时槽向簇头报告状态。簇头收集成员节点状态信息并发布调度，每个有数据发送的节点获得一个确定的发送时槽，且只在发送时槽向簇头节点发送数据，其余时间休眠。

上述两个协议各个阶段时长固定，无法适应网络流量变化，降低了信道利用率。集中式时槽分配算法要求簇头节点必须具备很强的通信和计算能力，能耗很大，对时钟同步要求高。如何合理选择簇头有待深入研究。

(2) TRAMA 协议[23]和 TDMA-W 协议(TDMA-wakeup MAC)[24]

固定的时槽分配调度虽然能够实现无冲突通信，但节点空闲侦听的能耗很大，且网络负载越小，空闲侦听比例越大。因此，很多 TDMA 协议加入流量自适应技术，动态调整占空比，进一步减少能量开销。

TRAMA(traffic-adaptive MAC，流量自适应 MAC)协议的目的是保证节点根据实际流量使用预先分配的时槽无冲突通信，没有通信任务的节点转入睡眠状态，从而减少冲突和空闲侦听导致的能量消耗。所有节点首先获得一致的两跳内邻居信息并同步。每个节点根据报文产生速率计算调度周期 SI，并根据报文队列长度使用 AEA 算法选择[t，SI]中具有两跳内最高优先权的若干个时槽，即获胜槽(winning slots)。节点使用获胜槽发送数据并使用位图指定接收者，最后一个获胜槽用于广播下一次调度信息。AEA 算法(Alopex-based Evolutionary Alogirthm，基于 Alopex 的群智能进化算法)使用邻居协议(NP)和调度交换协议(SEP)选择发送节点和接收节点。每个节点 u 在某一发送槽 t 的优先权为 $prio(u,t)=hash(u \oplus t)$。在某一时槽 t，如果节点具有两跳邻居内最高优先权并且有数据需要发送，则进入发送状态；如果节点是当前调度的指定接收方，则进入接收状态；否则，节点进入睡眠状态。

TRAMA 时钟同步存在一定的通信开销；随机和调度访问交替进行增加端到端延时；协议对节点存储空间和计算能力要求很高，实现难度大；在 AEA 算法中，使用本地节点保存不完全的邻居节点两跳邻居信息，虽然不影响算法的正确性，但可能造成空闲侦听，浪费能量；TRAMA 协议适用于周期性数据采集和监测等无线传感器网络应用。

TDMA-W 协议对 TRAMA 协议进行改进，使用固定时槽发送或接收数据。相邻节点共享调度信息。在调度产生阶段，首先采用类似于图着色的分布式算法为所有节点分配时槽，节点每一帧分配两个时槽：一个发送槽用于发送数据，另一个唤醒槽用于侦听唤醒信号。发送槽两跳范围内唯一，唤醒槽则可以共用。在信道访问阶段，节点为每个邻居保存两个计数器，分别对应于输出和输入链路。在无通信活动的情况下，计数器递减。成功传输一次数据，则发送方和接收方分别使对应链路的计数器值加 1。节点根据计数器的值是否为 0 判断是否需要发送唤醒信号。这一机制既能减少唤醒信号的发送，又能保证在流量较小的情况下，节点有充分的睡眠时间。

睡眠延时问题是 TDMA-W 的主要缺陷。理论分析表明，平均单跳延时为 1 个帧的长度。调度的产生需要大量的广播消息，容易产生冲突，协议收敛时间长，不适于拓扑变化频繁的网络环境。节点需要保存所有两跳内邻居的调度信息，存储开销很大。TDMA-W 协议适用于数据量不大的基于事件的无线传感器网络应用。

5. 混合 MAC 协议

混合 MAC 协议包含竞争协议和调度协议的设计要素，既能保持所组合协议的优点，又能避免各自的缺点。当时空域或某种网络条件改变时，混合协议仍表现为以某类协议为主，其他协议为辅的特性。混合协议更有利于网络全局优化。

Z-MAC(zebra MAC)[25] 是一种 CSMA/TDMA 混合 MAC 协议。在低流量条件下使用 CSMA 信道访问方式，可提高信道利用率并降低延时；在高流量条件下使用 TDMA 信道方式，可减少冲突和串扰。与 TDMA 协议不同，Z-MAC 中节点能在任何时槽发送数据，但时槽拥有者优先级更高。当时槽拥有者不发送数据时，其邻居节点以 CSMA 方式竞争信道，获胜者“盗用”该时槽。通过邻居发现，节点收集两跳内邻居信息，然后采用分布着色算法为每个节点分配时槽。与 LooseMAC 一样，节点帧长度必须是 2 的整数幂，邻居节点以 CSMA 方式竞争多余的时槽。当竞争较强时，节点发出明确竞争通告(ECN)消息，如果节点在最近 tECN 时间内收到某一两跳邻居发出的 ECN，则成为高竞争级(HCL)节点，否则为低竞争级(LCL)节点。LCL 节点可以竞争任何时槽，但在 HCL 状态下，只有时槽拥有者及其邻居节点可以使用该时槽，并且在时序上早于非拥有者发送。这种 ECN 技术具有一定的拥塞控制能力。

Z-MAC 已经在 TinyOS 上实现。与 TinyOS 默认协议 B-MAC 相比，它在中、高网络流量下能够提供更高的吞吐量，能量消耗也更小；在低流量情况下，性能比 B-MAC 稍差。作为一种混合 MAC 协议，Z-MAC 具有比传统 TDMA 协议更好的可靠性和容错能力。它存在的缺陷有：在启动阶段需要全局时钟同步；在 HCL 模式下，节点只能在有限的时槽发送数据，增加了传输延时，在 LCL 模式下仍然存在隐藏终端问题；ECN 机制易产生内爆，为避免内爆增加了控制开销；集中式调度分配算法只能在协议初始阶段为节点分配时槽，无法周期重运行，这也是 Z-MAC 性能有待提高的主要原因。

6. 跨层设计 MAC 协议

目前，大部分无线传感器网络研究仍然沿用传统的分层设计思想，虽然具有设计简化、网络稳定、兼容性好等优点，但协议栈各层往往关心不同的性能指标，缺少层间交互和信息的共享利用。事实上，单一性能参数的改善并不一定能带来系统全局效率的提高，例如，物理层链路质量好的节点可能剩余能量较小，缓冲区待发送分组队列较长，因此，MAC 协议不应该将该节点选作下一跳转发节点。近年来，很多学者从跨层设计的角度研究 MAC 层与网络协议栈其他层之间的优化问题，如物理层和 MAC 层的交互、MAC 协议和路由的结合等，以期进一步提高 MAC 协议效率，实现协议轻量化，减少开销。跨层优化问题是目前 WSN MAC 协议的研究热点之一。

AIMRP(address-light integrated MAC and routing protocol)[26] 基于 IEEE 802.11，集成了 MAC 和路由机制。其主要特点是：无须全局地址，MAC 协议也负责建立路由。协议根据节点到数据汇聚点(Sink)的跳数，形成一个以数据汇聚点为中心的多层环形结构，路由机制简化为数据分组从外环向内环逐层转发。节点采用 RTR(request to relay)/CTR(clear to relay)/DATA/ACK 握手机制实现信道访问控制，转发节点只响应直接上层节点的 RTR 请求。AIMRP 采用异步随机工作循环机制，实现节点休眠调度，其基本思想是：节点根据参数 σ 的分步决定睡眠时间长度 Tσ，参数 σ 根据端到端延时需求确定，如果节点在睡眠状态下检测到事件，则立刻进入侦听状态；否则，在睡眠结束后保持等待状态 Ton 时间，负责转发上层节点产生的数据，Ton 远小于分组传输时间 Tdata，保证节点有充足的睡眠时间；之后再次进入睡眠状态，并重新计算睡眠时间；除非发生：①新数据产生，②接收到上层节点的 RTR 请求，但尚未接收到来自本层其他节点的 CTR 响应，这两类事件，由于节点睡眠/唤醒相互独立，不需要相互交换睡眠调度信息。

实验表明：AIMRP 能量效率高于 S-MA，但同步精度要求高；采用集中式算法，虚拟拓扑动态适应性差；路由机制类似于 DSR 等地理路由协议，未考虑能量优化。AIMRP 针对典型聚播流量，更适用于事件检测等无线传感器网络应用。

3.4.3 网络层路由协议

无线传感器网络是一种特殊的无线自组网，它是由大量密集部署在监控区域的智能传感器节点构成的一种网络应用系统。其快速方便的部署特性和完备的监控能力使其被广泛应用于军事、工业过程控制、卫生保健和环境监测等领域。在无线传感器网络中一般有一个或多个节点充当数据汇聚点，网络中传感器节点收集的数据，通过多跳的方式传送到数据汇聚点，数据汇聚点将融合后的数据通过有线或无线的方式传送给观察者。

无线传感器网络可以采用各种无线传输协议进行传输，典型的有 802.11，802.15，802.16 和 802.20 等协议，可以根据无线传感器网络的具体应用场合选用不同的传输协议，表 3-5 对主要传输协议进行了总结比较）。

表 3-5　应用在无线传感器网络的主要传输系统

协议族		频段/Hz	速率/($bit \cdot s^{-1}$)	距离	说明
802.11 系列	11b	2.4 G	2～11 M	50 m	802.11 系列的其他协议有：11e：QoS 支持；11f：漫游支持；11h：频率的动态选择和功率自适应控制；11i：加密算法
	11a	5.7 G～5.8 G	6～54 M	15 m	
	11g	2.4 G	6～54 M	50 m	
802.15 系列	15.1(蓝牙)	2.4 G	1～8 M	10 m	5.2 标准是为解决无线局域网和无线个人局域网在 2.4 GHz 相互干扰而制定的；15.3 制定了 2.4 GHz 的物理层协议，速率为 11～55 Mbit/s；15.4 构成了 ZigBee 的底层协议
	15.3a (UWB)	3 G～10 G	110 M	10 m	
			480 M	1 m	
	15.4(ZigBee)	868 M～2.4 G	20～250 k	30 m	
802.16 系列	16a	2 G～11 G	60～70 M	50 km	16e 与 16a 相比，能支持节点的移动漫游等；支持蜂窝和多跳 Mesh 两种组网方式
	16e	2 G～6 G	15 M	50 km	
802.20 系列	移动宽带无线接入	500 M～3.5 G	1 M/user	15 km	最高能支持用户 250 km/h 的移动速度；支持漫游，支持 VoIP 等实时业务

无线传感器网络一般采用随机部署的方式进行部署，各节点之间自组织形成网络。但无线传感器网络中的节点性能受限，有可能使网络拓扑发生动态变化，因此无线传感器网络的路由协议成为一个重要研究方向。

1. 无线传感器网络路由协议特点与分类

无线传感器网络除了与传统的无线自组织（Ad Hoc）网络一样具有网络拓扑的动态变化、存在单向链路等性质外，它还有许多新的特点。

一种典型的分层结构的无线传感器网络结构如图 3-20 所示。

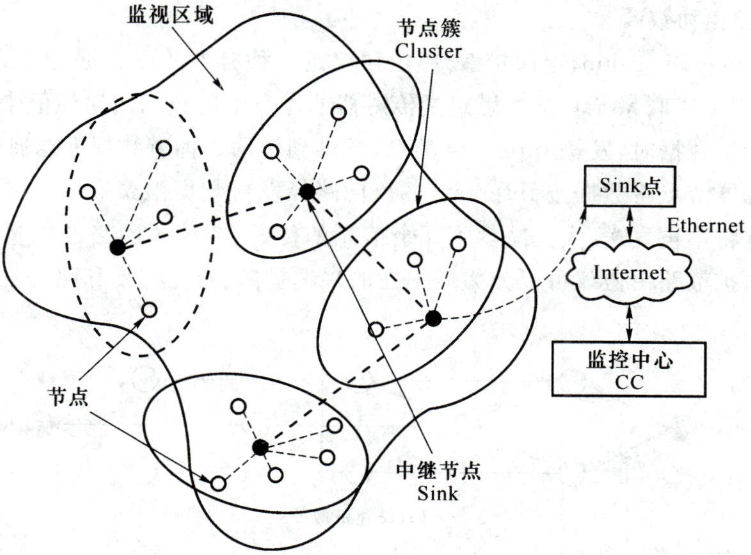

图 3-20　无线传感器网络结构示意图

传统的 Ad Hoc 网是以节点为中心的网络，而无线传感器网络是以数据为中心的网络。无线传感器网络并不需要维护网络中任何两个节点之间的路由，它仅仅需要维护传感器节点与数据汇聚点之间的路由，路由协议可以相对简化。但通常传感器节点资源受到更大的限制。传感器节点带有有限的、不可更换的电源，节点的计算、通信、存储能力也非常有限，有些无线传感器网络的节点甚至没有身份标志。同时，无线传感器网络部署的节点往往数量众多，分布密集，各节点采集信息的冗余度很大，在传输过程中如果能进行数据融合将大大减少传送的数据量。

这些新特点，使得 MANET 工作组提出的许多路由协议标准和草案无法直接应用到无线传感器网络中。WSN 路由协议必须根据应用场合的特点和任务的要求，在延长网络存活时间和提高网络吞吐量、降低通信延迟之间作出折中。

目前用于无线传感器网络的路由协议很多，可以从不同的角度对它们进行分类。从是否需要节点事先知道自己的地理位置出发，可分为地理定位辅助路由和无地理定位辅助路由；从路由查询发起策略出发，可分为先应式路由与反应式路由；从网络拓扑结构图出发,可分为平面路由与分级路由;从路由协议使用的对象不同,可以分成查询路由(从数据汇聚点到传感器节点)和汇聚路由(从传感器到数据汇聚点);从路由协议的操作特点出发,还可以分成 QoS 路由、安全路由和多径路由等。

2. 无线传感器网络主要平面路由协议

在平面结构中,所有节点的地位是平等的,不存在任何等级和层次差异;原则上不存在瓶颈问题,具有较好的健壮性。其缺点是可扩充性差,维护动态变化的路由需要大量的控制信息。

(1) DD 路由协议[27]

DD(Directed Diffusion,定向扩散)路由协议是一种典型的以数据为中心的信息传播协议,它与应用紧密联系。其基本思想是传感器节点产生的数据用属性值来表示,当数据汇聚点需要采集数据时,发送 Interests 消息,泛洪到全网。拥有数据标志属性和Interests 相匹配的传感器节点将数据按 Interests 的反向路径发往数据汇聚点。这样,数据汇聚点不需要的数据将不再发送,大大减少了冗余信息的传送,节约了网络的能量,延长了网络的时间。定向扩散路由协议可以分为周期性的兴趣扩散、建立梯度和路径加强三个阶段,如图 3-21 所示。

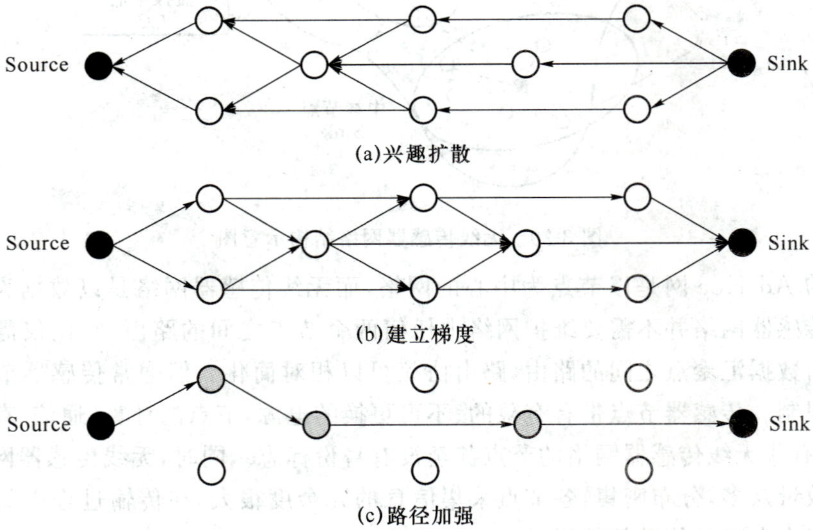

图 3-21　DD 路由协议操作示意图

① 兴趣扩散。首先由基站发送出该消息,Interests 消息含有任务类型、目标区域、梯度值和时间戳等参数,以广播形式向所有传感器节点发送。

② 建立梯度。收到 Interests 消息的节点,建立该节点向数据汇聚点传递数据的梯度关系。

③ 路径加强。当节点收到 Interests 消息后，建立到数据汇聚点的反向路径。这可以从可能的多条路径中选择一条最好的路径。节点检查自己的信息列表中是否存有与 Interests 消息中要求的数据相匹配的数据。如果有，则将数据沿着这条加强后的最好路径单播返回数据汇聚点。

经仿真分析，DD 路由协议具有较好的节能和可扩展特性，特别适合在传感器节点接收到数据请求之后，在较长时间内需要连续向数据汇聚点传送数据的应用场合。这种方式不适合收到请求后只发一次少量数据的情况，因为这需要花很大的代价来建立梯度。

(2) SPIN 路由协议[28]

SPIN(Sensor Protocols for Information via Negotiation，信息协商)路由协议是一组基于信息协商并且具有能量自适应功能的信息传播协议。协议的基本思想是：任何两个节点在传输数据前都要进行协商。节点将用元数据(Meta-data)对原始数据进行描述，元数据中包含了原始数据的一些关键信息。邻居节点根据元数据中的信息，决定是否需要传送原始数据。当信息冗余度很高，原始数据量大大高于元数据的情况下，使用这种基于信息协商的协议能大大减少数据的发送量。

SPIN 家族的协议有很多，主要的两个协议是 SPIN-1 和 SPIN-2。SPIN-1 协议就是前面阐述的基本三次握手协商机制。扩展的 SPIN-2 协议是基于预设值资源提醒机制协议，当资源充足时，SPIN-2 使用的是三次握手协商机制；当资源低于某个预设值时，它将减少参与数据发送的次数。总体上，SPIN-1 和 SPIN-2 都是简单高效的协议，不用维护每个邻居的状态。其他的 SPIN 家族的协议还有：

① SPIN-PP，用于点对点的通信，如 Hop-by-Hop 路由；

② SPIN-EC，在 SPIN-PP 的基础上考虑了节点的功耗，当能量不低于设定阈值的节点时才参与数据交换；

③ SPIN-BC，设计了广播信道，使所有在有效半径内的节点可以同时完成数据交换；

④ SPIN-RL，是对 SPIN-BC 的完善，主要考虑如何恢复无线链路引入的分组差错与丢失。

SPIN 路由协议的一个优点是当拓扑和位置改变时，节点只需要知道单跳的邻居，特别适用于传感器是运动的场合。SPIN 路由协议通过协商机制处理信息冗余，能够节约大量能量，很好地解决传统的 Flooding 协议和 Gossiping 协议所带来的信息爆炸、信息重复及资源浪费等问题。其缺点是无法保证数据能够顺利到达感兴趣的目的节点。如果节点 A 对节点 B 的某个原始数据的内容感兴趣，而节点 B 的邻居节点对这个数据不感兴趣，那么节点 A 也无法接收到这个数据。

(3) EAR 路由协议[29]

EAR(Energy Aware Routing，能量感知路由)是一个反应式路由协议，其主要目的是用于增加网络的生命时间。协议操作可以分成三个主要阶段：

① 协议初始化。由数据汇聚点发起协议初始化过程。初始化报文携带了路径代价信息，每一个转发初始化报文的节点，都将本节点的代价加入到路径的总代价里面。这样，每个节点均能建立到数据汇聚点的一条或者多条路由，并且知道每条路由的代价。

② 数据传输。节点向数据汇聚点传送数据时，可以从多条路径中按某种概率选取一条。代价越大的路径，转发的概率越小。

③ 路由维护。通过局部的泛洪，来更新路径代价。如果节点的能量低于某个门限，可以使这条路径失效。

ERA 路由协议类似于 DD 路由协议，但它维护多条路径而不是强迫使用一个最优化路径。它通过一定的概率选择路径并维护它们，概率值的确定依赖于每条路径上能量的大小，这样可以防止过分依赖某条路径而导致该路径能量消耗过大。仿真结果表明，与 DD 路由协议相比，该路由协议可以延长 44% 的网络生命；但是，该路由协议需要收集位置信息并建立编址机制，增加了路由建立的复杂度。

(4) GBR 路由协议[30]

GBR(Gradient Based Routing，基于梯度的路由)路由协议是定向扩散路由的一种变种路由算法，其关键思想是当 DD 路由协议中的兴趣消息扩散到整个网络时，节点需要记住到数据汇聚点的跳数，把这个跳数作为节点的高度，邻居节点之间的高度差就是链路的梯度。当数据报文发往数据汇聚点时，沿着梯度最大的方向传送。

GBR 路由协议使用诸如数据融合、业务量散布等技术，以获得均匀的网络负载。当多条路径都要通过同一个节点时，该节点就成为了一个关键节点。关键节点可以采用三种数据分发技术：

① 随机机制。当有多个链路的梯度相同时，节点随机选择一个梯度方向发送。

② 基于能量的机制。当一个节点的能量低于某个门限时，该节点增加它的高度，这样，节点就能减少中继的数据量。

③ 基于流的机制。当一条路径正在为其他数据流服务时，新增加的数据流用另外一条路径传输，从而使各条路径流量均衡。

仿真结果表明，使用这些技术，可以使整个网络的负载均衡，这样可以增加网络的寿命，网络整体性能超过了 DD 路由协议。

(5) HREEMR 路由协议[31]

HREEMR(Highly Resilient Energy Multipath Routing，有效恢复能量的多径路由)是一种多路径路由协议。它采用的路由建立机制与 DD 路由协议类似，不同之处在于它利用冗余路径实现了能源有效的故障恢复。它在建立源和目的之间主路径的同时，建立了多条备用路径，平时采用主路径进行传输，一旦发生失效现象，即可启用备用路径进行通信。常用的备用路径的建立方法有不相交路径和缠绕多路径两种算法，这两种多路径的拓扑示意图如图 3-22 所示。

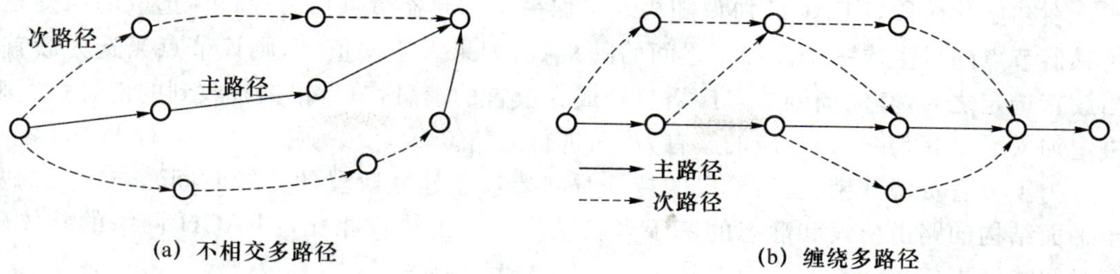

图 3-22　多路径示意图

(6) SPEED 速度路由协议[32]

SPEED 路由协议是一种实时的路由协议，它在一定程度上实现了端到端的传输速率保证、网络拥塞控制和负载均衡机制。SPEED 协议首先交换节点的传输延迟，以得到网络的负载情况；然后利用局部地理信息和传输速率作出路由决定。

(7) GEM 路由协议[33]

GEM(Graph Embedding，图表嵌入)路由协议是一种适用于数据中心存储(Data-centric Storage)方式的基于位置的路由协议。其基本思想是建立一个虚拟极坐标系统，用来表示实际的网络拓扑结构。网络中的节点形成一个以汇聚节点为根的带环树(Ringed Tree)。每个节点用到树根的跳数和角度范围来表示。整个网络形成一个树状的拓扑结构，越靠近树根的节点，对网络整体的结构就了解越多。当一个节点不知道目的节点的路由时，就将数据报文向根的方向传送，直到某个节点知道了到目的节点的路由。由于大部分数据都是发送到树根的，因此这种树状结构能很好地工作在传感器网络中。

GEM 带环树的建立由汇聚点发起，通过逐步扩散从而建立覆盖整个网络的拓扑树。它不依赖节点的精确位置信息，将网络的实际拓扑映射到一个易于进行路由处理的逻辑拓扑中。当网络中节点位置改变，引起网络拓扑变化时，树的调整比较复杂，因此 GEM 适应于拓扑结构相对稳定的传感器网络。

3. 无线传感器网络主要分层路由协议

在分级结构的网络中，具有某种关联的网络节点组成簇(Cluster)。在簇内，通常有一个按一定规则选举产生的，被称为簇首的节点。除了簇首节点外，一般节点成员的功能比较简单，不需要维护复杂的路由信息。这大大减少了网络中路由控制信息的数量，具有很好的可扩充性，其缺点是簇首可能会成为网络的瓶颈。

(1) LEACH 协议[34]

LEACH(Low Energy Clustering Hierarchy，低能量簇结构)协议是一种分簇结构的路由协议，分群结构能够在簇首进行数据融合，减少网络整体需要的数据传输量。LEACH 协议的基本思想是通过随机循环地选择簇首，将整个网络的能量负载平均分配到每个传感器节点中，从而达到降低网络能源消耗、提高网络整体生存时间的目的。

LEACH 协议定义了“轮”(Round)的概念，一轮由建立阶段和稳定工作两个阶段组成。在初始化阶段，LEACH 协议随机地选取一个传感器节点作为簇首。选取的原则是：传感器节点随机生成一个 0 和 1 之间的随机数，如果大于阈值 T，则该节点当选为簇首。当簇首选定之后，其向周围节点广播自己成为簇首的消息，节点根据接收到的消息强度来决定加入哪个簇，并告知相应的簇首，从而进行通信。

为了节省资源开销，稳定阶段的持续时间要长于建立阶段的持续时间。与一般的基于平面结构的路由协议和静态的基于多簇结构的路由协议相比，LEACH 网络的整体生存时间能够更长。

(2) TEEN 路由协议[35]

主动型传感器网络持续监测周围的物质现象，并以恒定速率发送监测数据；而响应型传感器网络只是在被观测变量发生突变时才传送数据。TEEN 协议（Threshold Sensitive Energy Efficient Sensor Network Protocol，门限敏感的传感器网络协议）是应用在响应型传感器网络中的路由协议。在 TEEN 协议中定义了硬、软两个门限值，以确定是否需要发送监测数据。

初始阶段，簇头发送给成员一个硬门限值（测量值）和一个软门限值（测量值的变化值）。当监测数据第一次超过设定的硬门限时，节点用它作为新的硬门限，并将数据发送到数据采集点。在接下来的过程中，如果监测数据与硬门限值相比较，差值大于软门限界定的范围，则节点传送最新采集的数据，并将它设定为新的硬门限。通过调节软门限值的大小，可以在监测精度与系统能耗之间取得合理的平衡。

该机制的主要缺陷是如果没有收到门限值，节点将无法通信，从而使用户得不到数据。采用 ARTEEN 路由协议则可以在一定程度上克服这种缺陷。ARTEEN 路由协议是一种混合式的路由协议，平时采用与 TEEN 协议一样的工作方式，但是如果超过一定的时间，节点没有发送任何数据，则强制要求节点传送一次数据。它的主要缺点是增加了协议的复杂度，需要一个软、硬门限值和定时。

(3) GAF 路由协议[36]

GAF(Geographical Adaptive Fidelity，地理自适应保真)路由协议是基于位置信息的能量感知路由协议，其最初是应用在 Ad Hoc 网络中，但对于很多传感器网络同样适用。协议的基本思想是将网络区域划分成很多小区，每个小区内的节点相互协作，一部分节点保持正常工作状态，完成数据收集和转发等任务；另一部分节点可以处于睡眠状态以节省能量，延长网络整体寿命。小区内处于正常工作的节点就相当于群首。

协议的缺点是每个节点都需要通过 GPS 得到自己的地理信息，这大大增加了节点的成本和复杂度，不适用于很多场合。

(4) GEAR 路由协议[37]

GEAR(Geographic and Energy Aware Routing，位置与能量感知路由)路由协议与 GAF 路由协议一样，也是将整体网络按地理区域划分成多个小区域，也是一种基于位置信息的能量感知路由。其核心思想是将定向扩散协议的兴趣消息限制在一定的区域，而不是在全网广播。

GEAR 路由协议中，节点根据能量和距离信息，估计到目的地的路径代价。当一个节点到目的节点的代价比所有邻居节点到目的节点的代价都大时，这个节点就是路由空洞点，通过调整路径代价可以解决路由空洞问题。每当一个数据包到达目的节点时，通过反馈代价信息，从而调整下一个数据包的传输路径。数据传输可以分成两个部分：①从其他区域传递到目的区域。②在区域内的传输。相当于群间的传输和群内的传输。

GEAR 路由协议与 GPSR 路由协议类似，都是基于地理信息的贪婪路由算法，不同的是 GPSR 路由协议没有考虑能量问题。GEAR 路由协议与之相比较，网络整体能量消耗和性能都更好。GEAR 路由协议适用于节点移动较少的网络场合。

（5）SOP 路由协议[38]

SOP(Self-Organization Protocol，自组织协议)路由协议将网络中的节点分成了两类，即传感器节点和路由节点。协议中的传感器节点是可以移动的，但路由节点不能移动。路由节点形成主干网，传感器节点收集的数据经过路由节点到达数据汇聚点。每个传感器应该能够到达一个路由器。

路由节点之间构成一个树状拓扑，从而与数据汇聚点相连接。传感器节点仅仅与最近的路由节点保持连接。协议的操作可以分成四个阶段：

① 发现阶段。该阶段发现自己的邻居节点。

② 自组织阶段。该阶段形成分簇结构，计算簇内和簇首到数据汇聚点间的路由，形成树状结构。

③ 维护阶段。该阶段维护传感器节点移动和链路断开以后的拓扑变化。

④ 重组阶段。当路由节点失效或者网络出现分裂时，重新组织网络结构。

（6）协议的综合比较

评价 WSN 路由协议性能可以从多个方面进行衡量。对于上述分析的路由协议，这里从路由协议的拓扑结构、协议的节能性能、网络的生存时间、是否需要维护多路径、健壮性、可扩展性、是否提供 QoS 支持、对移动性支持的好坏以及是否提供安全机制等方面进行了总结，如表 3-6 所示。

表 3-6　WSN 路由性能对比

协议	拓扑结构	节能	生存时间	节点定位	多路径	健壮性	可扩展性	QoS 支持	移动性	安全机制
DD	平面	是	好	不是	不是	好	较好	无	一般	无
Rumor	平面	是	好	不是	不是	好	好	无	一般	无
SPIN	平面	是	好	不是	是	不好	一般	无	好	无
EAR	平面	是	好	不是	是	好	一般	无	一般	无
GBR	平面	是	好	不是	不是	好	一般	无	一般	无
HREEMR	平面	是	好	不是	是	好	一般	无	一般	无

续 表

协议	拓扑结构	节能	生存时间	节点定位	多路径	健壮性	可扩展性	QoS 支持	移动性	安全机制
SPEED	平面	是	好	不是	不是	好	一般	有	不好	无
GEM	平面	是	好	是	不是	好	一般	无	不好	无
SCBR	平面	是	好	是	不是	好	一般	无	不好	无
SAR	平面	是	好	不是	是	好	一般	有	一般	无
LEACH	分层	是	很好	不是	不是	好	一般	无	簇首固定	无
TEEN	分层	是	很好	不是	不是	好	好	无	簇首固定	无
GAF	分层	是	很好	不是	不是	好	好	无	一般	无
GEAR	分层	是	好	是	不是	好	一般	无	一般	无
SPAN	分层	是	好	是	不是	好	一般	无	一般	无
SOP	分层	是	好	不是	不是	好	较好	无	一般	无
MECN	分层	是	很好	不是	不是	一般	一般	无	一般	无
EARSN	分层	是	好	是	不是	不好	较好	有	簇首固定	无

3.4.4 研究发展方向

WSN 路由协议缺乏统一的标准化组织，因此提出的路由协议数量众多。迄今为止，国内外已经提出几十种 WSN 路由协议，分别应用在不同的场合。然而，仍有许多课题有待研究，这些课题主要有以下八个方面：

(1) 移动性的支持。相比于普通的 Ad Hoc 网络路由，由于受资源的限制，目前的 WSN 路由协议对网络的拓扑感知能力和移动性的支持比较差，许多路由协议只适应在拓扑变化很少的场合。如何在控制协议开销的前提下，支持快速拓扑感知，是一个重要挑战。

(2) IPv6 与无线传感器网络的结合。下一代网络的核心是 IPv6 协议，无线传感器网络未来必将与 IPv6 紧密结合在一起。一方面，实现无线传感器网络与 IPv6 协议网的互连；另一方面，将 IPv6 应用在无线传感器网络节点中。由于受资源的限制，将 IPv6 协议应用在无线传感器网络中时，需要采用精简格式的 IPv6 协议。

(3) QoS 路由。QoS 路由是指在具体的路由协议中增加 QoS 参数对路由的约束，根据网络的可用资源来决定传送路径，从而提供更好的数据传送性能。即使在有线网中，QoS 路由仍然是一个带有挑战性的问题。在无线传感器网络中，由于增加了动态拓扑、资源有限等因素，QoS 路由的实现具有更大的难度。

(4) 跨层协议优化。将路由协议、网络层协议(如 IPv6)和链路层协议(如链路质量)等结合起来设计，跨层设计，共享各层信息，消除冗余报文，减少协议开销，实现协议的优化设计。

(5) 组播路由。组播是一种优化带宽的路由技术，允许 IP 数据流从一个源或多个源发送到多个目的地，这有助于节省带宽和减少控制开销。组播路由选择本身就是网络的一个难题，在无线传感器网络的动态环境中进行组播路由更具有挑战性。

(6) 支持单向信道。受地理环境和无线终端功率受限等因素影响，单向信道在无线传感器网络中是一种客观存在。在已经提出的 WSN 路由协议中，许多协议不支持单向信道。如何增加或改善路由协议，支持单向信道的性能，是今后需研究的一个重要课题。

(7) 路由安全。无线传感器网络具有开放媒体、无中心认证机构、分布式协作等基本特性，其安全问题比有线网更为严重。路由协议是网络攻击的主要目标，但目前已经提出的路由协议很少考虑其安全问题。如何用较小的代价，获得较好的路由安全性能，可能是今后努力的方向。

(8) 可扩展性。WSN 网络一般节点数量众多，可扩展性是衡量路由协议性能的一个重要方面。一般来说，分级路由协议的可扩展性优于平面路由，但分级路由的健壮性也需考虑。无论平面还是分级的路由协议，提高可扩展性以适应网络规模的扩大，都是一个无法回避的问题。

3.5　IPv6 协议

物联网(Internet of Things)是通过射频识别(RFID)、红外感应器、全球定位系统、激光扫描器等信息传感设备，按约定的协议，把任何物品与互联网连接起来，进行信息交换和通信，以实现智能化识别、定位、跟踪、监控和管理的一种网络。目前，物联网被全球公认为是继计算机、互联网与移动通信网之后的世界信息产业第三次浪潮。从长远来看，物联网很有希望成为一个超越目前互联网产业规模的新兴产业，国际相关机构预测未来其规模将超过现有互联网规模的 30 倍以上。

然而，在物联网时代真正到来之前，人们还必须突破重重难关，扫清物联网发展的障碍。作为互联网的一种延伸，将来成型的物联网将基于现有的互联网实现各种物与物、物与人之间的智能通信。可以想象，物联网将要联系的对象包括人们日常生活中的各种事物(人也包括在内)，其数量之庞大是现有的互联网节点数量所不能比拟的，为了实现这些事物之间的有效通信，物联网必须为每个接入的对象设定唯一的标志符并提供统一的通信平台。这一点让人们很自然地联想到下一代互联网通信协议 IPv6[8]。

3.5.1　IPv6 与物联网

1. 物联网的网络困境

物联网丰富的应用和庞大的节点规模既带来了商业上的巨大潜力，同时也带来了技术上的挑战。

首先，物联网由众多的节点连接构成，无论是采用自组织方式，还是采用现有的公众网进行连接，这些节点之间的通信必然牵涉到寻址问题。目前物联网的寻址系统可以采用两种方式。一种方式是采用基于 E.164 电话号码编址的寻址方式，但由于目前大多数物联网应用的网络通信协议都采用 TCP/IP 协议。电话号码编址的方式必然需要对电话号码与 IP 地址进行转换。这提高了技术实现的难度，并增加了成本。同时由于 E.164 编址体系本身的地址空间较小，也无法满足大量节点的地址需求。另一种方式是直接采用 IPv4 地址的寻址体系来进行物联网节点的寻址。随着互联网本身的快速发展。IPv4 的地址已经日渐匮乏。从目前的地址消耗速度来看，IPv4 地址空间已经很难再满足物联网对网络地址的庞大需求。从另一方面来看，物联网对海量地址的需求，也对地址分配方式提出了要求。海量地址的分配无法使用手工分配，使用传统 DHCP(Dynamic Host Configration Protocol，动态的主机配置协议)的分配方式对网络中的 DHCP 服务器也提出了极高的性能和可靠性要求，可能造成 DHCP 服务器性能不足，成为网络应用的一个瓶颈。

其次，目前互联网的移动性不足也造成了物联网移动能力的瓶颈。IPv4 协议在设计之初并没有充分考虑到节点移动性带来的路由问题。即当一个节点离开了它原有的网络，如何再保证这个节点访问可达性的问题。由于 IP 网络路由的聚合特性，在网络路由器中路由条目都是按子网来进行汇聚的。当节点离开原有网络，其原来的 IP 地址离开了该子网。而节点移动到目的子网后，网络路由器设备的路由表中并没有该节点的路由信息(为了不破坏全网路由的汇聚，也不允许目的子网中存在移动节点的路由)，会导致外部节点无法找到移动后的节点。因此如何支持节点的移动能力是需要通过特殊机制实现的。在 IPv4 中 IETF 提出了 MIPv4(移动 IP)的机制来支持节点的移动，但这样的机制引入了著名的三角路由问题。对于少量节点的移动，该问题引起的网络资源损耗较小。而对于大量节点的移动，特别是物联网中特有的节点群移动和层移动，会导致网络资源被迅速耗尽，使网络处于瘫痪的状态。

再次，网络质量保证也是物联网发展过程中必须解决的问题。目前 IPv4 网络中实现 QoS 有两种技术，其一采用资源预留(Interserv)的方式，利用背景资源预订协议(RsVP)等为数据流保留一定的网络资源，在数据包传送过程中保证其传输的质量；其二采用区分服务体系结构(Diffserv)技术，由 IP 包自身携带优先级标记。网络设备根据这些优先级标记来决定包的转发优先策略。目前 IPv4 网络中服务质量的划分基本是从流的类型出发。使用 Diffserv 来实现端到端服务质量保证，例如，视频业务有低丢包、时延、抖动的要求，就给它分配较高的服务质量等级；数据业务对丢包、时延、抖动不敏感，就分配较低的服务质量等级。这样的分配方式仅考虑了业务的网络侧质量需求，没有考虑业务的应用侧的质量需求。例如，一个普通视频业务对服务质量的需求可能比一个基于物联网传感的手术应用对服务质量的需求要低，因此物联网中的服务质量保障必须与具体的应用相结合。

最后，物联网节点的安全性和可靠性也需要重新考虑。物联网节点由于限于成本约束很多都是基于简单硬件的，不可能处理复杂的应用层加密算法，同时单节点的可靠性也不可能做得很高，其可靠性主要还是依靠多节点冗余来保证。因此，靠传统的应用层加密技术和网络冗余技术很难满足物联网的需求。

2. IPv6 在物联网中应用的优势

在当前的物联网网络层组网技术研究中，主要技术路线有两种，一种是基于 ZigBee 联盟的 ZigBee 路由协议（基于 Ad Hoc 路由），进行传感器节点或者其他智能物体的互连；另一种是 IPSO（IP for Smart Objects）[9]联盟倡导的、通过 IP 实现传感器节点或者其他智能物体的互连。

在互联网业界，各方高度重视物联网技术及其应用研究，IETF 针对物联网的通信需求成立了多个工作组，研究 IP 技术如何应用在物与物通信的相关领域，制定从网络层到应用层的标准规范。由业界众多知名企业发起成立的 IPSO 联盟一直致力于补充 IETF，IEEE，ISA 等标准组织的工作，通过架构设计、互操作测试、技术演示、技术文档等推动 IP 技术成为物联网接入和通信的首选方案。目前已发展超过 50 家企业成员，发布了全球最小的 IPv6 协议栈。相关标准化组织已开始积极推动精简 IPv6 协议栈的工作，例如，IETF 已成立了 6LowPAN[10]和 RoLL[11]两个工作组进行相关技术标准的研究工作。

当前互联网业界普遍看好 IPv6 技术在物联网领域的应用，主要是基于以下几个方面的考虑。

(1) IP 具有开放的架构

IP 技术通过层次化的体系架构实现，可以运行在多种物理层、MAC 层技术之上，覆盖低功耗、近距离的 802.15.4 和 802.1.1，远距离的 3G 和 WiMAX 以及各类高速以太网等技术。

当前的传感器网络技术大多是封闭的私有协议，受限于一种通信介质，而物联网中通信的物件不可能通过同样的物理和链路层技术接入网络中。私有和封闭的协议在部署时需要改造网络中的所有组成部分，不同协议之间缺乏互操作性，实现多种协议之间的翻译代价巨大而且效率低下。

(2) 多业务支持

IP 技术运行在各种不同的设备上，为业务的创新和开发提供了开放的平台。IP 支持的业务类型覆盖了低速率的远程设备控制、时延敏感的互联网电话、大数据量传输的文件下载以及高速率的高清视频等。

在物联网实现智能物件之间的通信之后，可提供的业务范围会超出人们的想象。IP 技术可以为业务创新提供统一、开放的平台，推动相关业务的开发和部署。目前业界普遍认为 Web 服务将会广泛部署在第一代物联网应用中，IP 技术对于 Web 业务天然的支持将会有助于推动这些应用的部署。

(3) 完善的协议体系

在物联网中,不可能让所有节点长时间使用固定地址接入网络,邻居发现、地址自动配置等功能必不可少。智能物件不可能长时间记忆其他物件的地址,因此,名字解析服务也是需要实现的功能。简言之,物联网应用需要一整套协议实现命名、寻址及路由、服务发现、移动性、负载均衡等功能。IP 已经具备了较为完善的协议体系,上述功能已经通过动态地址自动配置、DHCP、DNS 等协议较好地实现,IP 已有的基础可望在物联网中得到继承和应用,而无须另行设计开发。

(4) 已有的广泛应用

物联网不仅仅实现物与物之间的交互,同样需要实现物与人以及计算机或其他设备之间的交互。

当前几乎所有的计算机、服务器都支持 IP,无论是商业授权还是开源代码,从操作系统到应用软件几乎都支持 IP。从 DSL、3G 到 801.11,大部分网络都提供 IP 接入。多年来的技术发展已经证明,IP 技术适用于分布式部署的互联网,同样适用于集中管理部署的内部网络,IP 技术在 Intranet 中同样得到了广泛的应用和部署。此外,互联网的发展培养造就了一大批熟悉 IP 及其上层应用的开发人员,为网络新业务、新应用的开发部署提供了无穷的智慧。

物联网不应脱离现有的互联网单独发展,选择 IP 技术实现物联网中的通信符合当前"IP 化"、三网融合的技术发展趋势,可以让物联网与互联网天然融合,加快其发展进程。

(5) IPv6 自身特性

由于 IPv4 地址即将耗尽,IPv6 的部署和应用即将进入实施阶段,IPv6 自身的一些属性能够与物联网的通信需求相匹配,例如:

- IPv6 拥有足够的地址空间容纳物联网中的各种物件;
- IPv6 具备"即插即用"的天然属性,支持无状态地址配置和自动地址分配,适合物联网环境;
- IPv6 协议结构简单清晰,可在占用少量内存的条件下实现,IPSO 发布的 UIPv6 协议栈仅占用 10 kB 的 ROM。

3.5.2 IPv6 技术概述

IPv6 是"Internet Protocol Version 6"的缩写,也被称做下一代互联网协议,它是由 IETF(The Internet Engineering Task Force)设计的,用来替代现行的 IPv4 协议的一种新的 IP 协议。

1. IPv6 地址技术

IPv6 拥有巨大的地址空间,128 bit 的 IPv6 的地址被划分成两部分,即地址前缀和接口地址。与 IPv4 地址划分不同的是,IPv6 地址的划分严格按照地址的位数来进行。而不采用 IPv4 中的子网掩码来区分网络号和主机号。IPv6 地址的前 64 位被定义为地址前缀。地址前缀用来表示该地址所属的子网络，即地址前缀用来在整个 IPv6 网中进行路由。而地址的后 64 位被定义为接口地址，接口地址用来在子网络中标识节点。在物联网应用中可以使用 IPv6 地址中的接口地址来标识节点，在同一子网络下，可以标识 2^{64} 个节点。这个标识空间约有 185 亿亿个地址空间，这样的地址空间完全可以满足节点标识的需要。

另一方面，IPv6 采用了无状态地址分配的方案来解决高效率海量地址分配的问题。其基本思想是网络侧不管理 IPv6 地址的状态，包括节点应该使用什么样的地址、地址的有效期有多长，且基本不参与地址的分配过程。节点设备连接到网络之后，将自动选择接口地址（通过算法生成 IPv6 地址的后 64 位），并加上 FE80 的前缀地址，作为节点的本地链路地址，本地链路地址只在节点与邻居之间的通信中有效，路由器设备将不转发以该地址为源地址的数据包。在生成本地链路地址后，节点将进行地址冲突检测（DAD），检测该地址是否有邻居节点已经使用，如果节点发现地址冲突，则无状态地址分配过程将终止，节点将等待手工配置 IPv6 地址。如果在检测定时器超时后仍没有发现地址冲突，则节点认为该接口地址可以使用，此时终端将发送路由器前缀通告请求。寻找网络中的路由设备。当网络中配置的路由设备接收到该请求，则将发送地址前缀通告响应，将节点应该配置的 IPv6 地址前 64 位的地址前缀通告给网络节点。网络节点将地址前缀与接口地址组合，构成节点自身的全球 IPv6 地址。

采用无状态地址分配之后，网络侧不再需要保存节点的地址状态，维护地址的更新周期，这大大简化了地址分配的过程。网络可以以很低的资源消耗来达到海量地址分配的目的。

2. IPv6 的移动性技术

IPv6 协议设计之初就充分考虑了对移动性的支持。针对移动 IPv4（MIPv4）网络中的三角路由问题，移动 IPv6（MIPv6）提出了相应的解决方案。

首先，从终端角度 IPv6 提出了 IP 地址绑定缓冲的概念，即 IPv6 协议栈在转发数据包之前需要查询 IPv6 数据包目的地址的绑定地址。如果查询到绑定缓冲中目的 IPv6 地址存在绑定的转交地址，则直接使用这个转交地址为数据包的目的地址。这样发送的数据流量就不会再经过移动节点的家乡代理，而直接转发到移动节点本身。

其次，MIPv6 引入了探测节点移动的特殊方法，即某一区域的接入路由器以一定时间进行路由器接口的前缀地址通告。当移动节点发现路由器前缀通告发生变化，则表明节点已经移动到新的接入区域。与此同时根据移动节点获得的通告，节点又可以生成新的转交地址，并将其注册到家乡代理上。

如图 3-23 所示，MIPv6 的数据流量可以直接发送到移动节点，而 MIPv4 流量必须经过家乡代理的转发。在物联网应用中，传感器有可能密集地部署在一个移动物体上。例如，为了监控地铁的运行参数等，需要在地铁车厢内部署许多传感器。从整体上来看，地铁的移动就等同于一群传感器的移动。在移动过程中必然发生传感器的群体切换，在

MIPv4 的情况下，每个传感器都需要建立到家乡代理的隧道连接，这样对网络资源的消耗非常大，很容易导致网络资源耗尽而瘫痪。在 MIPv6 的网络中，传感器进行群切换时只需要向家乡代理注册，之后的通信完全由传感器和数据采集的设备之间直接进行，这样就可以使网络资源消耗的压力大大下降。因此，在大规模部署物联网应用，特别是移动物联网应用时，MIPv6 是一项关键性的技术。

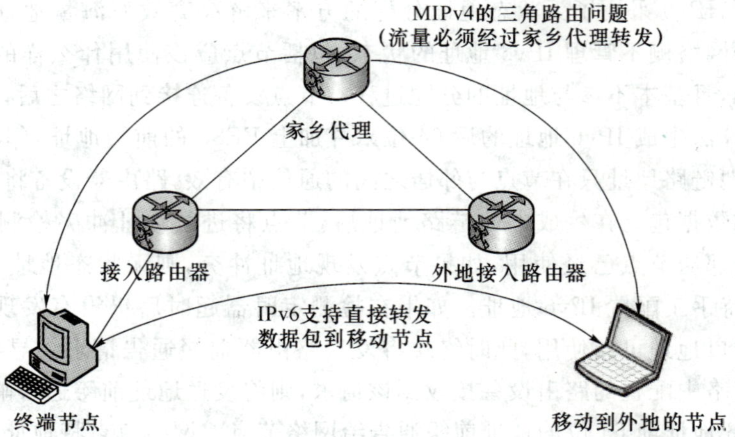

图 3-23　MIPv4 与 MIPv6 转发比较

3. IPv6 的服务质量技术

在网络服务质量保障方面，IPv6 在其数据包结构中定义了流量类别字段和流标签字段。流量类别字段有 8 位，和 IPv4 的服务类型(ToS)字段功能相同，用于对报文的业务类别进行标识；流标签字段有 20 位，用于标识属于同一业务流的包。流标签和源、目的地址一起，唯一标识了一个业务流。同一个流中的所有包具有相同的流标签，以便对有同样 QoS 要求的流进行快速、相同的处理。

目前，IPv6 的流标签定义还未完善。但从其定义的规范框架来看，IPv6 流标签提出的支持服务质量保证的最低要求是标记流，即给流打标签。流标签应该由流的发起者信源节点赋予一个流，同时要求在通信的路径上的节点都能够识别该流的标签。并根据流标签来调度流的转发优先级算法。这样的定义可以使物联网节点上的特定应用有更大的调整自身数据流的自由度，节点可以只在必要的时候选择符合应用需要的服务质量等级，并为该数据流打上一致的标记。在重要数据转发完成后，即使通信没有结束，节点也可以释放该流标记，这样的机制再结合动态服务质量申请和认证、计费的机制，就可以做到使网络按应用的需要来分配服务质量。同时，为了防止节点在释放流标签后又误用该流标签，造成计费上的问题，信源节点必须保证在 120 s 内不再使用释放了的流标签。

在物联网应用中普遍存在节点数量多、通信流量突发性强的特点。与 IPv4 相比，由于 IPv6 的流标签有 20 bit，足够标记大量节点的数据流。同时与 IPv4 中通过五元组(源、目的 IP 地址，源、目的端口、协议号)不同，IPv6 可以在一个通信过程中(五元组没有变化），只在必要的时候数据包才携带流标签，即在节点发送重要数据时，动态提高应用的服务质量等级，做到对服务质量的精细化控制。

当然IPv6的QoS特性并不完善，由于使用的流标签位于IPv6包头，容易被伪造，产生服务盗用的安全问题。因此，在IPv6中流标签的应用需要开发相应的认证加密机制。同时为了避免流标签使用过程中发生冲突，还要增加源节点的流标签使用控制的机制，保证在流标签使用过程中不会被误用。

4. IPv6的安全性与可靠性技术

首先，在物联网的安全保障方面，由于物联网应用中节点部署的方式比较复杂，节点可能通过有线方式或无线方式连接到网络，因此节点的安全保障的情况也比较复杂。在使用IPv4的场景中一个黑客可能通过在网络中扫描主机IPv4地址的方式来发现节点，并寻找相应的漏洞。而在IPv6场景中，由于同一个子网支持的节点数量极大（达到百亿亿数量级），黑客通过扫描的方式找到主机难度大大增加。

在IP基础协议栈的设计方面，IPv6将IPSec协议嵌入到基础的协议栈中。通信的两端可以启用IPSec加密通信的信息和通信的过程。网络中的黑客将不能采用中间人攻击的方法对通信过程进行破坏或劫持。同时，黑客即使截取了节点的通信数据包，也会因为无法解码而不能窃取通信节点的信息。

同时，由于IP地址的分段设计，将用户信息与网络信息分离，使用户在网络中的实时定位很容易，这也保证了在网络中可以对黑客行为进行实时的监控，提升了网络的监控能力。

在另一个方面，物联网应用中由于成本限制，节点通常比较简单，节点的可靠性也不可能做得太高，因此，物联网的可靠性要靠节点之间的互相冗余来实现。又因为节点不可能实现较复杂的冗余算法，因此一种较理想的冗余实现方式是采用网络侧的任播技术来实现节点之间的冗余。

采用IPv6的任播技术后，多个节点采用相同的IPv6任播地址（任播地址在IPv6中有特殊定义）。在通信过程中发往任播地址的数据包将被发往由该地址标识的“最近”的一个网络接口，其中“最近”的含义指的是在路由器中该节点的路由矢量计算值最小的节点。当一个“最近”节点发生故障时，网络侧的路由设备将会发现该节点的路由矢量不再是“最近”的，从而会将后续的通信流量转发到其他的节点。这样物联网的节点之间就自动实现了冗余保护的功能。而节点上基本不需要增加算法，只需要应答路由设备的路由查询，并返回简单信息给路由设备即可。

5. IPv6基本原理

（1）地址格式

与IPv4的32位地址相比，IPv6的地址要长得多。IPv6共有128位地址，是IPv4的整4倍。与IPv4一样，一个字段由16位二进制数组成，因此，IPv6有8个字段。每个字段的最大值为16384，但在书写时用4位的十六进制数字表示，并且字段与字段之间用

“:”隔开,而不是原来的“.”。而且字段中前面为零的数值可以省略,如果整个字段为零,那么也可以省略。128 位地址所形成的地址空间在可预见的很长时期内,它能够为所有可以想象出的网络设备提供一个全球唯一的地址。128 位地址空间包含的准确地址数是340,282,366,920,938,463,463,374,607,431,768,211,456。

3位	13位	8位	24位	16位	64位
地址前缀 (FP)	顶级聚集体ID号 (TLA ID)	保留位 (Res)	次级聚集体ID号 (NLA ID)	节点ID号 (SLA ID)	主机接口ID号 (Interface ID)

图 3-24　IPv6 可聚合全局单点广播地址结构图

IPv6 可聚合全局单点广播地址格式如图 3-24 所示。“FP”就是地址前缀(也称为格式前缀),用于区别其他地址类型。随后分别是 13 位的 TLA ID(顶级聚集体 ID 号)、8 位的 Res(保留位,以备将来 TLA 或 NLA 扩充之用)、24 位的 NLA ID(次级聚集体 ID 号)、16 位 SLA ID(节点 ID 号)和 64 位 Interface ID(主机接口 ID 号)。TLA,NLA,SLA 三者构成了自顶向下排列的三个网络层次,并且依次向上一级申请 ID 号。分层结构的最底层是网络主机。

(2) 地址分类

IPv6 定义了 3 种不同的地址类型。它们分别为单点传送地址(Unicast Address)、多点传送地址(Multicast Address)和任意点传送地址(Anycast Address)。所有类型的 IPv6 地址都是属于接口(Interface)而不是节点(node)。一个 IPv6 单点传送地址被赋给某一个接口,而一个接口又只能属于某一个特定的节点,因此一个节点的任意一个接口的单点传送地址都可以用来表示该节点。

IPv6 中的单点传送地址是连续的,以位为单位的可掩码地址与带有 CIDR 的 IPv4 地址很类似,一个标识符仅标识一个接口的情况。在 IPv6 中有多种单点传送地址形式,包括基于全局提供者的单点传送地址、基于地理位置的单点传送地址、NSAP 地址、IPX 地址、节点本地地址、链路本地地址和兼容 IPv4 的主机地址等。

多点传送地址是一个地址标识符对应多个接口的情况(通常属于不同节点)。IPv6 多点传送地址用于表示一组节点。一个节点可能会属于几个多点传送地址。这个功能被多媒体应用程序所广泛使用,它们需要一个节点到多个节点的传输。RFC-2373 对于多点传送地址进行了更为详细的说明,并给出了一系列预先定义的多点传送地址。

任意点传送地址也是一个标识符对应多个接口的情况。如果一个报文要求被传送到一个任意点传送地址,则它将被传送到由该地址标识的一组接口中的最近一个(根据路由选择协议距离度量方式决定)。任意点传送地址是从单点传送地址空间中划分出来的,因此它可以使用表示单点传送地址的任何形式。从语法上来看,它与单点传送地址间是没有差别的。当一个单点传送地址被指向多于一个接口时,该地址就成为任意点传送地址,并且被明确指明。当用户发送一个数据包到这个任意点传送地址时,离用户最近的一个服务器将响应用户。这对于一个经常移动和变更的网络用户大有益处。

那么从接口主机来讲(主要从功用来分),IPv6 又可以把主机接口类型进行地址配置:全球地址(Globally)、全球单播地址(unicast)、区域地址(on-site)、链路本地地址(link local address)、地区本地地址(site local address)、广播地址(Broadcast)、多播群地址(multicast group address)、任播地址(anycast address)、移动地址(Mobility)、家乡地址(home address)、转交地址(care-of address)。

(3) 地址配置

IPv6 的一个基本特性是它支持无状态和有状态两种地址自动配置的方式。无状态地址自动配置方式是获得地址的关键。IPv6 把自动将 IP 地址分配给用户的功能作为标准功能。只要机器一连接上网络便可自动设定地址。它有两个优点:一是最终用户用不着花精力进行地址设定,二是可以大大减轻网络管理者的负担。IPv6 有两种自动设定功能:一种是和 IPv4 自动设定功能一样的名为"全状态自动设定"功能,另一种是"无状态自动设定"功能。

在 IPv4 中,动态主机配置协议(Dynamic Host Configuration Protocol,DHCP)实现了主机 IP 地址及其相关配置的自动设置。一个 DHCP 服务器拥有一个 IP 地址池,主机从 DHCP 服务器租借 IP 地址并获得有关的配置信息(如默认网关、DNS 服务器等),由此达到自动设置主机 IP 地址的目的。IPv6 继承了 IPv4 的这种自动配置服务,并将其称为全状态自动配置(Stateful Autoconfiguration)。

在无状态自动配置(Stateless Autoconfiguration)过程中,主机首先通过将它的网卡 MAC 地址附加在链接本地地址前缀 1111111010 之后,产生一个链路本地单点传送地址。接着主机向该地址发出一个被称为邻居发现(neighbor discovery)的请求,以验证地址的唯一性。如果请求没有得到响应,则表明主机自我设置的链路本地单点传送地址是唯一的。否则,主机将使用一个随机产生的接口 ID 组成一个新的链路本地单点传送地址。然后,以该地址为源地址,主机向本地链路中所有路由器多点传送一个被称为路由器请求(Router Solicitation)的配置信息。路由器以一个包含一个可聚集全球单点传送地址前缀和其他相关配置信息的路由器公告响应该请求。主机用它从路由器得到的全球地址前缀加上自己的接口 ID,自动配置全球地址,然后就可以与因特网中的其他主机通信了。使用无状态自动配置,无须手动干预就能够改变网络中所有主机的 IP 地址。例如,当企业更换了连入因特网的 ISP(Internet Service Provider,因特网服务提供者)时,将从新 ISP 处得到一个新的可聚集全球地址前缀。ISP 把这个地址前缀从它的路由器上传送到企业路由器上。由于企业路由器将周期性地向本地链路中的所有主机多点传送路由器公告,因此企业网络中所有主机都将通过路由器公告收到新的地址前缀,此后,它们就会自动产生新的 IP 地址并覆盖旧的 IP 地址。

(4) 服务质量

服务质量(Quality of Service)包含几个方面的内容。从协议的角度看,IPv6 的优点体现在能提供不同水平的服务。这主要由于IPv6报头中新增加了字段“业务级别”和“流标记”。有了它们,在传输过程中,中间的各节点就可以识别和分开处理任何IP地址流。尽管对这个流标记的准确应用还没有制定出有关标准,但将来它会用于基于服务级别的新计费系统。在其他方面,IPv6也有助于改进服务质量。这主要表现在支持“时时在线”连接,防止服务中断以及提高网络性能方面。

IPv6数据包的格式包含一个8位的业务流类别(Class)和一个新的20位的流标签(Flow Label)。最早在RFC1883中定义了4位的优先级字段,可以区分16个不同的优先级,后来在RFC2460里改为8位的类别字段,其数值及如何使用还没有定义。其目的是允许发送业务流的源节点和转发业务流的路由器在数据包上加上标记,并进行除默认处理之外的不同处理。一般来说,在所选择的链路上,可以根据开销、带宽、延时或其他特性对数据包进行特殊的处理。

一个流是以某种方式相关的一系列信息包,IP层必须以相关的方式对待它们。决定信息包属于同一流的参数包括:源地址、目的地址、QoS、身份认证及安全性。IPv6中流的概念的引入仍然是在无连接协议的基础上的,一个流可以包含几个TCP连接,一个流的目的地址可以是单个节点也可以是一组节点。IPv6的中间节点接收到一个信息包时,通过验证它的流标签,就可以判断它属于哪个流,然后就可以知道信息包的QoS需求,进行快速的转发。

基于IPv4的因特网在设计之初,只有一种简单的服务质量,即采用“尽最大努力”(Best effort)传输,从原理上讲服务质量QoS是无保证的。文本传输、静态图像等传输对QoS并无要求。随着IP网上多媒体业务增加,如IP电话、VoD、电视会议等实时应用,对传输延时和延时抖动均有严格的要求。

(5) 移动连接

基于移动IPv6协议集成的IP层移动功能具有很重要的优点。尤其是在移动终端数量持续增加的今天,这些优点更加突出。尽管IPv4中也存在一个类似的移动协议,但二者之间存在着本质的区别:移动IPv4协议不适用于数量庞大的移动终端。移动IP需要为每个设备提供一个全球唯一的IP地址,IPv4没有足够的地址空间可以为在公共互联网上运行的每个移动终端分配一个这样的地址。从另外的角度讲,移动IPv6能够通过简单的扩展,满足大规模移动用户的需求。这样,它就能在全球范围内解决有关网络和访问技术之间的移动性问题。为了全球范围内使用移动IPv6,在基于IPv6网络上增加了安全层。

(6) 报头简化

IPv6对数据报头作了简化,以减少处理器开销并节省网络带宽。IPv6的报头由一个基本报头和多个扩展报头(Extension Header)构成,基本报头具有固定的长度(40 B,当然,由于字段长短的关系,总的来说,IPv4的基本报头长度要短得多),放置所有路由器都需要处理的信息。由于Internet上的绝大部分包都只是被路由器简单地转发,因此固定的报头长度有助于加快路由速度。IPv4的报头有15个域,而IPv6报头的只有8个域,IPv4的报头长度是由IHL(Internet Header Length,因特网报头长度)域来指定的,而IPv6的是固定40个字节。这就使得路由器在处理IPv6报头时显得更为轻松。与此同时,IPv6还定义了多种扩展报头,这使得IPv6变得极其灵活,能提供对多种应用的强力支持,同时又为以后支持新的应用提供了可能。这些报头被放置在IPv6报头和上层报头之间,每一个可以通过独特的“下一报头”的值来确认。除了逐个路程段选项报头(它携带了在传输路径上每一个节点都必须进行处理的信息)外,扩展报头只有在它到达了在IPv6的报头中所指定的目标节点时才会得到处理(当多点播送时,则是所规定的每一个目标节点)。在那里,在IPv6的下一报头域中所使用的标准的解码方法调用相应的模块去处理第一个扩展报头(如果没有扩展报头,则处理上层报头)。每一个扩展报头的内容和语义决定了是否去处理下一个报头。因此,扩展报头必须按照它们在包中出现的次序依次处理。一个完整的IPv6的实现包括下面这些扩展报头的实现:逐个路程段选项报头、目的选项报头、路由报头、分段报头、身份认证报头、有效载荷安全封装报头、最终目的报头。

(7) 安全特性

安全始终是互联网存在的问题。由于在IP协议设计之初没有考虑安全性,因而在早期的互联网上时常发生诸如企业或机构网络遭到攻击、机密数据被窃取等不幸的事情。为了加强互联网的安全性,从1995年开始,IETF着手研究制定了一套用于保护IP通信的IP安全(IPSec)协议。IPSec是IPv4的一个可选扩展协议,是IPv6的一个必须组成部分。

IPv6协议内置安全机制,并已经标准化。IPSec的主要功能是在网络层对数据分组提供加密和鉴别等安全服务,它提供了两种安全机制:认证和加密。认证机制使IP通信的数据接收方能够确认数据发送方的真实身份以及数据在传输过程中是否遭到改动。加密机制通过对数据进行编码来保证数据的机密性,以防数据在传输过程中被他人截获而失密。IPSec的认证报头(Authentication Header,AH)协议定义了认证的应用方法,安全负载封装(Encapsulating Security Payload,ESP)协议定义了加密和可选认证的应用方法。在实际进行IP通信时,可以根据安全需求同时使用这两种协议或选择使用其中的一种。AH和ESP都可以提供认证服务,不过,AH提供的认证服务要强于ESP。

作为IPv6的一个组成部分,IPSec是一个网络层协议。它从底层开始实施安全策略,避免了数据传输(直至应用层)中的安全问题。但它只负责其下层的网络安全,并不负责其上层应用的安全,如Web、电子邮件和文件传输等。

作为IPSec的一项重要应用,IPv6集成了虚拟专用网(VPN)的功能,使用IPv6可以更容易地实现更为安全可靠的虚拟专用网。

(8) 域名解析

在IPv6中,域名的体系结构仍然保持了IPv4的层次原理,而且IPv6地址本身的层次体系也就更加支持了域名解析体系中的地址集聚和地址更改。同样，在 IPv6 的域名解析中包括了正向解析和反向解析。正向解析是从域名到 IP 地址的解释。IPv6 地址的正向解析目前有两种资源记录，即“AAAA”和“A6”记录。其中“AAAA”较早提出，它是对 IPv4 协议“A”记录的简单扩展，由于 IP 地址由 32 位扩展到 128 位，扩大了 4 倍，所以资源记录由“A”扩大成 4 个“A”。但“AAAA”用来表示域名和 IPv6 地址的对应关系，并不支持地址的层次性。“A6”是在 RFC2874 基础上提出，它是把一个 IPv6 地址根据其本身的层次性分解，然后将多个“A6”记录建立联系，每个“A6”记录都只包含了 IPv6 地址的一部分，结合后拼装成一个完整的 IPv6 地址。反向解析则是从 IP 地址到域名的解释。它与 IPv4 的“PTR”一样，但地址表示形式有两种。一种是用“.”分隔的半字节十六进制数字格式(Nibble Format)，低位地址在前，高位地址在后，域后缀是“IP6. INT.”。另一种是二进制串(Bit-string)格式，以“\[”开头，十六进制地址(无分隔符，高位在前，低位在后)居中，地址后加“]”，域后缀是“IP6. ARPA.”。

在移动过程中的 DNS 根据“无状态”和“有状态”两种地址配置方式，也分为“无状态”和“有状态”两类。在无状态的方式下，需要为子网内部的 DNS 服务器配置站点范围内的任播地址。要进行自动配置的节点以该任播地址为目的地址发送服务器发现请求，询问 DNS 服务器地址、域名和搜索路径等 DNS 信息。这个请求到达距离最近的 DNS 服务器，服务器根据请求，回答 DNS 服务器单播地址、域名和搜索路径等 DNS 信息。节点根据服务器的应答配置本机 DNS 信息，以后的 DNS 请求就直接用单播地址发送给 DNS 服务器。当然，也可以不采取任播地址的方法，但是相对来说，从安全性等问题上考虑，一般采取此种方式。在有状态的 DNS 服务器发现方式下，是通过类似动态主机配置协议这样额外的服务器把 DNS 服务器地址、域名和搜索路径等 DNS 信息告诉节点。

3.5.3 应用前景展望

IPv6 协议的设计目的在于解决现有 IPv4 版本所具有的各种问题，包括地址数量限制、安全性、自动配置、移动性、可扩展性等方面，因此 IPv6 为各种价值应用构想提供了强大的技术支持，尤其对视频、语音、移动、安全等业务的发展有极大的促进作用。随着 IPv6 应用探索的进一步深入，IPv6 在网络通信行业以及人们日常生活中具有广阔的应用前景。

(1) 视频应用

随着 IP 宽带业务的不断普及和发展，越来越多的行业、企业开始大量采用视频技术开展远程会议、视频点播和广播、远程教学、远程医疗、远程监控、可视电话等多种应用，以满足人们对交互式可视化沟通的需要。IPv6 协议具有丰富的地址空间，解决了地址容量问题，优化了地址结构，提高了选路效率和数据吞吐量，适应了视频通信大信息量传输的需要，有助于发展用户；IPv6 协议组播功能得到加强和扩展，使用了更多的组播地址，对组播域进行了划分，取消了 IPv4 广播，可以更加有效地利用网络带宽，实现基于组播、具有网络性能保障的大规模视频会议和高清晰度电视广播应用；同时IPv6协议使用IP-sec协议提供更高的安全性，使用流标签为数据包所属类型提供个性化的网络服务，有效保障了相关业务的服务质量，对商业用户的安全性提供了充分的保障，并对视频应用中各种媒体信息可以根据紧急性和服务类别确定数据包的优先级，协调视频应用中语音、视频、数据流的优先顺序，获得更佳的信息传输质量。

(2) VoIPv6

随着互联网的普及及其商业运营价值的发现，VoIP(Voice over IP)技术作为互联网的增值应用，已被很多新兴的电信运营商引入到电信运营中，并取得了爆炸式增长。国内电信运营商从1999年开始展开了基于H.323协议的VoIP建设高潮。目前VoIP除基于H.323协议外，还有基于H.248/MGCP协议、SIP协议等。VoIP最大的优势是低成本，并能利用互联网和全球IP互联的环境，提供比传统业务更多、更好的服务，但在我国VoIP还不是端到端的服务，同时IPv4中所存在的NAT等问题，使得VoIPv6应运而生，为实现端到端的VoIP电话业务提供了前提。IPv6协议丰富、大容量的地址空间可以使每一部VoIPv6话机得到一个IP地址，同时IPv6无状态地址自动配置技术，使VoIPv6话机能够快速连接到网络上，无须人工配置，实现了真正的即插即用。IPv6的QoS技术为话音质量提供了优于IPv4的保证，电话的语音信息通过VoIPv6封装在IPv6数据包中传送于网络间，可通过对数据包的优先级设定，获得高质量的语音传送。

(3) 网络家电

互联网经过多年的发展，目前已拥有数量庞大的个人用户群体，并不断迅速增加。用户的需求也逐渐从拨号上网转变为目前的宽带接入，并将成为新因特网增值业务的最大潜在用户。IPv6的标准实现为运营商开创新的业务提供了技术基础，而网络家电为运营商开创了新的业务，是IPv6下一代网络中的重要应用之一，可以通过个人计算机、PDA等设备对连接在家庭网络中的空调、电饭煲、微波炉、冰箱、电视、音响和照明设备等家用电器进行远距离遥控。IPv6技术大容量IP地址结构能够实现每一个家用电器获得一个IP地址，并可以通过网络把这些家电管理起来，方便用户随时了解家中状况，可以实现家庭安全、家庭健康、音乐、电影和电视节目的点播以及家庭能源的管理。而IPv6的无状态地址自动配置，能够使IPv6终端能够快速连接到网络上，实现真正的即插即用。

要实现真正的网络家电，目前还需进一步研究网络操作的安全性和操作的轻便性两项内容，IPv6技术可以使用IPSec所具有的认证和加密机制来保证安全性，并通过相关的认证服务等系统加以实现。

(4) 移动IPv6业务

随着3G等业务的推出，移动IPv6业务将是移动业务发展的主要方向，移动通信业务和互联网业务将都会由IPv6协议来承载。IPv6技术的大容量地址结构，能够使每一个移动终端都可获得全球唯一的IP地址，无状态地址自动配置技术和强大的兼容性，使手机、PDA等移动终端能够快速连接到网络上，实现即插即用，同时兼容符合IPv6协议标准的各个厂家的产品和应用。相对于移动 IPv4,移动 IPv6 是 IPv6 技术的一个特色,通过邻居发现、自动配置等技术可以直接发现外地网络和获得转交地址,而不必依赖外地代理。同时利用协议包中的路由扩展头以及新增的家乡地址等选项优化报文路径、解决源地址过滤等问题,使移动节点的应用层对转交地址透明处理,可以实现无缝的移动连接和提供端到端视频、音频和数据业务。配合 IPv6 协议中的 QoS 技术,运营商就可以提供有效的端到端 QoS,以确保高质量业务传输,尤其在开展移动视频流媒体、移动视频会议和移动 VoIP 等业务方面具有重要的意义。

(5) 传感器网络

日常生活中的地质、环境(大气、水文、水质)等自然状况和人们的生产、生活息息相关,也关系到国民经济和可持续发展,同时生产活动对各种环境也产生一定的影响,所以需要对地质和环境进行监测和保护,这就需要使用大量的传感设备对环境参数进行大规模的采集并进行分析。IPv6 技术中的大容量地址空间特性,可以实现为每个传感器分配一个单独的 IP 地址,通过 IPv6 互连网络,实时采集地震、大气、水文等各种环境监测数据,进行分析研究。而 IPv6 无状态地址自动配置技术,更能体现 IPv6 技术的方便性,使分布在不同地域大量的各种传感器自动获得 IPv6 地址,无须人工分配。如使用 IPv6 技术,通过开发可寻址、可联网的地质监测传感器可以建立全国地震监测网,实时采集各种地质数据,分析地质活动情况,提高对地震等灾害的监测能力,为人民生活和国民经济发展提供更好的服务。

(6) 智能交通系统

交通拥挤是当今世界各国大城市都存在的问题,在西方发达国家,为了解决交通问题,已开始大规模地进行交通智能化的研究。随着我国经济的高速发展,车辆数量也极度攀升,交通问题亦非常严重,深刻影响着人们的日常生活,所以需要通过使用现代信息与网络通信技术,使用智能交通系统来提高交通运行的效率。IPv6 大容量地址结构技术,可以使城市交通监控系统中每个信号灯、监视器及各种感应设备都能获得单独的 IP 地址,实现系统整体联网,动态地对交通进行监控,提高交通运输效率。另外,IPv6 大容量地址结构技术可以为车载终端系统分配单独的 IP 地址,实现无线系统互连,司机可以通过车上的终端屏幕实时查看交通和路面信息,直接了解道路情况。而 IPv6 无状态地址自动配置技术,可自动为各类终端配置 IP 地址,大大减少网络维护的工作量,亦将会极大地推进智能交通应用的发展。

(7) 军事应用

IPv6 相对 IPv4 可以提供更好的网络安全和质量更佳的传输服务,并大大增强了传输速度,非常适合军队的使用。通过使用 IPv6 技术,对武器系统的响应速度以及指挥系统数据传输的保密性都将会有较大的提高。美国国防部认为,IPv6 对于美军来说至关重要,未来作战系统中各种武器系统、信息系统和指挥控制系统将通过网络实现联系,进行信息化立体战争,IPv6 为其提供了实现的技术基础和可能。同时,IPv6 具有 IPv4 所没有的绝对优势，它巨大的地址空间、高度的灵活性和安全性、可动态进行地址分配的特性以及完全的分布式结构有着巨大的军事价值和潜力，特别是对移动用户的支持更是以前所未有的技术所不能相比的。

(8) IPv6 在支持物联网方面存在的问题

IPv6 作为下一代 IP 网络协议，具有丰富的地址资源，能够支持动态路由机制，可以满足物联网对网络通信在地址、网络自组织以及扩展性方面的要求。但目前也存在一些技术问题需要解决。例如，无状态地址分配中的安全性问题、移动 IPv6 中的绑定缓冲安全更新问题、流标签的安全防护、全球任播技术的研究等。

由于 IPv6 协议栈过于庞大复杂，不能直接应用到传感器设备中，需要对 IPv6 协议栈和路由机制作相应的精简，才能满足低功耗、低存储容量和低传送速率的要求。

目前，相关标准化组织已开始积极推动精简 IPv6 协议栈的工作。例如，IETF 已成立了 6LowPAN 和 RoLL 两个工作组进行相关技术标准的研究工作。相比较传统方式，能支持更大的节点组网，但对传感器节点功耗、存储、处理器能力要求更高，因而成本要更高。另外，目前基于 IEEE 802.15.4 的网络射频芯片还有待进一步的开发来支持精简 IPv6 协议栈。

IPv6 技术及其强大的应用前景，为我国信息产业的腾飞带来机遇，目前已开始实施中国下一代互联网工程。国内通信厂商中兴通信亦在 IPv6 应用方面走在前列，成为中国首家通过全球 IPv6 Ready 认证的企业，并推出高效支持 IPv6 技术的系列化路由器、以太网交换机产品。特别在 IPv6 安全性、移动性方面实现重点产品与技术的融合，同时在全系列通信产品中全面推行 IPv6 战略，如视频、NGN、3G 等，以全面满足 CNGI 及 IPv6 应用要求。随着 IPv6 产业化进程的加速，IPv6 必将成为互联网产业下一个增长点。

本章参考文献

[1] 龚江涛，陈金鹰，方根平. Zigbee 技术特点及其应用[C]//四川省通信学会 2005 年学术年会论文集. 四川：2005:382-385.

[2] 张莉. ZigBee 技术在物联网中的应用[J]. 电信网技术，2010 (3):1-4.

[3] 宁焕生，张彦. RFID 与物联网[M]. 北京：北京工业大学出版社，2008.

[4] 李如年. 基于 RFID 技术的物联网研究[J]. 中国电子科学研究院学报，2009 (6):594-597.

[5] Traub K, Allgair G. The EPC global Architechture Framework[R]. EPC global Final Version 1.2, GS1 EPC global, 2007.

[6] EPC global. EPC Information Services (EPCIS). Version 1.0.1 Specification [S]. 2009.

[7] 王忠敏. EPC 与物联网[M]. 北京：中国标准出版社，2004.

[8] Jean-Baptiste Waldner. Nanocomputers and Swarm Intelligence[M]. London: ISTE,2008.

[9] Hui J,Culler D,Chakrabarti S. 6LoWPAN:Incorporating IEEE802. 15. 4 into the IP Architecture[R]. Internet Protocol for Smart Objects(IPSO) Alliance, White Paper #3,2009.

[10] Montenlgro G,Kushalnagar N,Hui J,et al. RFC 4944-Ipv6 over low power wireless personal area network (6LoWPAN)[R]. RFC,2007.

[11] Atzori L,Iera A,Morabito G. The Internet of Things:A survey[R]. Computer Networks,2010:2787-2805.

[12] Akyildiz I F,Su W,Sankarasubramaniam Y,et al. A survey on sensor networks[J]. IEEE Communications Magazine,2002,40(8):102-114.

[13] Shib E,Cho S,et al. Physical layer driven protocol and algorithm design for energy-efficient wireless sensor networks[M]. Rome: ACM Press, 2001: 272-286.

[14] Pottie G,Kaiser W. Wireless integrated network sensors[J]. Communications of the ACM,2000,43(5):51-58.

[15] Ye W,Heidemann J,Estrin D. Medium Access Control with Coordinated Adaptive Sleeping for Wireless Sensor Networks[J]. IEEE/ACM Trans. Net. ,2004,12(3):493-506.

[16] Dam T V,Langendoen K. An Adaptive Energy-Efficient MAC Protocol for Wireless Sensor Networks[C]//1st ACM Conf. Embedded Networked Sensor Sys. Los Angeles:CA,2003.

[17] Hildrum K,Kubiatowicz J,Rao S. Distributed Object Location in a Dynamic Network[C]//Proceedings of the 14th annual ACM symposium on Parallel algorithms and architectures. USA:ACM Press,2002. 41-52.

[18] Christian C. Enz, Amre El-Hoiydi, et al. WiseNET: An Ultralow-Power Wireless Sensor Network Solution[J]. IEEE Computer Society,2004,37(8).

[19] Buettner M,Yee G,Anderson E,et al. X-MAC:a short preamble MAC protocol for duty-cycled wireless sensor networks[C]//Proceedings of the 4th international conference on Embedded networked sensor systems (SenSys'06). New York:ACM,2006,307-320.

[20] Zheng T,Radhakrishnan S,Sarangan V. P-MAC:An Adaptive Energy-efficient MAC Protocol for Wireless Sensor Networks[C]//Proceedings of the Parallel and Distributed Processing Symposium. Piscataway. USA: IEEE Computer Society,2005:237-247.

[21] Jamieson K, Balakrishnan H, Tay Y C. Sift: A MAC Protocol for Event-Driven Wireless Sensor Networks [R]. MIT Lab. Comp. Sci., Tech. rep. 894, 2003.

[22] Lazarou G Y, Li J, Picone J. A cluster-based power-efficient MAC scheme for event-driven sensing applications[J]. Ad Hoc Networks, 2007, 5(7): 1017-1030.

[23] Kwon Y. Energy-efficient, Traffic-adaptive, Fast Collision Resolution MAC for WSNs[C]//Proceedings of the 3rd International Conference on Ubiquitous Intelligence and Computing. Wuhan, China: Computer Science, 2006. 586-594.

[24] Chen Z, Khokhar A. Self Organization and Energy Efficient TDMA MAC Protocol by Wake Up for Wireless Sensor Networks[C]//IEEE SECON 2004. IEEE, 2004(10): 4-7.

[25] Rhee I, Warrier A, Aia M, et al. Z-MAC: A hybrid MAC for wireless sensor networks [J]. IEEE/ACM Transactions on Networking, 2008, 16 (3): 511-524.

[26] Rossi M, Zorzi M. Probabilistic algorithms for cost-based integrated MAC and routing in wireless sensor networks[C]//Proceedings of the 3rd Int'l Modeling and Performance Analysis of Wireless Sensor Networks (Senmetrics 2005). San Diego: 2005, 86-96.

[27] Intanagonwiwat C, Govindan R, Estrin D. Directed diffusion: a scalable and robust communication paradigm for sensor networks[C]//Proceedings of ACM MobiCom'00. Boston: MA, 2000, 56-67.

[28] Perrig A, Szewzyk R, Tygar J D, et al. SPINS: security protocols for sensor networks[J]. Wireless Networks, 2000, 8: 521-534.

[29] Shah R C, Rabaey J. Energy Aware Routing for Low Energy Ad Hoc Sensor Networks[C]//IEEE Wireless Communications and Networking Conference (WCNC). Orlando: FL, 2002, 17-21.

[30] Faruque J, Helmy A. Gradient-based routing in sensor networks[J]. Mobile Computing and Communications Review, 2003, 7(4): 50-52.

[31] Ganesan D, Govindan R, Shenker S, et al. Highly-Resilient, Energy-Efficient Multipath Routing in Wireless Sensor Networks[C]//Proceedings of the Second ACM International Symposium on Mobile Ad Hoc Networking and Computing (MobiHoc 2001). Long Beach: CA, 2001.

[32] He T, et al. SPEED: A stateless protocol for real-time communication in sensor networks[C]//Proceedings of International Conference on Distributed

Computing Systems. Providence: RI, 2003.

[33] Newsome J, Song D. GEM: Graph EMbedding for Routing and Data-Centric Storage in Sensor Networks Without Geographic Information[C]//Proceedings of the First International Conference on Embedded Networked Sensor Systems. Los Angeles: 2003, 76-88.

[34] Heinzelman W R, Chandrakasan A, Balakrishnan H. Energy-Efficient Communication Protocol for Wireless Microsensor Networks[C]//Procee-dings of the 33rd Hawaii International Conference on System Sciences. Hawaii, 2000.

[35] Manjeshwar A, Agarwal D P. TEEN: a routing protocol for enhanced efificiency in wireless sensor networks[C]//Werner B, ed. Proc. of the 15th Int'l Parallel and Distributed Processing Symp. San Francisco: IEEE Computer Society, 2001: 2009-2015.

[36] Xu Y, Heidemann J, Estrin D. Geography-informed Energy Conservation for Ad-hoc Routing[C]//Proceedings of ACM MobiCom'2001. Rome: 2001.

[37] Yu Y, Estrin D, Govindan R. Geographical and Energy-Aware Routing: A Recursive Data Dissemination Protocol for Wireless Sensor Networks[R]. UCLA Computer Science Department Technical Report, 2001.

[38] Subramanian L, R. H. Katz. An Architecture for Building Self Congurable Systems[C]//Proceedings of IEEE/ACM Workshop on Mobile Ad Hoc Networking and Computing. Boston: MA, 2000.

第 4 章　物联网的标准化进展

4.1　引　　言

互联网的成功，一则得益于其开放性；二则得益于其标准化，即 TCP/IP 协议。尤其后者，没有它，将世界上如此众多的、不同的软硬件的计算机相互连接是不可想象的。借鉴其经验，物联网要成功，同样需要制定相应的标准。标准还代表着权威和利益，是各国竞争的高地。

目前，物联网领域尚处于发展初期，大部分依托于科研成果，在部分领域有示范应用。但在已经实现的物联网中往往采用私有协议，尚缺乏完善的物联网标准体系，在产品设计、系统集成时无统一标准可循，这已经严重制约了技术应用和产业的迅速发展。为了实现泛在的物联网、实现物联网和核心网络的融合，大量关键技术尚需突破，标准化将对于实现大规模应用网络所需要的互连互通起到至关重要的作用。

在标准化工作方面，与物联网相关的标准化组织较多，主要的国际标准组织有 IEEE，ISO，ETSI，ITU-T，3GPP，3GPP2 等。国内研究物联网的标准组织主要有传感器网络标准工作组（WGSN）和中国通信标准化协会（CCSA）。如图 4-1 所示为全球主要物联网标准组织的徽标[2]。

图 4-1　全球物联网标准组织

物联网覆盖的技术领域非常广泛，涉及总体架构、感知技术、通信网络技术、应用技术多个方面。物联网标准组织有的从机器对机器通信(M2M)的角度进行研究，有的从泛在网角度进行研究，有的从互联网的角度进行研究，有的专注传感器网络的技术研究，有的关注移动网络技术研究，有的关注总体架构研究。

总的来说，国际上物联网标准工作还处于起步阶段，目前各标准组织自成体系，标准内容不尽相同，涉及架构、传感、编码、数据处理、应用等。各标准组织都比较重视应用方面的标准制定。如图 4-2 所示为物联网在不同领域的主要标准组织分布情况。

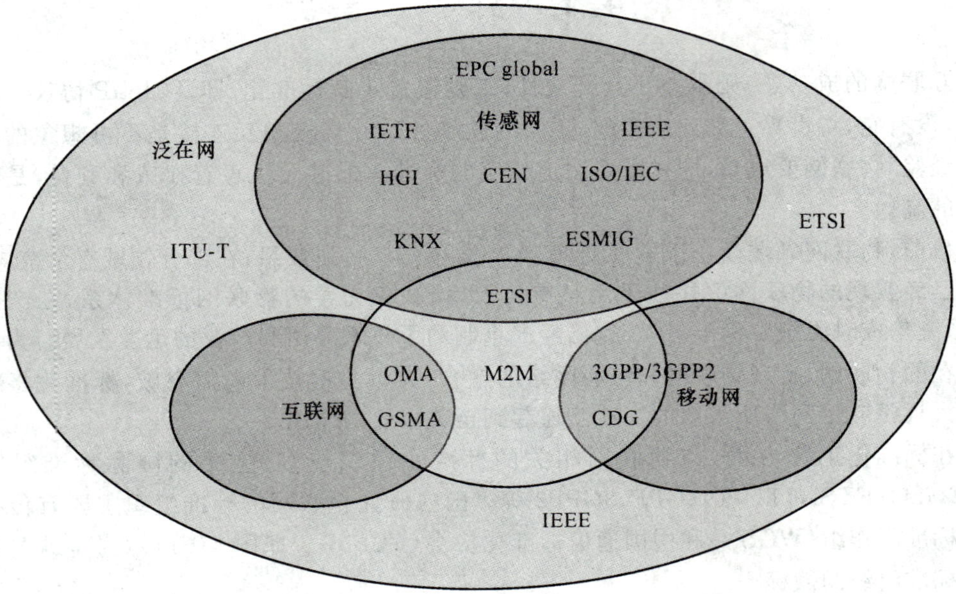

图 4-2　物联网在不同领域的主要标准组织分布情况

众所周知，标准是物联网产业化发展的制高点。我国物联网技术、产业发展与国际基本同步，目前国际尚无完备的物联网标准体系，这为我国实质性参与该领域国际标准化工作、占领产业的制高点提供了一次难得的历史性机遇。

当前我国物联网发展已到了产业化、标准化的关键时期，要依托现有的国际标准化优势，实施以感知为核心的物联网标准化战略，加快推动形成“共性平台＋应用子集”产业结构，推动我国物联网产业健康有序发展，保障我国在国际物联网产业链体系中占据产业制高点。因而，积极参与国际标准的制定，并且科学地制定技术标准，是我国物联网技术标准化发展的必由之路。

下面将分别从物联网的不同层次的标准角度和主要的国内国际标准组织的活动进行简要介绍。

4.2　物联网标准化现状

目前,物联网领域主要的国际标准组织有 IEEE,ISO,ETSI,ITU-T,3GPP,3GPP2 等,这些标准组织在物联网总体架构、感知层技术、传送层技术、应用层技术等方面制定了一系列标准[2]。

在物联网总体架构方面,针对物联网、泛在网总体框架方面进行系统研究的国际标准组织比较有代表性的是国际电信联盟(ITU-T)及欧洲电信标准化协会(ETSI)M2M 技术委员会。国际电信联盟从泛在网角度研究总体架构,欧洲电信标准化协会从 M2M 的角度研究总体架构。

在感知层的技术标准方面,主要的国际标准组织有国际标准化组织(ISO)、美国国际电气和电子工程师协会(IEEE),关注于无线传感器网络的技术研究。

在传送层的技术标准方面,主要的国际标准组织主要有 3GPP 和 3GPP2,他们主要从 M2M 业务对移动网络的需求方面进行研究,只限定在移动网络层面。

在应用层的技术标准方面,各标准组织都有一些研究,主要是针对特定应用制定标准。

4.2.1　物联网总体架构的标准化

物联网总体架构标准的国际组织主要包括 ITU-T SG13、ETSI M2M TC 技术委员会以及 ISO/IEC JTCI SC6 中的传感器网络研究组(SGSN)。

ITU-T SG13 主要从下一代网络(NGN)角度展开泛在网相关研究:基于 NGN 的泛在网络/泛在传感器网络需求及架构研究,支持标签应用的需求和架构研究,身份管理(IDM)相关研究,NGN 对车载通信的支持。ETSI M2M TC 从 M2M 的角度进行物联网总体架构方面研究,负责制定 M2M 需求和功能架构标准;ISO/IEC JTCI SC6 SGSN 负责起草与传感器网络有关的标准。表 4-1 和表 4-2 分别给出了 ITU-T SG13 和 ETSI M2M TC 在主要标准工作[8]。

表 4-1　ITU-T SG13 的主要标准工作

标准号	说明和应用范围
Y. 2002	泛在网概述及 NGN 对泛在网的支持
Y. 2221	NGN 中支持泛在传感器网络(USN)业务应用的需求
Y. 2213	基于标签标识的业务应用对 NGN 的业务和能力需求
Y. 2016	NGN 环境下支持基于标签标识的业务应用的功能需求和架构
Y. MOC	NGN 中支持面向机器通信类应用的需求
Y. IoT- Term	物联网相关术语
Y. UbiNet- hn	基于泛在网的面向物体到物体通信框架
Y. WoT	基于 Web 的物联网(Web of Things)的框架

表 4-2　ETSI M2M TC 的主要标准工作

标准号	说明和应用范围
TS 102.689	M2M 业务需求：定义支持 M2M 通信业务所需能力，描述端到端系统需求
TS 102 690	M2M 功能架构：描述 M2M 功能架构，对功能实体好信息流程进行描述
TR 102 725	M2M 定义：定义 M2M 术语，保证各工作组术语一致性
TS 102 921	M2M 接口：接口设计包括协议/API、数据模型

4.2.2　物联网感知层的标准化

感知层主要实现物理世界信息的采集、自动识别和智能控制。物体本身不具备通信能力，传感器、执行器、智能装置以及通过 RFID、条码标识的各种物体需要利用通信子层的通信模块与网关交互信息。

感知层的技术标准主要涵盖以下内容：①以 MEMS 传感器为代表的传感技术标准；②以 RFID 标签为代表的识别技术标准；③以节点操作系统为代表的嵌入式系统技术标准；④无线通信和组网技术标准，具体包括适应 M2M 通信需求的蜂窝移动通信增强技术和满足传感器网络低速率、低功耗、低配置的近距离无线通信和组网技术[7]。

作为近年来物联网领域的热点，感知层的标准化比较重要的活动有：

① 2007 年，ISO/IEC JTC1（国际标准化组织/国际电工委员会、信息技术委员会）成立传感器网络研究组（SGSN）。

② 首届 SGSN 会议于 2008 年 6 月在中国召开。中国、美国、英国、德国、日本等成员国以及 ISO，IEC，IEEE 等的 120 余名代表和技术专家参加。中国代表提交了《传感器网络标准化体系框架》、《传感器网络系统架构》、《传感器网络协同架构》等核心方案。

③ 第二次 SGSN 会议于 2008 年 9 月在德国召开。

④ 第三次 SGSN 会议于 2009 年 1 月在澳大利亚召开。

⑤ 第四次 SGSN 会议于 2009 年 7 月在挪威召开。

⑥ 第五次 SGSN 会议于 2009 年 10 月份召开，批准成立传感器网络标准化工作组 JTC1WG7。

⑦ 2010 年 3 月 JTC1WG7 第一次会议，我国的《传感器网络信息处理服务和接口规范》、美国的《智能电网标准》等提案获得通过。

⑧ 2011 年 2 月，ITU-T 成立物联网全球标准推动组（IoT-GSI）。

下面分别以无线传感器网络技术标准和 EPC 系统技术标准为例进行简要介绍。

1. 无线传感器网络技术标准

传感器网络涉及的技术领域和相关标准化组织较多，目前国际标准化组织和国际电工委员会的第一联合技术委员会、国际电气和电子工程师协会、国际电信联盟和互联网工程任务组等国际标准化组织都在开展传感器网络标准的相关研究工作，但大多尚处于标准提案阶段。其中，国际电气和电子工程师协会在为传感器网络提供支持的底层无线传输技术和传感器接口的标准化研究等方面已取得一定进展；ITU-T 的多媒体编码、系统和应用(SG16)研究组已开始进行泛在传感器网络(USN)应用和服务的研究，SG17 研究组已开展 USN 安全框架的研究；互联网工程任务组成立了低功率无线个域网上的 IPv6(6LOWPan)工作组，已产生 RFC 4944(IEEE 802.15.4 上的 IPv6)和 RFC 4919(问题陈述和目标)。

目前，公认的可以被称为传感器网络标准的只有 IEEE 802.15.4 和 ZigBee 联盟推出的传输、网络、应用层协议标准以及 IEEE 1451。IEEE 802.15.4 定义了短距离无线通信的物理层及链路层规范。基于 IEEE 802.15.4 协议，ZigBee 制定出网络互连、传输和应用规范。ZigBee 技术具有功耗低、成本低、网络容量大、时延短、安全可靠、工作频段灵活等诸多优点，是目前被普遍看好的无线个域网解决方案，也被很多人视为传感器网络的事实标准。ZigBee 联盟对网络层协议和应用程序接口进行了标准化。尽管 ZigBee 技术试图在传感器网络需求的网络性能上(如功耗、成本、时延、安全等方面)可以提供一个解决方案，但从目前的应用情况来看，在可扩展性、能耗控制、网络性能等方面还存在明显的缺点。IEEE1451 标准簇是通过定义一套通用的通信接口，以使工业变送器(传感器＋执行器)能够独立于通信网络，并与现有的微处理器系统、仪器仪表和现场总线网络相连，解决不同网络之间的兼容性问题，并最终实现变送器到网络的互换性和互操作性。

为了在传感器网络国际标准的制定方面进行研究与探索，2007 年，ISO/IEC JTC1 正式成立了传感器网络研究组(SGSN)。目前有 22 名专家，分别来自中国、法国、日本、韩国、挪威、英国和德国，以及其他组织的联络员。2008 年 6 月，在中国上海召开了第一次全体会议，对传感器网络的应用需求、系统架构、协议、接口和安全等方面的提案进行了讨论。2008 年 9 月和 2009 年 1 月，我国分别组团参加了在德国和澳大利亚举办的第二次和第三次 SGSN 会议，实质性地参与了《ISO/IEC JTC1 传感器网络研究组技术报告》的编写工作，并在很多章节作出了重要的贡献。

作为物联网的关键技术，传感器网络的主要流行国际标准有 ISA 100.11a，IEEE 1451，ZigBee(IEEE 802.15.4)和 EnOcean4 种。各种标准特点不一：ISA 100.11a 是第一个开放的、面向多种工业应用的标准；EnOcean 是为了给建筑自动化领域提供灵活安装，免维护传感器解决方案；IEEE 1451 是一组智能换能器(包括传感器和传动器)的接口标准；ZigBee(IEEE 802.15.4)则是一种短距离、低功耗的无线通信标准。如表 4-3 所示。

表 4-3　无线传感器网络技术标准一览表[2]

标准名称	标准组织	特点
ISA 100.11a	ISA 100 委员会	ISA 100.11a 是第一个开放的、面向多种工业应用的标准族，其版本 1 的主要特征： • 提供过程工业应用服务，包括工厂自动化； • 全球部署； • 提供等级 1(非关键)到等级 5 的应用
EnOcean	EnOcean 联盟	EnOcean 是 EnOcean 联盟的技术标准，目的是为建筑自动化领域提供灵活安装，免维护的传感器解决方案。其目的是制定基于能量收集(energy harvesting)技术的无线通信标准"EnOcean"。其通信部分由德国西门子开发，可利用 868 MHz 频带，实现 125 kbit/s 的传输速率
IEEE 1451	IEEE	IEEE 1451 是一组智能换能器的接口标准，用于传感器和换能器与网络的连接。包括： • IEEE 1451.0-2007 规定了智能换能器接口的通用功能，通信协议和换能器电子数据单(TEDS)的格式； • IEEE 1451.1-1999 描述了网络适配器信息模型； • IEEE 1451.2-1997 规定了换能器到微处理器通信协议和 TEDS 格式
ZigBee	ZigBee 联盟	ZigBee 是 IEEE 802.15.4 协议的代名词。这个协议规定的技术是一种短距离、低功耗的无线通信技术。特点是近距离、低复杂度、自组织、低功耗、低数据速率、低成本。主要适合用于自动控制和远程控制领域，可以嵌入各种设备

2. EPC 系统技术标准

EPC(Electronic Product Code)系统是在计算机互联网和射频技术的基础上，利用全球统一标识系统编码技术给每一个实体对象一个唯一的代码，构造了一个实现全球物品信息实时共享的"Internet of Things"。它将成为继条码技术之后，再次变革商品零售结算、物流配送及产品跟踪管理模式的一项新技术。

由于 RFID 的应用牵涉到众多行业，因此其相关的标准盘根错节，非常复杂。从类别看，RFID 标准可以分为以下四类：技术标准(如 RFID 技术、IC 卡标准等)；数据内容与编码标准(如编码格式、语法标准等)；性能与一致性标准(如测试规范等)；应用标准(如船运标签、产品包装标准等)。RFID 相关的标准涉及电气特性、通信频率、数据格式和元数据、通信协议、安全、测试、应用等方面。

目前，主要有三大标准系列：ISO，EPC global 和 UID[3]。这几大标准的制定组织分别代表了国际上不同团体或国家的利益。EPC global 是由北美 UCC 产品统一编码组织和欧洲 EAN 产品标准组织联合成立，旗下有上百家企业；UID(Ubiquitous ID Center)则代表日本，由一些日系厂商组成；ISO 标准则秉持标准的基本理念，更侧重标准的中立性。RFID 技术的标准体系主要包括空中接口规范、物理特性、读写协议、编码体系、应用规范、测试规范、数据安全和应用管理等。RFID 系统主要频段标准与特性如表 4-4 所示。

表 4-4　RFID 系统主要频段标准与特性

	低频	高频	超高频	微波
工作频率	125～134 kHz	13.56 MHz	868～915 MHz	2.45～5.8 GHz
读取距离	1.2 m	1.2 m	4 m(美国)	15 m(美国)
速度	慢	中等	快	很快
潮湿环境	无影响	无影响	影响较大	影响较大
方向性	无	无	部分	有
全球适用频率	是	是	部分	部分
现有 ISO 标准	11784/85,14223	14443,18000-3,15693	18000-6	18000-4/555

(1) ISO 制定的 RFID 标准体系

RFID 标准化工作最早可以追溯到 20 世纪 90 年代。1995 年国际标准化组织 ISO/IEC 联合技术委员会 JTC1 设立了子委员会 SC31(以下简称 SC31),负责 RFID 标准化研究工作。SC31 委员会由来自各个国家的代表组成,如英国的 BSI IST34 委员、欧洲 CEN TC225 成员。他们既是各大公司内部咨询者,也是不同公司利益的代表者。因此在 ISO 标准化制定过程中,有企业、区域标准化组织和国家三个层次的利益代表者。SC31 负责 RFID 标准可以分为四个方面:数据标准(如编码标准 ISO/IEC 15691、数据协议 ISO/IEC 15692、ISO/IEC 15693,解决了应用程序、标签和空中接口多样性的要求,提供了一套通用的通信机制)、空中接口标准(ISO/IEC 18000 系列)、测试标准(性能测试 ISO/IEC 18047 和一致性测试标准 ISO/IEC 18046)、实时定位(RTLS,ISO/IEC 24730 系列应用接口与空中接口通信标准)方面的标准。

ISO 对于 RFID 技术的应用标准是由应用相关的子委员会制定。RFID 技术在物流供应链领域中的应用方面标准由 ISO TC 122/104 联合工作组负责制定,包括 ISO 17358 应用要求、ISO 17363 货运集装箱、ISO 17364 装载单元、ISO 17365 运输单元、ISO 17366 产品包装、ISO 17367 产品标签。RFID 技术在动物追踪方面的标准由 ISO TC 23 SC19 来制定,包括 ISO 11784/11785 动物 RFID 畜牧业的应用,ISO 14223 动物 RFID 畜牧业的应用-高级标签的空中接口、协议定义。下面是其中的一些标准:

- ISO 15693-Smart Labels(智能标签);
- ISO 14443-Contactless Payments(非接触支付);
- ISO 11784-Livestock(家畜管理);
- ISO 18000 系列标准是 RFID 空中接口协议,基本覆盖了用于 RFID 系统的频率范围。它的七个组成部分是:

① 18000-1:Generic parameters for air interface for globally accepted frequencies(全

球可用频率空中接口协议的一般参数)，为以后的几部分规定了框架和规则；

② 18000-2：Air interface for 135 kHz (135 kHz 频段的空中接口协议)，短距离标签，如门禁卡、动物识别等；

③ 18000-3：Air interface for 13.56 MHz (13.56 MHz 频段的空中接口协议)，适用于中距离，如货架、电子车票等；

④ 18000-4：Air interface for 2.45 GHz (2.45 GHz 频段的空中接口协议)，适用于长距离、移动车辆识别等；

⑤ 18000-5：Air interface for 5.8 GHz (5.8 GHz 频段的空中接口协议)；

⑥ 18000-6：Air interface for 860 MHz to 930 MHz (860～930 MHz 频段的空中接口协议)，长距离使用、仓储物流等；

⑦ 18000-7：Air interface at 433.92 MHz (433.92 MHz 频段的空中接口协议)。

每一频率都有它的特点，被用在不同的领域，因此要根据需要选择合适频率。低频标签比超高频标签便宜，节省能量，穿透非金属物体能力强，工作频率不受无线电频率管制约束，最适合用于含水分比较高的物体等；超高频作用范围广，传送数据速度快，但是比较耗能，穿透力较弱，适用于移动物体等；而高频标签属中短识别距离，读写速度也居中，产品价格相对便宜，常用于电子票证等领域。

研究发现，超高频识别系统更适合未来，特别是大规模的商业供应链中，具有广阔的应用前景。沃尔玛、吉列等跨国公司以及美国军方已经开始超高频频段的 RFID 应用测试和研究，日本、欧洲也陆续开放和确定 UHF 频段给 RFID 技术，如表 4-5 所示为各种标准在超高频频段之间的比较。

表 4-5　各种标准超高频频段之间的比较

		Class 1	Class 1 Gen 2 (Type C)	ISO 18000-6	
				Type A	Type B
工作频率		860～930 MHz	860～930 MHz	860～930 MHz	
调制方式	前向	ASK(30%～100%)	DSB-ASK，SSB-ASK	ASK(30%～100%)	ASK(18%或 100%)
	后向	反向散射(ASK)	反向散射 (ASK 或 PSK)	反向散射	
编码方式	前向	脉宽编码	脉宽编码	脉宽编码	Manchester
	后向	跳变两次是 0 跳变四次是 1	FM0 或 Mile 编码	FM0 编码	
通信方式		半双工	半双工	半双工	
防碰撞		二进制	Slotted	Aloha	二进制

注：Type A 的特点是存储量大，抗冲突能力弱，指令类型多；Type B 的特点是存储量小，抗冲突能力强，指令类简单。

(2) EPC global 制定的 RFID 标准体系

EPC global 是由美国统一代码协会(Uniform Code Council,UCC)和欧洲物品编码协会(European Article Numbering Association,EAN)联合成立的一家非营利的标准化组织,它是制定电子产品代码(EPC)标准化的主要组织机构,以创建"物联网"为使命。零售商沃尔玛、英国 Tesco 等 100 多家美国和欧洲的流通企业都是 EPC 的成员,同时由美国 IBM 公司、微软公司、Auto-ID Lab 等提供技术研究支持。此组织除发布工业标准外,还负责 EPC gobal 号码注册管理。

与 ISO 通用性 RFID 标准相比,EPC global 标准体系是面向物流供应链领域,可以看成是一个应用标准。EPC global 的目标是解决供应链的透明性和追踪性,透明性和追踪性是指供应链各环节中所有合作伙伴都能够了解单件物品的相关信息,如位置、生产日期等信息。为此,EPC global 制定了 EPC 编码标准,它可以实现对所有物品提供单件唯一标识。也制定了空中接口协议、读写器协议。这些协议与 ISO 标准体系类似。在空中接口协议方面,目前 EPC global 的策略尽量与 ISO 兼容,如 C1Gen2 UHF RFID 标准递交国际标准化组织将成为 ISO 18000 6C 标准。但 EPC global 空中接口协议有它的局限范围,仅仅关注 UHF 860～930 MHz。

除了信息采集以外,EPC global 非常强调供应链各方之间的信息共享,为此制定了信息共享的物联网相关标准,包括 EPC 中间件规范、对象名解析服务(Object Naming Service,ONS)、物理标记语言(Physical Markup Language,PML)。这样从信息的发布、信息资源的组织管理、信息服务的发现以及大量访问之间的协调等方面作出规定。"物联网"的信息量和信息访问规模大大超过普通的互联网。"物联网"系列标准是根据自身的特点参照互联网标准制定的。"物联网"是基于互联网的,与互联网具有良好的兼容性。

物联网标准是由 EPC global 所特有的国际标准化组织提出的。仅仅考虑自动身份识别与数据采集的相关标准,数据采集以后如何处理、共享并没有作规定。物联网是未来的一个目标,对当前应用系统建设来说具有指导意义。

(3) 日本 UID 制定的 RFID 标准体系

日本在电子标签方面的发展,始于 20 世纪 80 年代中期的实时嵌入式系统 TRON,T-Engine 是其中核心的体系架构。Auto-ID 中心以创建"物联网"为使命,与众多成员企业共同制定一个统一的开放技术标准,在 T-Engine 论坛领导下,泛在 ID 中心于 2003 年 3 月成立,并得到日本政府经产省和总务省以及大企业的支持,目前包括微软、索尼、三菱、日立、日电、东芝、夏普、富士通、NTT DoCoMo、KDDI、J-Phone、伊藤忠、大日本印刷、凸版印刷、理光等重量级企业。日本泛在中心制定 RFID 相关标准的思路类似于 EPC global,目标也是构建一个完整的标准体系,即从编码体系、空中接口协议到泛在网络体系结构,但是每一个部分的具体内容存在差异。

为了制定具有自主知识产权的 RFID 标准,在编码方面制定了 ucode 编码体系,它能够兼容日本已有的编码体系，同时也能兼容国际其他的编码体系。在空中接口方面积极参与国际标准化组织的标准制定工作，也尽量考虑与国际标准化组织相关标准兼容。在信息共享方面主要依赖于日本的泛在网络，它可以独立于互联网实现信息的共享。

泛在网络与 EPC global 的物联网还是有区别的。EPC 采用业务链的方式，面向企业，面向产品信息的流动，比较强调与互联网的结合。UID 采用扁平式信息采集分析方式，强调信息的获取与分析，比较强调前端的微型化与集成。

4.2.3 物联网传送层的标准化

物联网的传送层主要完成信息传递和处理。其汇聚从感知层获得的数据，并将数据发送到接入网络。接入网络即现有的通信网络，包括移动通信网、有线电话网、有线宽带网等。通过接入网络，人们将数据最终传入互联网。

传送层的关键技术既包含了现有的通信技术，如移动通信技术、有线宽带技术、公共交换电话网(PSTN)技术、Wi-Fi 通信技术等，也包含了终端技术，如实现传感器网络与通信网结合的网桥设备、为各种行业终端提供通信能力的通信模块等。云计算平台作为海量感知数据的存储、分析平台，是物联网传送层的重要组成部分。

负责制定电信网标准的国际组织主要包括 3GPP/3GPP2、GSMA SCAG 和开放移动联盟(OMA)等。3GPP/3GPP2 组织负责制定 CDMA 2000、WCDMA、LTE 和 M2M 优化需求以及网络和无线接入的 M2M 优化技术方面的标准；GSM 协会(GSMA)下的智能卡应用组(SCAG)负责制定智能 SIM 卡方面的标准；OMA-DM 是开放移动联盟(OMA)定义的一套专门用于移动与无线网络的管理协议，是 OMA 协议的一种应用。

1. IPv6 协议标准

(1) 物联网与 IPv6

IPv4 地址尚不能满足互联网和移动互联网的地址需求，对于发展中的物联网，特别是具有数量众多的感知层节点的标识问题，这个问题更为明显。其次，物联网业务发展问题也凸显出来，目前，感知终端上的数据格式多种多样，难以统一管理运营，新型业务难以落地。由于缺乏统一的网络层通信标准，应用程序的开发处于无章可循的状态，且广泛基于 TCP/IP 协议栈开发的互联网应用不容易移植。因此，物联网的发展需要统一标准的协议来支撑网络向大规模泛在化发展，也需要一个标准的网络基础设置来孵化各种新型的业务模式，真正实现“无处不在的网络、无所不能的业务”。

(2) IETF 组织工作进展

互联网工程任务组(IETF)从一开始研究物联网相关技术以来，就把 IPv6 作为唯一选择，IETF 组织相关工作组的工作都是在 IPv6 基础上展开的，相关的产业联盟 IPSO Alliance (IP Smart Object Alliance)也开始了 IPv6 产品化推广的路线。最初不支持 IP 相关技术的 ZigBee 组织，也在其智能电网(Smart Energy)的最新标准规范中加入了对

IPv6 协议的支持。

IETF 组织成立了 3 个工作组来进行低功耗 IPv6 网络方面的研究，6LowPan（IPv6 over Low-power and Lossy Networks）工作组[4]主要讨论如何把 IPv6 协议适配到 IEEE 802.15.4 MAC 层和物理层协议栈上的工作。

6LowPan 工作组成立于 2006 年，属于 IETF 互联网领域。该工作组已完成两个 RFC：《在低功耗网络中运行 IP6 协议的假设、问题和目标》（RFC4919，Informational）；《在 IEEE 802.15.4 上传输 IPv6 报文》（RFC4944，Proposed Standard）。

RoLL（Routing Over Low Power and Lossy Networks）工作组于 2008 年 2 月成立，属于 IETF 路由领域的工作组。RoLL 工作组致力于制定低功耗网络中 IPv6 路由协议的规范。RoLL 工作组的思路是从各个应用场景的路由需求开始，目前已经制定了 4 个应用场景的路由需求，包括家庭自动化应用（Home Automation，RFC5826）、工业控制应用（Industrial Control，RFC5673）、城市应用（Urban Environment，RFC5548）和楼宇自动化应用（Building Automation，draft-ietf-roll-building-routing-reqs）。

2010 年 3 月，CoRE（Constrained RESTful Environment）工作组正式成立，属于应用领域（Application Area）。CoRE 起源于 6Lowapp 兴趣组（BOF），主要讨论受限节点上的应用层协议。随着讨论的深入，IETF 技术专家把工作组的内容界定在为受限节点制定相关的 REST（Representational State Transfer）形式的协议上。REST 是指表述性状态转换架构，是互联网资源访问协议的一般性设计风格。REST 提出了一些设计概念和准则：网络上的所有对象都被抽象为资源；每个资源对应一个唯一的资源标识；通过通用的连接器接口；对资源的各种操作不会改变资源标识；对资源的所有操作是无状态的。HTTP协议就是一个典型的符合 REST 准则的协议。在资源受限的传感器网络中，HTTP 过于复杂，开销过大，因此也需要设计一种符合 REST 准则的协议，这就是 CoRE 工作组正在制定的 CoAP 协议（Constrained Application Protocol）。目前，CoAP 协议还处于讨论状态，暂时没有工作被 IETF 接受为工作组文稿。

(3) 物联网感知层 IPv6 协议的相关应用标准

物联网感知层的 IPv6 协议目前在 IETF 组织进行研究和标准化，其他相关标准化组织为了支持 IPv6 也要研究如何采用和应用 IETF 相关标准。目前，支持 IPv6 相关应用的国际标准化组织有 IPSO，Zigbee，ISA-100 等组织。

① IP 智能物体产业联盟

IPSO 联盟（IP Smart Object Alliance）即 IP 智能物体产业联盟，是推动 IETF 所制定的轻量级 IPv6 协议相关应用的产业联盟。IPSO 成立于 2008 年 9 月，其发起组织包括 Cisco，Ericsson，SUN 等电信和互联网厂商，也包括一些传统的传感器网络的芯片和器件厂商，如 Atmel，Freescale，ArchRock，Sensinode 等。

IPSO 联盟的主要目的是推动智能 IP 解决方案的产业实施和实现智能 IP 解决方案的技术优势。IPSO 联盟分析了现有传感器网络系统和控制系统中方案的问题，特别是这些方案长远来看在大规模系统中难以互通的问题，指出 IP 技术作为一种成熟和高度互通的方案，是市场和技术的最优选择。IPSO 联盟目前的工作包括：引起产业界对 IP 智能物体解决方案的重视，利用现有方案并且进行技术开发；产出一系列帮助厂商开发的指导性研究报告、白皮书和应用场景；从市场层面辅助 IETF 组织的工作；连接起全世界支持 IP 智能感知和控制系统的公司；协调和组织市场推动工作；组织互通性测试。

目前，IPSO 联盟已经产出 5 份白皮书，包括：

- IP 协议带来的优势。
- 智能物体的轻量级 IPv6 协议栈：来自 3 个独立互通实现的经验。
- 6LowPan 介绍。
- 6LowPan 邻居发现协议概览。
- 智能物体的网络安全。

IPSO 联盟主要基于 IETF 所制定的技术标准，以此来推动应用和产业发展，进行互通性测试、资质认证等工作，是 IETF 物联网技术的主要推动者。

② ZigBee 联盟

ZigBee 联盟是 IEEE 802.15.4 组织对应的产业联盟。ZigBee 联盟制定了短距离无线通信标准的网络层和应用层，针对不同的应用制定了相应的应用规范。ZigBee 对应的物理层和链路层是在 IEEE 802.15.4 组织研究制定的。

ZigBee 联盟目前正式发布的规范涵盖了下面几种应用：智能电力、遥控、家庭自动化、医疗、楼宇自动化、电信服务应用、零售服务应用等。ZigBee 联盟目前包含 23 个工作组和任务组，涵盖技术相关的工作组：架构评估、核心协议栈、IP 协议栈、低功耗路由器、安全以及应用相关的工作组：楼宇自动化、家庭自动化、医疗、电信服务、智能电力、远程控制、零售业务，还有与市场、认证相关的一些工作组。

ZigBee 最初是不支持 IP 协议的，目前 ZigBee 联盟已经正式发布的应用规范都没有对 IP 协议的支持。但是随着 IETF，IPSO 相关工作的推进，以及 ZigBee 内部成员单位的推动，ZigBee 联盟的智能电力 Smart Energy 2.0 应用已经开始全面支持 IP 协。同时，ZigBee内部成立了 IP-Stack 工作组，专门制定 IPv6 协议在 ZigBee ＋＋规范中的应用方法。ZigBee Smart Energy 2.0 应用也将采用 IETF6LowPan 制定的适配层，要求 IEEE 802.15.4 设备的网络中使用这种轻载的 IPv6 协议栈，同时把对 6LowPan 的支持作为一种必选。在应用层，新的规范也支持轻量级的 CoAP 协议。ZigBee IP-Stack 工作组的工作范围如图 4-3 所示。

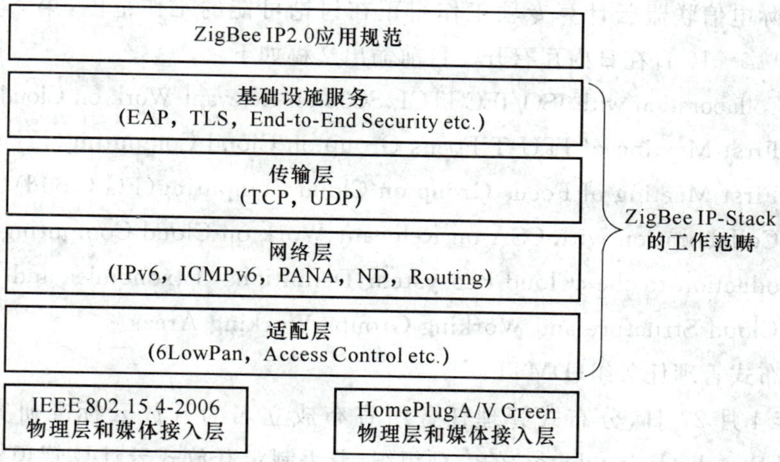

图 4-3　ZigBee IP-Stack 工作组的工作范畴

③ ISA-100

ISA(International Society of Automation)是无线传输在工控领域的产业联盟，ISA专门成立了一个由终端用户和技术提供者组成的 ISA-100 委员会，该委员会的主要任务是制定标准、推荐操作规程、起草技术报告等，用以定义工业环境下的无线系统相关规程和实现技术。ISA-100.11a 工作组主要由 10 个子工作组组成：系统工作组、汇集工作组、PHY/MAC 层工作组、安全工作组、网络/传输层工作组、网络管理工作组、评估工作组、应用层工作组、编辑工作组和网关工作组。其中，在网络/传输层上，ISA-100.11a 工作组也要求支持 RFC4944 的网络层协议栈，支持 6LowPan，IPv6 协议和 TCP/UDP。

2. 云计算标准

国际标准组织对云计算[5]的研究从 2009 年起步，虽对其研究的关注度逐渐上升，但目前还处于初始阶段。下面针对几个较为成熟的标准化组织的工作进展进行简要介绍。

(1) 电信管理论坛(TMF)[6]

电信管理论坛认为今天的公众通信网将演进为公众计算网络，云计算会让人们使用计算机就如同使用今天的电话；一切需要的计算和存储能力就如同今天的通信接入、传输、交换和路由能力，将由公众基础服务商提供。目前，电信管理论坛正在推动跨云管理催化剂项目、云服务代理催化剂项目、服务模式/云催化剂项目、企业云服务提供商管理接口等十几个云计算项目的进展。暂无标准文稿输出。

(2) 国际电信联盟云计算专项工作组(ITU-T FG Cloud)

为推进云计算标准研究工作迅速开展，ITU-T 最近成立了云计算焦点研究组(FG Cloud)，这也是全球首个由权威标准化组织成立的云计算组织，旨在达成一个“全球性生态系统”，确保各个系统之间安全地交换信息。云计算安全作为云计算标准中重要的研究课题，后续将在 ITU-T 云计算焦点研究组和 SG17Q8(面向架构安全的服务)同时开展研究工作。国际电信联盟云计算专项工作组正在讨论可能的工作范围，第一期会议已于2011年6月14—16日在日内瓦召开。目前输出文稿如下：

- LS:Collaboration with ISO/IEC JTC1/SC38 on Relevant Work on Cloud Computing。
- LS:First Meeting of ITU-T Focus Group on Cloud Computing(FG Cloud)。
- LS:First Meeting of Focus Group on Cloud Computing(FG Cloud)。
- LS:Collaboration with CSA on Relevant Work on Cloud Computing。
- Introduction to the cCloud Ecosystem:Definitions,Taxonomies and Use Cases。
- FG Cloud Structure and Working Groups Working Areas。

(3) 分布式管理任务组(DMTF)

2009年4月27日，分布式管理任务组宣布成立名为开放云标准研究组(DMTF Open Cloud Standards Incubator)的专项组织，着手制定开放式云计算管理标准，以解决虚拟云计算环境中出现的管理和互操作性问题。目前输出文稿为DSP_IS0101_1.0.0(Interoperable Clouds White Paper)。

(4) 网络存储工业协会(SNIA)

网络存储工业协会于1997年在美国成立，由Cisco,EMC等400多家致力于“发展网络存储，确保网络存储成为IT领域完整的、可信赖的解决方案而服务”的企业所组成，是一个基于技术标准确立的中立性组织。目前输出文稿如下：

- The Cloud Data Management Interface(CDMI) V1.0,04,2010。
- Cloud Storage for Cloud Computing V1.0,09。
- Managing Data Storage in the Public Cloud V1.0,10-2009。

(5) 国际标准化组织ISO/IEC JTC1/SC7,SC38,SC32

ISO/IEC下设的3个分委会涉及云计算相关标准的研究和制定，但目前暂无输出文稿。

(6) 欧洲电信标准研究所(ETSI)

欧洲电信标准研究所(European Telecommunications Standards Institute,ETS)将云计算作为2010年的发展战略之一。目前正在更新其工作范围以包括云计算这一新出现的商业趋势，重点关注电信及IT相关的基础设施及服务。欧洲电信标准研究所成员涉及电信行政管理机构、国家标准化组织、网络运营商、设备制造商、专用网业务提供者、用户研究机构等。目前有8篇输出文稿，其中7篇属于网格方面，另外一篇为《电信产业中网格及云计算的互操作性和标准化白皮书》。

国际电气和电子工程师协会(IEEE)近日宣布成立两个工作组，致力于开发云计算标准。这两个工作组分别为P2301和P2302，前者将采用多种文件格式和接口标准，研究云迁移和云管理方面的标准化；后者将尝试定义一系列标准，以确保云服务之间的互操作性。

(7) 美国国家标准技术研究院(NIST)

美国国家标准技术研究院(National Institute of Standards and Technology, NIST)由美国联邦政府支持，进行了大量的标准化工作。美国联邦政府在新一任联邦 CIO 的推动下，正在积极推进联邦机构采购云计算服务，而美国国家标准技术研究院作为联邦政府的标准化机构，就承担起为政府提供技术和标准支持的任务，它集合了众多云计算方面的核心厂商，共同提出了目前为止被广泛接受的云计算定义，并且根据联邦机构的采购需求，还在不断推进云计算的标准化工作。

(8) 云安全联盟(CSA)

云安全联盟(Cloud Security Alliance, CSA)是专门针对云计算安全方面的标准组织，已经发布了“云计算关键领域的安全指南”白皮书，成为云计算安全领域的重要指导文件。

2011年3月，欧盟已经开始关注云计算标准问题。欧盟关注的重点是互操作性，目标是让用户能像更换互联网服务供应商一样更换云服务供应商。

其他的国际云计算标准化组织还包括：因特网工程任务组(IETF)、开放网格论坛(OGF)、开放云计算联盟(OCC)、结构化信息标准促进组织(OASIS)、云计算互操作论坛(CCIF)、开放云计算宣言(OCM)、全球云间技术论坛(GICTF)等。

4.2.4 物联网应用层的标准化

物联网的应用层主要完成数据的管理和数据的处理，并将这些数据与各行业应用的结合。应用层包括两部分：物联网中间件、物联网应用。物联网中间件则是为物联网应用提供基础的公共服务系统的控制平台系统，将许多可以公用的能力进行统一封装，提供给丰富多样的物联网应用。

物联网应用是用户直接使用的各种应用，种类非常多。在智能测量、E-Health、城市自动化、汽车应用、消费电子应用等领域均有相当数量的应用层标准正在制定中，这与传统的计算机和通信领域的标准体系有很大不同(传统的计算机和通信领域标准体系一般不涉及具体的应用标准)，这也说明了“物联网是由应用主导”的观点在国际上已成为共识。

应用层标准根据应用范围可进一步划分：(a)行业应用类标准：基于物联网的行业应用标准，如智能交通、智能电网等标准；(b)公众应用类标准：基于物联网的公众应用类标准，如智能家居；(c)跨行业应用类标准：基于物联网，不只应用于单一行业的标准。

应用层中间件平台标准主要包括控制平台基本能力的标准、控制平台总体架构标准、信息服务开发平台标准等。

以智能电网/计量标准的进展为例，主要的国际组织主要包括 FCC(Federal Communications Commission)、IEEE P2030 项目组和第4任务组(TG4)、欧洲标准化委员会

(CEN)、欧洲电子技术标准委员会(CENELEC)和 ETSI(European Telecommunications Standards Institute)。FCC已开始着手制定美国智能电网标准;IEEE P2030 项目组于 2009 年 5 月 4 日公布了《IEEE P2030 指南:能源技术及信息技术与电力系统(EPS)、最终应用及负载的智能电网互操作性》项目,主要任务是为智能电网制定标准,关注重点是电网信息化与互操作性;IEEE TG4 负责制定智能电网近距离无线标准,目前已制定的智能电网相关标准有 66 项,正在制定中的有 35 项;CEN/CENELEC/ETSI 正在制定欧洲智能计量标准。

4.3 国内外物联网标准化活动现状

4.3.1 国外物联网标准化活动现状

1. ITU-T 物联网标准进展

ITU-T 早在 2005 年就开始进行泛在网的研究,是最早进行物联网研究的标准组织。ITU-T 的研究内容主要集中在泛在网总体框架、标识及应用三方面。ITU-T 在泛在网研究方面已经从需求阶段逐渐进入到框架研究阶段,目前研究的框架模型还处在高层层面。2011 年 2 月,ITU-T 成立物联网全球标准推动组(IoT-GSI)进一步加快了全球物联网标准化工作。

ITU-T 物联网方面的标准集中在总体框架、标识、应用、安全四个方面;相关标准化工作主要分布在 SG13,SG16,SG17 和 SG11 四个研究组。如表 4-6 所示为上述研究组的主要工作重点。

表 4-6　ITU-T 的物联网的标准化工作

ITU 的研究组	主要标准工作内容
SG13	从 NGN 角度对物联网展开研究,重点在于泛在网络需求和架构研究支持标签应用的需求和架构研究、身份管理(IDM)相关研究、NGN 对车载通信的支持
SG16	具体物联网业务应用、物联网标识和解析体系进行研究
SG17	物联网安全
SG11	具体实现和测试方法进行研究

2. ETSI 物联网标准进展

ETSI 采用 M2M 的概念进行总体架构方面的研究,相关工作的进展非常迅速,是在物联网总体架构方面研究得比较深入和系统的标准组织,也是目前在总体架构方面最有影响力的标准组织。

ETSI 专门成立了一个专项小组(M2M TC),从 M2M 的角度进行相关标准化研究。ETSI 成立 M2M TC 小组主要是考虑:目前虽然已经有一些 M2M 的标准存在,涉及各种无线接口、格状网络、路由和标识机制等方面,但这些标准主要是针对某种特定应用场景，彼此相互独立，如何将这些相对分散的技术和标准放到一起并找出不足，这方面所做的工作很少。在这样的研究背景下，ETSI M2M TC 小组的主要研究目标是从端到端的全景角度研究机器对机器通信，并与 ETSI 内 NGN 的研究及 3GPP 已有的研究展开协同工作。

3. 3GPP/3GPP2 物联网标准进展

3GPP 和 3GPP2 也采用 M2M 的概念进行研究。作为移动网络技术的主要标准组织，3GPP 和 3GPP2 关注的重点在于物联网网络能力增强方面，是在网络层方面开展研究的主要标准组织。

3GPP 针对 M2M 的研究主要从移动网络出发，研究 M2M 应用对网络的影响，包括网络优化技术等。3GPP 研究范围为：只讨论移动网的 M2M 通信；只定义 M2M 业务，不具体定义特殊的 M2M 应用。3GPP 对 M2M 的研究在 2009 年开始加速，目前已完成了需求分析，转入网络架构和技术框架的研究。

4. IEEE 物联网标准进展

在物联网的感知层研究领域，IEEE 的重要地位显然是毫无争议的。目前无线传感器网络领域用得比较多的 ZigBee 技术就基于 IEEE 802.15.4 标准。

IEEE 802 系列标准是 IEEE 802LAN/MAN 标准委员会制定的局域网、城域网技术标准。1998 年，IEEE 802.15 工作组成立，专门从事无线个人局域网（WPAN）标准化工作。在 IEEE 802.15 工作组内有 5 个任务组，分别制定适合不同应用的标准。这些标准在传输速率、功耗和支持的服务等方面存在差异。如表 4-7 所示为 IEEE 802.15 工作组的标准化工作划分。

表 4-7　IEEE 802.15 工作组的标准化工作

任务组	标准	主要标准内容
TG1	IEEE 802.15.1	蓝牙无线通信标准，适用于手机、PDA 等设备的中等速率、短距离通信
TG2	IEEE 802.15.2	IEEE 802.15.1 标准与 IEEE 802.11 标准的共存
TG3	IEEE 802.15.3	超宽带（UWB）标准，适用于个域网中多媒体方面高速率、近距离通信的应用
TG4	IEEE 802.15.4	低速无线个人局域网（WPAN）
TG5	IEEE 802.15.5	无线个人局域网（WPAN）的无线网状网（MESH）组网

4.3.2　国内物联网标准化活动现状

总的来说，中国物联网标准的制定工作还处于起步阶段，但发展迅速。目前中国已有涉及物联网总体架构、无线传感器网络、物联网应用层面的众多标准正在制定中，并且有相当一部分的标准项目已在相关国际标准组织立项。中国研究物联网的标准组织主要有传感器网络标准工作组（WGSN）和中国通信标准化协会（CCSA）。

1. 概况

我国传感器网络技术的研究首次出现在 1999 年中国科学院的《知识创新工程试点领

域方向研究》中，几乎与发达国家同步。国家自然科学基金委员会(NFSC)从2002年开始，连续资助了一系列有关传感器网络的研究，此外还启动了“面向传感器网络的分布自分布系统关键技术协调控制理论”和“传感器网络系统基础软件及数据管理关键技术研究”等重点项目。国家重点基础研究发展计划(“973”计划)也于2006年资助了“无线传感器网络的基础理论及关键技术研究”。国家高技术研究发展计划(“863”计划)于2006年开始在信息技术领域的通信专题下资助了10余项探索导向型项目，研究传感器网络的系统级技术；2007年启动了“传感器网络嵌入式芯片设计”等目标导向型项目，进行节点系统关键技术的攻关。此外，科技部“十一五”国家科技支撑计划也部署了相关应用示范项目，以促进传感器网络在环境监测和精细农业等方面的行业应用。《国家中长期科学与技术发展规划》(2006—2020年)在重大专项、优先发展主题、前沿领域均将传感器网络列入，其中重大专项“新一代宽带移动无线通信网”已将其列为重要方向。

这些从基础研究、科技攻关、示范应用等不同层次、不同角度开展的项目，带动和加速了我国传感器网络研究的进程。统计数据表明，截至2008年年底，我国申请的传感器网络相关专利435件。可以说，上述前期探索性研究为我国传感器网络技术的进一步发展进行了必要的技术储备，为国家标准的制定工作奠定了基础。

2009年8月，温家宝总理在无锡视察中科院物联网技术研发中心时指出：“在传感器网络发展中，要早一点谋划未来，早一点攻破核心技术”，江苏省委省政府立即制定了“感知”中心建设的总体方案和产业规划，力争建成引领传感器网络技术发展和标准制定的物联网产业研究院。2009年8月中国移动总裁王建宙访问台湾地区期间解释了物联网概念。

2009年，工业和信息化部李毅中部长在《科技日报》上发表题为《我国工业和信息化发展的现状与展望》的署名文章，首次公开提及传感器网络，并将其上升到战略性新兴产业的高度，指出信息技术的广泛渗透和高度应用将催生出一批新增长点。

2009年，“传感器网络标准工作组成立大会暨‘感知’高峰论坛”在北京举行，标志着传感器网络标准工作组正式成立，工作组未来将积极开展传感器网络标准制定工作，深度参与国际标准化活动，旨在通过标准化为产业发展奠定坚实技术基础。2009年11月，国务院总理温家宝在北京人民大会堂向北京科技界发表了题为《让科技引领可持续发展》的讲话，指出要将物联网并入信息网络发展的重要内容，并强调信息网络产业是世界经济复苏的重要驱动力。在《国家中长期科学与技术发展规划》(2006—2020年)和“新一代宽带移动无线通信网”重大专项中均将传感器网络列入重点研究领域，已列入国家高技术研究发展计划(“863”计划)。

2009年11月，无锡市国家传感器网络创新示范区(传感信息中心)正式获得国家批准。该示范区规划面积20平方千米。根据规划，三年后这一数字将增长近6倍。到2012年完成传感器网络示范基地建设，形成全市产业发展空间布局和功能定位，产业规模达到1 000亿元，具有较大规模各类传感器网络企业500家以上，形成销售额10亿元以上的龙头企业5家以上，培育上市企业5家以上，到2015年，产业规模将达2 500亿元。

按照国家传感器网络标准化工作组的规划，我国将在 2011 年正式向国家标准化委员会提交传感器网络标准制定方案。

2. 国内标准化组织

物联网国内标准化组织主要有电子标签国家标准工作组、传感器网络标准工作组、泛在网技术工作委员会和中国物联网标准联合工作组。

(1) 电子标签国家标准工作组

为促进我国电子标签技术和产业的发展，加快国家标准和行业标准的制定修订速度，充分发挥政府、企事业、研究机构、高校的作用，经原信息产业部科技司批准，2005 年 12 月 2 日，电子标签标准工作组在北京正式宣布成立。该工作组的任务是联合社会各方面力量，开展电子标签标准体系的研究，并以企业为主体进行标准的预先研究和制定修订工作。其组织结构如图 4-4 所示[2]。

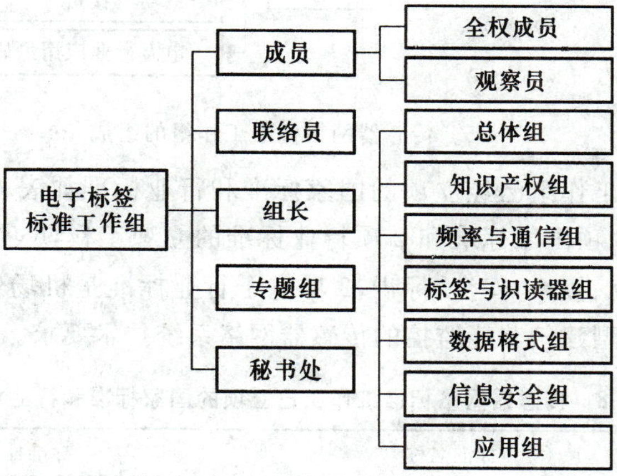

图 4-4　电子标签标准工作组的组织结构

电子标签标准工作组成员单位参与制定的 RFID 标准主要有 GB 18937—2003《全国产品与服务统一标识代码编制规则》、TB/T 3070—2002《铁路机车车辆自动识别设备技术条件》以及在上海市使用的《送检动物电子标示通用技术规范》。

工作组目前已经公布的相关 RFID 标准主要有参照 ISO/IEC15693 标准的识别卡和无触点的集成电路卡标准，即 GB/T 22351.1—2008《识别卡无触点的集成电路卡邻近式卡第 1 部分：物理特性》和 GB/T 22351.3—2008《识别卡无触点的集成电路卡邻近式卡第 3 部分：防冲突和传输协议》。

(2) 传感器网络标准工作组

传感器网络标准工作组是由国家标准化管理委员会批准筹建，全国信息技术标准化技术委员会批准成立并领导，从事传感器网络(简称传感网)标准化工作的全国性技术组织。

传感器网络标准工作是由 PG1(国际标准化)、PG2(标准体系与系统架构)、PG3(通信与信息交互)、PG4(协同信息处理)、PG5(标识)、PG6(安全)、PG7(接口)和 PG8(电力行业应用调研)8 个专项组构成,开展具体的国家标准的制定工作,其组成结构如图 4-5 所示[2]。

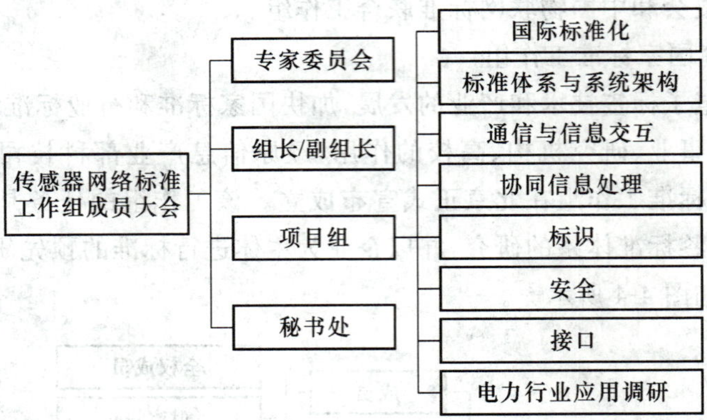

图 4-5 传感器网络标准工作组的组成

传感器网络标准工作组已经立项的国家标准和行业标准如表 4-8 所示。2009 年 12 月,该工作组完成了 6 项国家标准和 2 项行业标准的立项工作,6 项国家标准包括总则、术语、通信和信息交互、接口、安全、标识,2 项电子行业标准是机场传感器网络防入侵系统技术要求和面向大型建筑节能监控的传感器网络系统技术要求。

表 4-8 传感器网络标准工作组已立项的国家标准和行业标准

编号	标准名称	标准性质	完成年限
1	传感器网络 第 1 部分:总则	推荐	2010 年
2	传感器网络 第 2 部分:术语	推荐	2010 年
3	传感器网络 第 3 部分:通信和信息交互	推荐	2010 年
4	传感器网络 第 4 部分:接口	推荐	2010 年
5	传感器网络 第 5 部分:安全	推荐	2010 年
6	传感器网络 第 6 部分:标识	推荐	2010 年
7	机场传感器网络防入侵系统技术要求	推荐	2010 年
8	面向大型建筑节能监控的传感器网络系统技术要求	推荐	2010 年

除了 2009 年 12 月立项的 6 项国家标准,2010 年 1 月,工作组又申报了 4 项国家标准的立项,即传感器网络网关技术要求,传感器网络协同信息处理、智能服务与接口,传感器网络节点中间件数据交互规范,传感器网络数据描述规范,如表 4-9 所示。

表 4-9　传感器网络标准工作组已立项的国际标准和国家标准

编号	标准名称	标准性质	完成年限
1	传感器网络网关技术要求	推荐	2010 年
2	传感器网络协同信息处理、智能服务与接口	推荐	2010 年
3	传感器网络节点中间件数据交互规范	推荐	2010 年
4	传感器网络数据描述规范	推荐	2010 年

(3) 泛在网技术工作委员会

2010 年 2 月 2 日，中国通信标准化协会（CCSA）泛在网技术工作委员会（TC10）成立大会暨第一次全会在北京召开。TC10 的成立，标志着 CCSA 今后在泛在网技术与标准化的研究将更加专业化、系统化、深入化，必将进一步促进电信运营商在泛在网领域进行积极的探索和有益的实践，不断优化设备制造商的技术研发方案，推动泛在网产业健康快速发展。

(4) 中国物联网标准联合工作组

2010 年 6 月 8 日，在国家标准化管理委员会、工业和信息化部等相关部委的共同领导和直接领导下，由全国工业过程测量和控制标准化技术委员会、全国智能建筑及居住区数字化标准化技术委员会、全国智能运输系统标准化技术委员会等 19 家现有标准化组织联合倡导、发起成立物联网标准联合工作组。联合工作组将紧紧围绕物联网产业与应用发展需求，统筹规划，整合资源，坚持自主创新与开放兼容相结合的标准战略，加快推进我国物联网国家标准体系的建设和相关国标的制定，同时积极参与有关国际标准的制定，以掌握发展的主动权。

3. 国内标准化进展

(1) 无线传感器网络技术标准

2006 年，全国信息技术标准化技术委员会成立了传感器网络标准项目组，组织国内的大学、科研单位和企业开展了标准研究工作，对《传感器网络标准体系》、《传感器网络协议栈》、《传感器网络智能传感器接口标准》和《传感器网络安全服务》等标准项目进行了研究。2007 年年底，国家标准化管理委员会正式批准筹建传感器网络国家标准工作组，组长单位是中国电子技术标准化研究所，秘书处单位是中国科学院上海微系统与信息技术研究所。目前，工作组由国内 50 余家成员单位，70 多位专家组成，汇集了包括国内传感器网络领域产学研用的各方力量，旨在整合国内科研院所和产业界的优势力量，共同进行传感器网络国家标准的制定，全面推动传感器网络的产业发展。

在 2009 年 9 月正式成立了传感器网络标准工作组。目前分为以下八个项目组，在 2009 年 12 月份立项了 10 项国家标准和 2 项行业标准，6 项国家标准。其中传感器网络智能服务和接口已经通过了国际标准化组织新工作项目的投票，即将启动国际标准化的制定工作。

我国已成为物联网国际标准化的重要主导力量。首届 ISO/IEC JTC1 国际传感器网络标准化大会(SGSN)于 2008 年 6 月在上海召开,我国联合美国、德国和韩国等推动 ISO/IEC JTC1 于 2009 年 10 月正式成立传感器网络国际标准化工作组(WG7),使我国成为国际传感器网络标准化的主导国之一。2010 年 8 月底,在美国华盛顿举行的 ISO/IEC JTC1 国际传感器网络标准工作组(WG7)会议上,正式确定中国专家担任我国主导提出的第一项传感器网络国际标准《智能传感器网络协同信息处理支撑服务和接口》的主编,并通过了由我国提交的第一版标准草案。同时确定我国多名专家担任传感器网络系统架构部分标准的主编和联合编辑。这意味着中国在总体架构和核心技术层面开始主导传感器网络国际标准的制定。

在 IEEE 802.15 系列标准制定中,我国拥有重要话语权。2011 年,我国 IEEE 802.15.4c、IEEE 802.15.4e、IEEE 802.15.4g 等标准制定取得重要进展,中科院微系统所、无锡物联网产业研究院、嘉兴传感器网络工程中心等提出的标准提案均已顺利进入标准草案,有望成为 IEEE 802.15.4 系列标准的组成部分,此举标志着我国在信息技术,尤其是传感器网络相关领域的国际地位和影响力显著提高。

(2) RFID 技术标准

2003 年 12 月 23 日,由国家标准化管理委员会主办、中国物品编码中心牵头,全国物流信息管理标准化技术委员会承办,在北京举行第一届中国 EPC 联席会。此次会议,统一了 EPC 产品电子代码和物联网的概念,协调了各方的关系,将 EPC 技术纳入标准化、规范化的管理,为 EPC 在我国的快速、有序的发展奠定了坚实的基础。从此,EPC 技术的研究纳入标准化、规范化管理的范畴,EPC 在中国的发展走向正轨。

AUTO-ID 中国实验室依托复旦大学,是 EPC global 下设的六个研发机构之一,其他五个分别是:美国麻省理工大学、英国剑桥大学、澳大利亚阿德莱德大学、日本庆应义塾大学、瑞士圣加仑大学。AUTO-ID 中国实验室的目标是在中国建立开放的 RFID 演示平台,并结合应用中出现的问题进行理论分析和基础研究,为建立 EPC 国际标准和中国 RFID 标准提供参考依据,促进 EPC 和 RFID 技术在中国的应用并与国际接轨。

伴随着市场宣传与推动工作的进展,在国家主管部门的支持和指导下,以自动识别技术领域内的相关企业和人士为主体,我国在 RFID 技术及产业化发展方面做了大量卓有成效的工作。主要表现在:

① 跟踪研究国际 RFID 技术标准 ISO18000 系列,提出了中国 RFID 技术标准的草案,完成了 ISO18000 国际标准转化的可行性论证报告,标志着中国在 RFID 技术标准研究与开发方面前进了一大步。

② 进行国际 RFID 应用标准体系的调查和分析。在体系报告中,列举了国际 RFID 标准化机构和相应的 RFID 国际标准,报告在分析国际和国内无线通信频带分配状况的基础上,提出了国内 RFID 系统 UHF 宜用频段,即 915～935 MHz。该项工作为确定国内 RFID 标准提供了参考依据。

③ 国家无线电监测中心有关 RFID 技术在 900 MHz 频段应用的电磁检测工作已经基本完成，其检测结果将是制定我国 RFID 标准的重要依据之一。

④ 2003 年 2 月国家标准化委员会颁布强制标准《全国产品与服务统一代码编码规则》，为中国实施产品的电子标签化管理打下基础，并确定首先在药品、烟草防伪和政府采购项目上实施。

⑤ 国际标准化组织正式发布了集装箱货运标签系统。这是在物流和物联网领域，首个由我国提出和推动制定，并由 ISO 正式发布的可公开提供的规范。据国家标准委介绍，这个规范的全称为《ISO/PAS 18186：集装箱-RFID 货运标签系统》，它是在我国国家标准 GB/T 23678—2009《供应链监控用集装箱电子箱封应用技术规范》的基础上制定而成的。

⑥ 拥有完全自主知识产权的《汉信码》AIM（国际自动识别制造商协会）标准草案的修改稿已提交给国际自动识别制造商协会，有望成为 AIM 标准。这标志着我国在自动识别技术领域的标准走出了国门。

(3) 云计算技术标准

国内目前开展云计算标准的研究工作的组织主要有：CCSA、中国电子学会云计算专委会、全国信标委 IT 服务工作组、SOA 标准工作组。这些组织目前均处于初始阶段，仅仅跟进并评估了电信领域云计算的影响。

从前面的分析可以看出，国内外标准化组织对云计算的研究从 2009 年起步，关注度逐渐上升，到 2009 年年底呈现井喷趋势。但是，除 DMTF 和 SNIA 分别在虚拟化及云存储方面较为成熟外，大部分标准化组织，特别是国内组织对云计算的标准研究仍处于起步阶段，亟待进一步的研究和改进。

在 DMTF 中，联想已经成为领导层(Leadership)会员，而华为也成为了参与(Participation)会员；联想网御、瑞星、蓝盾已经成为 CSA 的成员；在 IETF 中，中兴公司发起了云计算方面的 BOF 会议；在 ITU 中兴、电信研究院等单位在云计算焦点组，SG13 云计算研究组中发挥着重要作用；在标准化推动组织 The Open Group 中，我国的金蝶软件已经成为董事会成员；电子技术标准化研究所成为 ISO JTC1 云计算标准化工作的发起单位；前不久，中国电信正式加入了全球云计算研发测试平台 Open Cirrus。这些情况表明，我国在云计算标准化方面已经不是一个旁观者，这也为未来我国能够在云计算领域拥有一定的话语权打下了基础。

4. 国内物联网的重要活动

作为未来的重要信息基础设施，物联网一出现就获得广泛关注，相应的学术界和产业界纷纷行动，一些重要活动包括[1]：

- 1999 年，EPC global 联合 100 多家企业成立 IOT 联盟；
- 1999 年，我国中科院上海微系统和信息技术研究所开始相关研究；
- 2003 年，适用于无线传感器网络的 IEEE 802.15.4 无线个域网标准颁布，2006 年再次修订；

- 2004年，基于802.15.4的ZigBee联盟成立，颁布标准，2007年再次修订；
- 2005年，我国开始传感器网络标准化研究工作；
- 2005年11月，在突尼斯举行的信息社会世界峰会(WSIS)上，国际电联(ITU)发布了《ITU互联网报告2005：物联网》，指出，无所不在的“物联网”通信时代即将来临；
- 2007年年底，国际标准化组织ISO/IEC JTC1成立传感器网络研究组；
- 2008年3月26—28日，首次全球Internet of Things 2008 Conference，在苏黎世召开；
- 2008年年底，ISO/IEC成立传感器网络标准化工作组；
- 2009年1月，IBM CEO彭明盛、美国总统奥巴马提出“智慧地球”的概念，其中包括美国要形成智慧型基础设施“物联网”；
- 2009年5月，欧盟发表了题为*Internet of Things-An action plan for Europe*的物联网行动方案；
- 2009年8月7日，温家宝总理到中科院无锡微纳传感网工程技术研发中心视察，提出“尽快建立中国的‘感知中国’中心”；
- 2009年9月11日，中国传感器网络国家标准化工作组成立，工业和信息化部电子工业标准化研究所为组长单位，中科院微系统所为秘书处挂靠单位；现有成员单位80余家。目前工作组分为PG1(国际标准化)、PG2(标准体系与系统架构)、PG3(通信与信息交互)、PG4(协同信息处理)、PG5(标识)、PG6(安全)、PG7(接口)和PG8(行业应用)8个项目组；
- 2009年12月，我国首届“物联网技术与产业发展高层论坛”在北京举行；
- 2010年4月，江苏出台《江苏省物联网产业发展规划纲要》；
- 2010年6月22—23日，中国国际物联网大会于上海环球金融中心举行。

4.4 物联网标准化活动发展趋势

物联网将支持各种各样的数据源和多种设备之间的互相联系，这些联系通过使用标准界面和数据模型来确保在不同系统间的互操作。虽然许多不同标准可能同时共存，但基于语义标准的本体应用使它们之间的映射和互相参照成为可能。标准是对于任何技术的统一规范，如果没有这个统一的标准，就会使整个产业混乱、市场混乱，更多的时候会让用户不知如何去选择应用。从互联网的发展历程来看，统一的技术标准和一体化的协调机制是导致现在互联网能遍布全球的重要原因。标准化体系的建立将成为发展物联网产业的首要先决条件。

物联网是一个多设备、多网络、多应用互连互通、互相融合的一个大网，这里面既有传感器、计算机，又有通信网络，需要把所有这些系统都连在一起，因而，所有的接口、通信协议都需要有国家标准来指引。由于各行业应用特点及用户需求不同，国内目前尚未形成统一的物联网技术标准规范，这成了物联网发展的最大障碍。从技术上讲，物联网应用包括三个层次：一是传感器网络，即以二维码、RFID、传感器为主，实现"物"的识别。二是传输网络，即通过现有的互联网、广电网络、通信网络或未来的 NGN 网络，实现数据的传输与计算。三是应用网络，即输入输出控制终端，可基于现有的手机、PC 等终端进行。由此可以看到，物联网是建立在多种行业、多种标准共存的异构网之上，实现各种不同需要的数据、图像和声音间的通信。而这些成熟的网络如何完成物联网对它的要求，是一个完整的标准体系的问题，标准的制定将是一个长期探索和不断完善的过程。

国际标准方面，物联网的国际标准化工作分散在不同的标准组织。不同标准组织的工作侧重点不同，也有少量重叠和交叉，标准化工作也处于不同的阶段。目前已经积极开展与传感器网络相关的标准化工作的主要标准组织包括 ISO/IEC JTC1 WG7，IT'U-T，IETF，IEEE 802.15，IEEE 1451，ZigBee 等，物联网的标准化是物联网发展的关键要素。

欧盟委员会将会对现有的以及未来与物联网相关的标准进行评估，必要时将推出附加标准。此外，欧盟委员会还将从所有利益方出发，在开放、透明和统一的方式下制定物联网标准，密切跟踪欧洲标准化组织（ETSI，CEN，CENELEC）以及国际标准化组织（ISO，ITU）和其他标准化组织与机构（IETF，EPC global 等）的标准制定。

目前，我国物联网技术的研发水平已位于世界前列，在一些关键技术上处于国际领先。2008 年 6 月，首届 ISO/IEC 传感器网络国际标准化大会在中国召开，中国代表提出的传感器网络体系架构、标准体系、演进路线、协同架构等代表传感器网络发展方向的顶层设计被 ISO/IEC 国际标准认可，已纳入 ISO/IEC SGSN 总体技术文档中。2009 年 10 月，由中国、美国、韩国、德国、法国、英国等国家联合成立了 ISO/IECJTC1 传感器网络标准工作组 WG7。由此，中国与德国、美国、日本等国一起，成为国际标准制定的主要国家，逐步成为全球物联网产业链中重要的一环，同时，我国应尽快着手制定物联网相关标准体系，坚持国际标准和国内标准同步推进的原则，着手研究和制定我国物联网标准，统一技术和接口标准，进一步确立并扩大我国在物联网领域国际标准制定上的发言权。

物联网的标准制定已经被工业和信息化部明确为 2011 年标准化的重点工作。以行业标准带动关键技术标准，逐步演进形成标准体系，以攻克制约物联网产业发展的核心关键技术，推动物联网技术的创新，为提升我国物联网产业发展自主可控能力与竞争力奠定基础。

本章参考文献

[1]　杨震. 物联网及其技术发展[J]. 南京邮电大学学报，2010，30(4)：9-14.
[2]　诸瑾文. 物联网技术及其标准[J]. 中兴通信技术，2011，17(1)：27-31.

[3] 张有光,杜万,张秀春.全球三大 RFID 标准体系比较分析[J].中国标准化,2006(3):61-63.

[4] Montenlgro G, Kushalnagar N, Hui J. Transmission of IPv6 Packets over IEEE 802.15.4 Networks[EB/OL]. http://www.ietf.org/rfc/rfc4944.txt.2007.

[5] 刘鹏.云计算[M].北京:电子工业出版社,2010.

[6] TM Forum[EB/OL]. http://www.tmforum.org/.

[7] 李健.物联网关键技术和标准化分析[J].通信管理与技术,2010(3):17-20.

[8] 李海花,罗松.基于 NGN 的物联网国际标准化现状和进展[J].现代电信科技,2011(5):8-13.

第 5 章　我国的物联网产业、技术和商业模式

5.1　我国物联网发展分析

5.1.1　我国物联网发展历程

2009 年 8 月 7 日，温家宝总理在中科院无锡高新微纳传感网工程技术研发中心考察时指出，至少三件事可以尽快去做：一是把传感系统和 3G 中的 TD 技术结合起来；二是在国家重大专项中，加快推进传感器网络发展；三是尽快建立中国的传感信息中心，或者叫“感知中国”中心。

在 2009 年 11 月 3 日《让科技引领中国可持续发展》的讲话中，温家宝总理再次提出“要着力突破传感器网络、物联网关键技术，及早部署后 IP 时代相关技术研发，使信息网络产业成为推动产业升级、迈向信息社会的‘发动机’”。

11 月 13 日，国务院批复同意《关于支持无锡建设国家传感网创新示范区（国家传感信息中心）情况的报告》，标志着“感知中国”已正式上升至国家层面并进入战略实施阶段，中国物联网产业发展面临着巨大机遇。如表 5-1 所示为 2009 年 8 月—2010 年 8 月中国物联网大事记。

表 5-1　2009 年 8 月—2010 年 8 月中国物联网大事记

日期	事　件
2009 年 8 月 7 日	温家宝总理在无锡关于传感器网络的谈话，掀起了传感器网络的巨大浪潮
2009 年 8 月 24 日	中国移动总裁王建宙在台湾地区反复提及，物联网将会成为中国移动未来的发展重点，并且在上海移动已有了多种应用
2009 年 9 月 11 日	经国家标准化管理委员会批准，传感器网络标准工作组正式组建
2009 年 9 月 21 日	工业和信息化部在贯彻落实十七届四中全会精神的会议中明确提出：“进一步研究建设物联网、传感网，加快传感中心建设”
2009 年 10 月 8 日	无锡向国务院申建“国家传感网创新示范区”，计划中心区域总面积达 20 平方公里，主要由传感网创新园、传感网产业园、传感网信息服务园组成，将在环保交通领域率先应用

续 表

日期	事 件
2009年10月11日	杭州市市长蔡奇强强调，杭州市上下要进一步增强对物联网产业发展的认识，抓住机遇、积极奋进，力争杭州物联网产业走在全国前列，杭州媒体报道“五年后，杭州人要过上物联网的生活。”
2009年10月21日	无锡物联网产业研究院“双子楼”建成，总面积5.5万平方米
2009年10月23日	江苏昆山周庄要全力打造物联网配套传感器产业基地，三至五年内实现产值300亿元
2009年10月26日	江苏省常州市组建新传感器网络产业技术创新联盟
2009年10月27日	工信部部长李毅中在《科技日报》撰文提出，启动“传感器网络”的研发应用，并将其上升到“战略性新兴产业”的高度
2009年11月1日	为了抢占物联网产业制高点，打造中国物联网产业中心，北京市经信委和中关村管委会成立中关村物联网产业联盟
2009年11月3日	温家宝在人民大会堂向首都科技界指出：要着力突破传感网、物联网关键技术，及早部署后IP时代相关技术研发，使信息网络产业成为推动产业升级、迈向信息社会的“发动机”
2009年11月12日	江苏省政府、中科院与无锡市政府共建“物联网研究发展中心”，在无锡新区举行签字仪式。江苏省省长罗志军、中科院副院长江绵恒、无锡市委书记杨卫泽出席，江苏要求举全省之力推进无锡“感知中国”中心建设
2009年11月23日	中国电信物联网应用和推广中心、中国电信物联网技术重点实验室在无锡成立
2009年12月6日	我国网络专家成功开发具有自主知识产权的网络融合技术——工太视讯网络信息服务系统，可实现数据、语言、视讯“三网融合”
2009年12月9日	我国拟于2010年3月在伦敦召开的第一次传感器网器络标准工作组会议上，提交中国的正式标准提案
2009年12月16日	江苏省人民政府、中国电子科技集团公司、无锡市人民政府三家联手，在无锡滨湖区签署了共建合作协议书
2010年1月28日	山东省政府工作报告首次提及推进“三网融合”，加快物联网和云计算的研究。同日，体验“智能社会”，福建试点应用物联网技术，福建已制定三年物联网行动方案，征集物联网项目40多个。另外，工信部副部长奚国华在调研无锡传感器网络后表示，当前要把技术创新、产业化、培养市场三件大事做好，政府要制定规划，制定好标准，构建好服务平台。当日，厦门举行了“无线城市物联网高峰论坛”
2010年2月3日	潍坊物联网研究院成立，标志着潍坊市物联网经济的全面启动
2010年2月5日	上海28家单位共同签署“物联网产业技术创新合作协议”，上海将在几年内致力打造一条完整的高端的物联网产业链。同日，北京召开“感知北京”示范工程首批项目发布会，“感知北京”已写进北京政府工作报告

续表

日期	事　件
2010 年 2 月 7 日	无锡高新区、日本 YPR 研究开发推进协会、野村综研(上海)咨询有限公司三方共同签署合作备忘录，共同推进物联网的发展
2010 年 3 月 2 日	上海物联网中心正式揭牌并启动运营
2010 年 4 月 1 日	工业和信息化部科技司司长闻库在首届物联网应用高峰论坛上表示，为推进物联网产业发展，我国将采取四大措施支持电信运营企业开展物联网技术创新与应用
2010 年 4 月 9 日	江苏出台《江苏省物联网产业发展规划纲要》(2009—2012 年)，明确了未来 3 年江苏省物联网产业发展路径，并确定南京和苏州为重点建设的两个物联网产业支撑区
2010 年 4 月 19 日	成都物联网产业联盟成立
2010 年 4 月 20 日	中国无锡国际物联网峰会暨嵌入式技术创新应用大会在无锡召开
2010 年 4 月 25 日	武汉·中国光谷物联网产业技术创新联盟成立
2010 年 4 月 27 日	上海市经济和信息化委员会发布《上海推进物联网产业发展行动方案》(2010—2012 年)
2010 年 4 月 30 日	福建制定了《福建省加快物联网发展行动方案》(2010—2012 年)；美国硅谷—杭州物联网产业创新中心落户杭州
2010 年 5 月 18 日	中国首个“物联网产业基金”在无锡签约成立，计划总规模 50 亿元
2010 年 5 月 29 日	江苏徐州出台《徐州市物联网产业发展规划纲要》
2010 年 6 月 8 日	中国物联网标准联合工作组在北京成立，以推进物联网技术的研究和标准的制定。工作组由工信部电子标签工作组、全国信标委传感器网络标准工作组、全国智标委等 19 家相关标准化组织自愿联合组成
2010 年 6 月 18 日	福建举行了第八届“6·18”物联网专场签约仪式，共有 4 个物联网合作项目完成，分别是成立闽台物联网合作联盟、物联网鼓楼示范区战略合作框架协议、物联网武夷山示范区战略合作框架协议和闽台 RFID 及 GPS 产品合作项目
2010 年 6 月 21 日	上海首家“物联网产业联盟”在张江高科技园区成立，标志着上海政企联手共同推进物联网的发展
2010 年 6 月 27 日	国内首个“感知中国”物联网产业联盟在无锡新区成立
2010 年 7 月 9 日	北京物联网关键应用技术工程研究中心成立，该中心是在中关村物联网产业联盟的基础上组建，实行独立运营、协同发展的实体研究中心
2010 年 8 月 9 日	中国物联网研究发展中心、中国物联网创新研发中心和中国移动物联网研究院在无锡举行入园、落成及揭牌仪式。同日，新华社江苏分社与无锡签署物联网领域合作框架协议
2010 年 10 月 28 日	2010 中国国际物联网(传感器网络)博览会在无锡举行，新华社发布《2009—2010 年中国物联网年度发展报告》和《2010，物联网发展无锡共识》
2010 年 12 月 17 日	山东出台《山东省物联网产业发展规划纲要》(2011—2015 年)，力争 5 年内实现物联网产业规模超过 2000 亿元

5.1.2 我国物联网发展概况

我国对物联网核心技术之一——无线传感器网络的相关研究基本与发达国家同步，中科院早在1999年就开始从事该领域的研究工作，另外哈尔滨工业大学、清华大学、北京邮电大学、南京邮电大学、西北工业大学、天津大学和国防科技大学等国内高校以及中国移动、华为、中兴等一些国内高科技企业也在从事这方面的研究和应用。据统计，2007—2009年年间国家自然科学基金项目累计设立了百余项无线传感器网络的研发课题。承担的研发单位主要集中在高校、三大通信运营商、中国科学院以及中国电子科技集团所属机构。在国内各省市中，江苏、上海、浙江在物联网的规划和实施方面位于国内领先地位。目前，无锡政府正在大力推动“感知中国”无锡示范区的建设，而北京、重庆、杭州、南京、沈阳等城市也都提出要推动本地区物联网的科技与应用。归纳起来，当前我国物联网产业呈现以下特征：

一是在某些领域国内企业已具备产业化能力。目前，在物联网的三个主要环节上，国内企业均已具有一定产业化实力。在器件设计和制造方面，有美新半导体、中国电子科技集团58所、无锡纳微电子有限公司、西安中星测控有限公司、苏州敏芯微电子技术有限公司等一流传感器公司和设计企业；在网络架构方面，清华大学、中科院上海微系统与信息技术研究所、无锡高新微纳传感网工程技术研发中心在传感器网络系统研究和产业化应用方面代表了国内最高水平；在软件信息处理系统配套方面，有IBM、微软中国研发中心、海辉、大展等机构。

二是国内物联网产业研发以应用导向为主。近年来，国内物联网产业坚持以应用为导向的发展道路，取得了丰硕成果。如中科院无锡高新微纳传感网工程技术研发中心与中科院南京地理与湖泊研究所合作，利用传感技术开展的富营养化监测和蓝藻水华预警项目，已应用于太湖的水质监测；中科院微系统所无线传感器网络技术在“5·12”汶川地震中得到应用，在没有固网和移动网的情况下独立工作，使指挥所能够实时了解灾情和救灾现场的状况；南京邮电大学已研发出监测人体体温、血压和脉搏等生物信息的医疗传感器网络，而其工业控制与监测传感器网络等方面的成果已在南通现代软件研究所等单位应用；国家电网公司结合杭州家和智能控制有限公司所研发的无线传感器网络技术正在“智能电网”的相关应用中进行探索。

除科研院所外，作为企业的代表，三大通信运营商引领着国内物联网产业的应用与发展。三大运营商已有的移动通信、互联网规模使我国成为少数几个具备物联网产业化基础的国家之一。当前，借助国内移动通信升级3G电信网络之机，积极推动机到机应用(M2M)的部署，使得我国物联网产业发展朝着规模化、产业化方向迈进。中国移动从2007年就开始开展M2M业务的部署，并将其全网的M2M运营中心建在了重庆，目前已将M2M服务纳入到了其TD发展规划中，成立了M2M测试中心，推出了终端认证标准及神州车管家、电梯监控、基站监控、危险源监控等系列产品；中国电信从2007年开始建设M2M平台，目前已基本完成，并且在2008年通信展上展示了基于M2M的“智能家居”；中国联通也推出了诸如银行新时空、海洋新时空、物流新时空的行业性M2M应用。

三是物联网产业获得政府大力支持。我国政府非常重视物联网技术应用在国内经济发展和产业结构调整中的作用，通过设立重大研发专项，推动产业标准建设等措施大力扶持相关产业及技术发展。《国家中长期科学与技术发展规划》(2006－2020年)和“新一代宽带移动无线通信网”重大专项中均将与物联网密切相关的传感器网络技术列入重点研究领域，此外在2050年国家产业路线图中也列入物联网的相关内容。2009年9月，由工信部牵头成立了国家传感器网络标准化工作小组，成员包括中国科学院、中国移动等国内传感器网络主要的技术研究和应用单位，任务是加快推进我国传感器网络标准制定工作，目前我国已向国际标准化组织提交了多项标准提案，并被采纳，与德国、美国、英国等一起成为国际标准制定的主导国。2009年10月，国内第一份RFID技术行业应用的指导意见——《关于推动公路水路交通运输行业IC卡和RFID技术应用的指导意见》出台，有助于规范、推动物联网技术在相关领域的产业化应用。2009年11月，江苏省政府、中国科学院和无锡市政府在无锡新区举行“中国物联网研究发展中心”合作共建签约仪式，未来该中心将成为全国传感器网络技术和标准的创新平台与产业培育基地。

四是国内物联网产业化整体水平仍然较低。从总体来看，国内物联网产业化发展仍旧存在一定瓶颈，如传感器、RFID、智能软件等核心器件产品种类不全，且多为中低端产品，在高端产品上缺乏有自主知识产权的企业、产品。以RFID芯片为例，我国RFID企业总数虽然超过100家，但是缺乏关键核心技术，国内企业产品以低频为主，超高频UHF频段RFID芯片市场几乎被国外企业垄断。

鉴于上面的情况，《国家中长期科技发展规划纲要》(2006—2020年)在重大专项、优先主题、前沿技术三个层面均列入传感器网络的内容，正在实施的国家科技重大专项也将无线传感器网络作为主要研究方向之一，对若干关键技术领域与重要应用领域给予支持。

(1) 标准方面

2007年，我国领先于国际启动传感器网络标准化制定工作。2008年，首届ISO/IEC国际传感器网络标准化大会在我国举办。第二次会议上，我国代表ISO/IEC传感器网络标准化工作组向上级做总体报告，提出了传感器网络体系架构、标准体系、演进路线、协同架构等代表传感器网络发展方向的顶层设计，并获得了标准组成员国的认可。我国已成为国际传感器网络标准化的四大主导国(中国、美国、韩国、德国)之一，在制定国际标准中享有重要话语权。

(2) 专利方面

截至2008年年底，国内申请的关于传感器网络的专利数是378件，基础和核心专利分别是10项和211项，分别占整个比重的2.6%和55.8%，外围专利为157项，占整个比重的41.5%。我国物联网领域的专利分布状况与国外情况类似。为了提高我国的物联网研究的核心竞争力，避免知识产权问题成为传感器网络、物联网研究发展的瓶颈，标准、核心技术及产品开发迫在眉睫。

(3) 技术方面

自1999年起,中国科学院相关研究所、高校和部分企业在传感器网络、物联网的许多技术领域已开展科学研究、产业化攻关,支持了从传感器网络、信号传输、信息处理、系统集成和示范应用等多方面的研发和产业化工作,在一些关键技术上实现了突破。

(4) 应用方面

物联网已在我国公共安全、民航、交通、环境监测、智能电网、农业等行业得到初步规模性应用,部分产品已打入国际市场,如智能交通中的敏感传感节点已布设在美国旧金山的公路上;中高速图像传感设备销往欧洲,并已安装于警用直升机;周界防入侵系统水平处于国际领先地位。智能家居、智能医疗等面向个人用户的应用已初步展开,如中科院与中移动集团已率先展开紧密合作,围绕物联网与3G的TD蜂窝系统两网融合的三步走路线,积极推动物物互联的新业务,寻求3G业务的全新突破。

总体看来,我国物联网研究没有盲目跟从国外,而是面向国家重大战略和应用需求,开展物联网基础标准体系、关键技术、应用开发、系统集成和测试评估技术等方面的研究,形成了以应用为牵引的特色发展路线,在技术、标准、产业及应用等方面接近国际水平,使我国在该领域占领价值链高端成为可能。然而,由于不同行业在物联网政策倾向、技术与市场成熟度等方面差别较大,我国物联网的发展并不均衡。

一方面,物联网已在我国公共安全、民航、交通、环境监测、电力等行业初步得到规模性应用。目前国家电网已经采用双向传输的电力线标准。而就智能水表和智能暖气来说,可通过GPRS、CDMA等无线通信标准进行无线抄表,甚至可以采用ZigBee、蓝牙等标准进行人工无线抄表。同时,智能家居、智能医疗等面向个人用户的应用已初步展开。

另一方面,由于区域分布不均衡,以及物联网关键技术攻关与应用示范系统建设尚处初级阶段,像城市智能灾害防控、智能医护等应用才刚刚起步,无论在技术上还是在规模上均有很大的发展空间。

5.1.3 我国物联网产业发展

(1) 我国物联网产业发展政策

物联网技术作为新一代信息技术正在引领新的技术革命和产业革命,对世界各国都是一个发展机遇。面对这一新兴的信息技术,世界各国,特别是主要发达国家,也都相继在物联网研究与探索方面投入重资。2009年1月美国总统奥巴马将物联网列为"在经济繁荣和国家安全两方面至关重要的技术",也将物联网应用从"智慧地球"计划上升到国家战略层面,作为重振经济的法宝。欧洲联盟委员会于2009年6月宣布"物联网行动计划",拟将各种物品如书籍、汽车、家用电器甚至食品连接到网络中,确保欧洲在构建新型互联网过程中起到主导作用。日本则提出U-Japan计划,希望成为世界最先进的ICT国家并领先全球。韩国政府出台了《物联网基础设施构建基本规划》,提出"通过构建世界最先进的物联网基础设施，到2012年打造信息通信融合的超一流ICT强国”。新加坡政府则制定了“智慧国2015计划”，提出利用无处不在的信息通信技术，将新加坡打造成一个“智慧的国家、一个全球化的城市”。温家宝总理在《让科技引领中国可持续发展》的讲话时，提出五个未来中国着力发展的新兴战略性产业方向，其中第二条为：要着力突破传感网、物联网关键技术，及早部署后IP时代相关技术研发，使信息网络产业成为推动产业升级，迈向信息社会的“发动机”。《国家中长期科学与技术发展规划》(2006—2020年)和“新一代宽带移动无线通信网”重大专项中均将传感器网络列入重点研究领域。

(2) 我国物联网产业发展特点

① 政府大力支持

自从温家宝总理考察无锡物联网产业基地以来，各地方政府及主管部门均对物联网的发展予以高度重视。

由工业和信息化部牵头成立的全国推进物联网的部级领导协调小组已经开始运作，计划出台全国物联网基础建设规划以及支持产业发展的一系列政策，加快物联网产业化进程。

2009年，在国家标准化管理委员会和工业和信息化部的大力支持下，全国信息技术标准化技术委员会成立了国家传感器网络标准工作组，并专门设立了国际标准化研究组，进一步加强并统筹安排国际标准化的相关工作。此外，广东省、北京市、无锡市均提出了自己的物联网发展规划，在公共安全、食品安全、城市交通等方面进行应用。

在技术化与标准化方面，中科院、国内高等院校、无锡中国物联网产业研究院以及中国物联网标准化组织，有望在物联网标准和关键技术方面取得突破性进展，一系列重点行业应用产品将被推向市场并逐步开始规模化应用。

行业应用将成为未来几年物联网产业发展的主要驱动力。智能交通、城市安防、智能电网等行业市场成熟度高，这些行业传感技术成熟，政府扶植力度大，在许多城市已经开始规模化应用，市场前景广阔，投资机会大，将成为未来几年物联网产业发展的重点领域；医疗卫生、家庭、个人等领域的智能传感应用则需要较长的时间，技术、标准均有待进一步完善，大多数产品还处于试验阶段，短时间内不会大规模应用。

目前，我国物联网产业化程度并不高，大部分是基础研究，政府在产业规划、政府扶植方面发挥着重大的作用。在物联网国际标准缺失的情况下，如果政府能够积极参与国际标准的制定，将为国内物联网产业发展掌握足够的话语权，并参与抢占全球物联网发展的制高点。

② 运营商争做领头羊

物联网的发展将把电信运营商的业务领域从传统的语音通信领域拓展到物与物、人与物的通信，这将大大增加通信的需求。物联网的推广将促进网络融合的推进，传感器网络与3G技术的结合将使运营商能够提供以前单单依靠移动通信模块所不能提供的业务。因此，运营商有望成为物联网发展的最大受益者。而作为能提供“网”、能支持大量的终端、将海量的数据集中分析的国内三大电信运营商，则无疑在国内物联网产业发展中起到领头羊的作用。目前，三大运营商均在积极部署，把物联网作为未来重要的赢利点。

1. 中国电信

中国电信拥有全球最大的固话网络、全球规模最大的互联网用户群和全球网络规模排名第一的 CDMA 移动通信网络，并在业内较早全面启动了 3G 服务，全业务运营能力获得显著提升。

目前，中国电信正在打造“智慧城市”中的“炫动生活”方面，形成优势应用，开发的物联网应用已超过 10 项，其中，智能家居产品融自动化控制系统、计算机网络系统和网络通信技术于一体，将各种家庭设备通过智能家庭网络连网实现自动化，通过中国电信的宽带、固话和 3G 网络，可以实现对家庭设备的远程操控。而智能医疗系统、智能城市产品、智能环保产品、智能交通系统、智能司法、智能农业产品、智能物流产品、智能校园、智能文博系统、M2M 平台等已经成功为各行各业提供快捷便利的服务。

中国电信还开发出国内第一个基于 IPv6 的物联网应用——农作物温室综合监控系统，并在湖南农科院下属的良种果茶培育繁殖中心进行了实际应用。

2009 年 11 月 23 日，中国电信在无锡成立物联网技术重点实验室，重点开展中国电信有线、无线宽带以及天翼 3G 网络与传感技术融合的技术研究和应用开发，实现远距离应用领域（主要是 M2M）产品和近距离应用领域（主要是传感器网络）产品开发试点与物联网基础关键技术、设备领域研究、物联网应用产品开发及推广支撑工作的结合，实现前后联动，并与当地软件园展开商务和产品开发等诸多层面的产业合作。

（1）中国电信物联网发展历程

2008 年 6 月，上海研究院开始启动物联网的研究；2008 年 12 月，上海研究院成立 M2M 项目组，正式着手物联网技术和产品的研发，以及相关行业应用的预研发；2009 年 3 月，举办中国电信 M2M 产业专题研讨会；2009 年 11 月 23 日，中国电信物联网应用和推广中心、中国电信物联网技术重点实验室在江苏无锡揭牌成立。揭牌仪式上中国电信展示了现有的物联网产品应用雏形，中国电信已经在超过 10 个领域具有物联网产品应用，和众多传感器产品开发商展开合作；2009 年 12 月，中国电信发布 M2M 企业规范，研发出物联网标准模块，为物联网终端及模块的规范化和规模化奠定了扎实的基础，对产业链发展起到了良好的推动作用；2010 年，中国电信加入国家传感器网络标准组织和传感器网络（物联网）联盟，促进了物联网标准和组织在国家层面的快速发展。

（2）中国电信在推进物联网进程中的优势

① 网络资源和用户资源

中国电信拥有“天地一体，固移融合”网络，是全球最大的固定通信网运营公司、全球最大的互联网运营公司、全球最大的 CDMA 网络公司、国内唯一一家拥有卫星通信能力的运营商。基于这样庞大的网络和用户资源，中国电信能够最准确地了解社会信息化需求的方方面面，提供无所不在的网络和服务支撑物联网的发展。

② 技术层面

中国电信在一些技术领域的研发已有所突破，例如，中国电信的 IPv6 技术已进入实用阶段，将 IPv6 和物联网相结合的实验项目也获得成功。在云计算方面，基于中国电信遍布各省的大型主机托管中心，公司已经开始研究和部署云计算方面的工作。在光通信方面，中国电信拥有国内最先进的光通信网络和成功的运营经验，具有大容量、广覆盖、高可靠性的明显优势。

③ 信息化服务方面

中国电信早在 2004 年就着手企业战略转型，从传统的电信运营商转型为综合信息服务提供商。基于转型的需要，中国电信推出了很多社会信息化应用和行业信息化应用项目，积累了丰富的系统集成和信息化服务方面的经验，有着非常明显的技术优势、项目管理优势和人才优势。2004 年开始开发的“全球眼”其实就是物联网的一种应用，这一技术已经广泛应用在城市安全监控、港口监控、网吧监控等数十个行业中，目前已在全国 160 多个城市布放了 30 万个监控点。中国电信天翼“手机支付”业务整合了银行、银联、设备提供商、系统集成商、公共事业部门、各类商家以及终端用户多方资源，在中国电信的整合推动下，移动支付将成为金融信息产业发展新起点。

(3) 中国电信对物联网的探索

中国电信一直致力于物联网领域的探索、研究和产品孵化，经过长期的积累，目前在规范制定、平台建设、终端开发和行业解决方案等方面取得了初步的研究成果，并且在部分技术领域进行了前瞻性的研究。

① 技术和业务规范

• 业务规范

在中国电信集团的指导下，完成 M2M 业务规范的撰写，规范包括业务定义、业务分类、业务特征、业务功能、业务流程、计费结算等各方面，对 M2M 业务的发展具有重要的指导意义。

• 技术规范

中国电信在物联网领域进行了一系列的技术研究工作，完成了《中国电信基于 E.164 寻址的无线 M2M 业务技术规范》的制定工作，规范共分 8 册，包括总体技术要求、终端、模块、平台、平台与终端接口、平台与行业应用系统接口、平台与其他系统接口及平台二级架构内部接口共计 8 个分册。

② MDMS 实验平台

M2M 平台已建设完成，可仿真实现终端接入控制、终端管理、行业应用管理、业务运营管理等功能，并对大量终端的同时使用对 M2M 组网结构和网络产生的影响进行了深入的研究，提出《M2M 小流量业务无线传输处理实施建议》。

③ 终端开发及测试

成功开发内嵌中国电信 M2M 通信协议（MDMP）的 M2M 终端，该终端已实现与平台的成功对接。开发并发布了符合中国电信技术规范要求的标准模块样片，该模块采用统一 AT 命令，统一的硬件接口（尺寸和管脚），目前已有多家主流终端合作厂商开始采用该标准进行模块和行业终端的开发和生产。此外，中国电信物联网团队拥有专业化的测试环境和一只专业化的测试队伍，可对终端、模块和各种设备进行专业和权威性的测试。

④ 行业解决方案开发和推广

中国电信物联网在电力、金融、交通、石油行业进行了深入的研究与开发，并已开发出成熟的行业解决方案，可为电力行业实现居民集中抄表、大用户负控、台区设备监控服务；为金融行业实现通过无线 POS 终端提供数据通道安全和专线等服务；为公交车、出租车、长途客运车辆提供定位、调度、报警、视频监控等服务；为油田提供油井状态和采油机运行状态监控服务。多数解决方案已在浙江、广东、安徽、福建、新疆等地应用。

⑤ 前瞻性技术研究

在物联网前沿技术方面，对物联网网关、多方式融合介入、海量节点 IPv6 寻址、云架构数据处理中心等技术也进行了深入研究。

2. 中国移动

中国移动具有全球最大规模的移动通信网络和数量最多的移动用户，目前中国移动直接用于物联网的终端数量已经超过了 400 万。除了拥有目前全球最成熟的 M2M 应用和最大规模的 M2M 终端用户外，中国移动还是国内唯一拥有 M2M 专用码号资源的运营商，其号码数量已经达到了一亿个。同时，中国移动拥有世界规模最大的用户数据仓库，海量的数据存储和处理需求巨大。因此，自 2007 年起，中国移动就开始进行了云计算的研究和开发。为打造其云计算基础设施，中国移动提出了“大云”计划，进行关键计划研究和系统开发。根据中国移动发展物联网的业务布局，除了应用于电力行业的远程抄表、配输电设备监控外，还展开了重点污染源监控、气象检测、车辆管理、水文监测、物流运输、移动 POS 等业务。

另外，中国移动在业内率先提供了统一开放的 M2M 系统架构，并在该架构下设计了针对无线机器通信的 WMMP 通信协议族，实现了机器之间互连互通；同时，将协议族嵌入到通信模组内，提供标准化的软硬件接口以及二次应用开发环境，实现了 M2M 终端的标准化，并有效降低了成本；通过 M2M 平台实现了 M2M 通信、终端管理和应用开发，使得中国移动的 M2M 通信能力更加智能、便捷、高效。针对工业环境的应用特点，中国移动设计了工业级 SIM 卡的解决方案，有效解决了工业环境下 SIM 卡寿命过短的问题。考虑到未来无线通信技术的发展，中国移动与中科院等合作伙伴率先在业内提出了要针对机器互连应用实现移动网与传感器网络的融合，并规划了从信息汇聚到协同感知，再到泛在聚合的融合策略；与此同时，中国移动积极承担国家物联网相关重大专项课题，有效推动了技术、应用、产业的发展。

目前，通过与产业链各方的广泛合作，中国移动开展了手机支付、物流管理、电力抄表、动物溯源、终端监控、电梯卫士、数字城管、车务通等各类物联网的业务。具体来说，中国移动为南方电网、北京和重庆的电力公司等客户提供服务，实现了 104 万台电表的远程抄表。在江西省电网，对分布在全省范围内的 2 万台配电变压器进行实时监测、实现用电检查、电能质量检测、负荷管理、线损管理、需求侧管理等高效一体化管理，一年来降低电损 1.2 亿千瓦时。在北京、上海、辽宁等地的出租车及公交车上已安装了超过 110 万台终端设备，实现对车辆的管理和调度。在重庆市，为 1 500 万部电梯配备了带有传感器的监控设备，将电梯连接到智能管理系统，当电梯发生故障时，无须乘客报警，电梯管理部门第一时间得到信息，能以最快的速度到达现场处理故障。经过多年的努力，中国移动终端规模达数百万，年均增长超过 80%，预计未来 5 年平均增长率在 60%以上。同时，在物联网的创新与实践中，逐渐形成了一支专业化业务研发与运营支撑团队，并拥有国内最完整的 M2M 技术标准和规范体系以及国内唯一的一亿个 M2M 专用号码资源。

(1) 中国移动物联网应用发展历程

中国移动从 2002 年就开始探索物联网业务的发展，例如，在重庆重钢实施的监控业务，远程获取环境数据；2003—2005 年，中国移动在辽宁成立位置基地，推出了自动售货机等基于物联网应用的产品；2006 年，又成立全网 M2M 的运营支撑中心，并在辽宁推出定位于交通领域的车务通产品；2007 年中国移动制定 WMMP 协议，建设全国 M2M 平台；2008 年，推出电梯卫士、企业安防、数字城管等多个产品；2009 年，形成了 5 大类 18 项移动物联网的产品，如车务通、电梯卫士等；2010 年 2 月 23 日，中国移动与苏州市政府签订了“感知中国”应用中心——苏州项目合作协议，旨在推动物联网产业链发展。8 月 9 日成立中国移动无锡物联网研究院，以物联网业务和行业应用业务为主要研发方向，把标准研究、业务产品规划、关键技术研究、前瞻性产品研发以及产业合作拓展等作为其当前主要工作领域，全力推进物联网技术研究和应用普及。9 月，中国移动重庆物联网增值业务基地落户重庆物联网产业园，目前已在城市物联网、企业物联网、家庭物联网、个人物联网及农村物联网五大类应用方面储备有数字型集约城市、集群通、电梯卫士、城消通、司法矫正系统、路灯监控、危险源监控、数字国土、动物溯源、无线信息发布、自动售货机、企业安防、基站监控、车务通、宜居通、爱贝通、关爱通等十八项物联网产品，对物联网的商务模式进行了有效探索。

(2) 中国移动发展物联网的关键优势

① 中国移动已经在 M2M 产品方面取得显著成果：

全国 31 个省已开通 M2M 业务，部分省公司在 M2M 产品运营和支撑方面取得了一些成绩，已具备一定的网络核心技术支撑力，为物联网发展打下基础；

已在重庆市建立了全网 M2M 产品和支撑平台，并在 M2M 的行业实践和商务合作模式上已经积累了丰富的经验；

制定了终端和平台的协议标准 WMMP，统一终端技术标准，促进了终端的规模化发展和成本降低，促进了物联网产业链的标准化和规范化。

② 中国移动在移动通信领域具备的领先优势(网络、计费结算和服务)，与物联网发

展高度匹配，整体实力将为物联网的发展奠定基础：

- 用户数庞大，覆盖全部高中低端市场；
- 网络覆盖和通信质量已达到较高标准；
- 具备全网的计费结算和运营支撑能力；
- TD 网络质量和技术支撑能力逐步完善和提高，对整个 TD 产业链具备主导性的话语权和协调力；
- 已整合了优质的内容和能力。

③ TD 具有自主知识产权的 3G 技术，将得到政府的扶植和重点行业企业的支持，会极大地促进中国移动在物联网产业链的话语权。

(3) TD 与物联网的结合

2008 年 9 月，温家宝总理在视察江苏时明确指出："把传感系统和 3G 中的 TD-SCDMA 技术结合起来，加快研发新的应用"。"无处不在"的移动通信网络是物联网发展的基础条件，中国移动 TD-SCDMA 与物联网融合发展，既是自主创新和民族产业发展的需要，也是国家安全战略的需要。

中国移动运营的 GSM/GPRS 第二代移动通信网络和具有中国自主知识产权的 TD-SCDMSA第三代宽带移动网络，因其广泛的覆盖、可移动性、双向宽带通信能力，以及可靠的电信级服务质量，为信息可靠、自由传送提供高速公路，使物联网成为普遍服务的基础设施。TD-SCDMA 与传感器网络的有效结合，将使我国有物联网发展的主导权，并在未来发展中处于世界领先地位。

从拓展业务应用空间来看，物联网催生的大量应用，为 TD 带来广阔的应用前景和发展空间；从规避技术成熟度的弱点来看，物联网业务发展初期的数据流量不大，资源占用较小，比较适合作为 TD 发展初期的主要应用；从频率和码号资源的丰富程度来看，TD 丰富的频率资源和物联网专用号码资源，能有效满足物联网广泛的应用需求。因此，将 TD 网络与物联网相结合，无论在技术上和经济上都是最佳组合。

中国移动的发展思路：完善现有网络，发挥 TD 优势，积极推动无线传感器网络与 TD 网络融合，构建适于物联网应用的 GPRS/TD/WSN(无线传感器网络)融合网络，大力发展适于 TD 网络承载的物联网业务，提升 TD 的核心竞争力，给物联网的发展以强有力的支撑。

3. 中国联通

手握 3G 技术性最高的 WCDMA 网络，中国联通已经与全球 60 多个国家和地区 100 多个 3G 运营商开通了国际漫游服务。WCDMA 网络占全球 3G 网的 70%以上，随着国际化合作的加强，这必将使中国联通在物联网的国际漫游信息交换方面有更大的优势。

作为中国较早涉及物联网领域的电信运营商，中国联通建立了物联网的专用通道，在传输过程中将数据加密打包至用户的分析处理平台再进行破解，从而起到了双重保护作用。

目前联通已经在全国建设 11 万个基站，实现了对全国 335 个城市的 3G 网络覆盖。同时，中国联通也与无锡市政府签订合作框架协议，政企联手，共同促进 WCDMA 与物联网的融合，加快物联网建设和传感产业的发展。

4. 当前任务

从总体来看，电信运营商是物联网产业链中的一环。作为产业链的中间环节，运营商希望通过一些案例，吸引上下游的厂商加大投入，从而进一步降低成本扩大应用。在未来，当主动感知、数据处理后回馈控制等应用规模兴起后，智能终端也将更为广泛。由此，再进一步结合嵌入式系统和云计算技术，这也将成为半导体设计、制造行业和 IT 信息服务行业发展的巨大利好。因此，运营商还应当充分发挥自己“调度师”的作用，积极刺激产业链的兴趣，为每一个物匹配相应的终端和网络，同时引入产业链上下游，形成完善的物联网体系。

(1) 试点应用先行

目前，国内物联网发展的产业环境已经初步形成，但鉴于物联网的发展还处于初级阶段，当前主要采用区域试点的方法来逐步推进发展，在试点地区建立一批重点应用的重大专项来推动关键技术研发与应用示范。物联网发展试点的地区主要有江苏、上海、广东、四川、浙江、山东等地。

(2) 技术集群式发展重点突破

物联网市场潜力巨大，物联网产业在自身发展的同时，还将带动微电子技术、传感元器件、自动控制、机器智能等一系列相关产业的持续发展，产生巨大的产业集群效应。

未来物联网产业的核心层面将形成四大产业集群，即共性平台产业集群、行业应用产业集群、公众应用产业集群、运营商产业集群。这四大产业集群构成了与物联网应用关联度最高的产业群体，并将带动传感器、集成电路、软件等相关的一般关联产业群进入高速发展期。

因为物联网产业具有关联度大、渗透性高、应用范围广等特点，诸多细分市场发展不能保持绝对的均衡。按照关联度大小，应该重点培育和发展核心产业，鼓励发展支撑产业，以应用促进带动产业发展是发展物联网产业的核心策略。

5.2 我国物联网市场分析[1]

5.2.1 总体市场发展分析

2009 年我国物联网产业市场规模达到 1 716 亿元，物联网产业在公众业务领域以及平安家居、电力安全、公共安全、健康监测、智能交通、重要区域防入侵、环保等诸多行业的市场规模均超过百亿元甚至千亿元，2010 年中国物联网产业市场规模达到 2 000 亿元。至 2015 年，中国物联网整体市场规模将达到 7 500 亿元，年复合增长率超过 30%，市场前景将远远超过计算机、互联网、移动通信等市场，如图 5-1 所示。

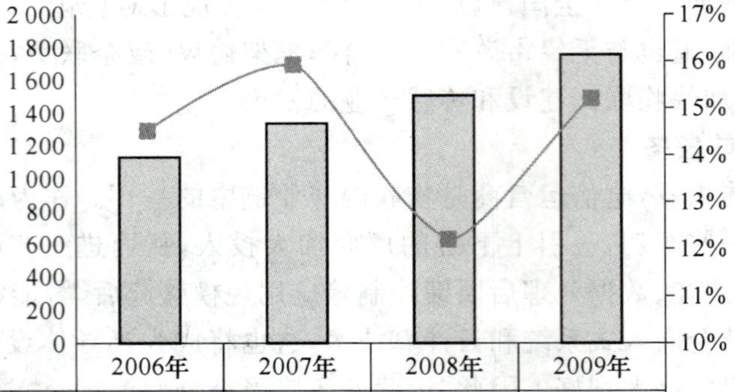

	2006年	2007年	2008年	2009年
市场规模(亿元)	1 144.8	1 326.5	1 489	1 716
同比增长	14.51%	15.87%	12.28%	15.24%

图 5-1　2006—2009 年我国物联网市场规模及增长率

5.2.2　应用市场发展分析

物联网的应用领域极为广泛，本书仅就行业应用类的电力安全监控、安防防入侵、公众应用类的医护领域、农业信息化以及快速消费品监管五大细分市场分析。

1. 电力安全监控

电力行业是关系到国计民生的基础性行业。国家电网公司和南方电网公司的电网发展规划显示，"十二五"期间，我国电网建设总投资将超过一万亿元。

根据电力系统安全监控的要求，物联网可以全面应用于电力传输的整个系统，从电厂、大坝、变电站、高压输电线路直至用户终端。按照 10%左右的安全技术改造资金计算，市场规模可望达到 1000 亿元左右。输电线路塔架、公用变压器和升压变压器、水坝的电力安全监控需求较为迫切。全国输电塔架数量数百万个、变压器数万个、大中型水坝数千个，其中的市场容量将在百亿元级以上。

2. 安防防入侵

重要区域和场所的围界防入侵技术应用涉及到社会的方方面面。一些重要单位和要害部门，如机场、核电站、军事设施、党政机关、国家的动力系统、广播电视、通信系统、国家重点文物单位、银行、仓库、百货大楼等的安全保卫工作极为重要，也是安全防范技术工作的重点。然而，无论对于几十千米的机场围界还是对于几千米的小区围界，仅仅靠人为的巡检是不可能实现的，要保障这些场所的安全就必须采用先进的无人值守技术，实现及时报警、及时控制的实时远程监控。

安防防入侵的应用范围广阔，仅以机场为例。目前全国机场数 477 个，其中大型中型机场约 100 个，按照每个机场建设 10～20 km 围界计算，市场容量将在 50 亿元以上。保守估计，重要区域防入侵围界未来推广空间巨大，市场前景广阔，市场规模在数千亿元以上。

3. 医护领域

医护领域的物联网应用主要在人体的监护和生理参数的测量等方面，可以对人体的各种状况实时监控，将数据传送到各种通信终端上。各种传感器可以把测量数据通过无线方式传送到专用的监护仪器或者各种通信终端上，如 PC、手机、PDA 等。人体表面或者内部大约可以部署 10～20 个各类传感器。据测算，每在疾病预防上投资一元，可以在将来节省数十元乃至上百元的医疗开支。开展基于物联网的医护应用建设，具备很好的社会效益和经济效益。随着我国对健康与安全问题日益关注，面向老人和儿童的个人健康监护市场需求将不断扩大。国家《关于全面推进居家养老服务工作的意见》明确提出了“十一五”期间城乡居家养老服务工作的目标任务。《中国儿童发展状况报告》显示，因监护不力造成的意外伤害成为目前我国 14 岁以下儿童的第一位死因。若每位儿童通过传感器网络技术实现儿童监护费用为 200 元/年，如果其中 10%的儿童采用，将产生 50 亿元市场规模。根据《我国城市居家养老服务研究》显示，在“十一五”期间，中国城市居家养老、护理服务的潜在市场规模超过 700 亿元，2010 年增加到 1 300 亿元。

4. 农业信息化

现代农业是构建在农业信息化和智能化的技术应用上的。它通过 GIS 与 GPS，RS，以及因特网的集成，使农业生产的精细化、远程化、虚拟化、自动化成为可能，实现农业相关资源信息的搜集、监测和分析，为政府管理部门、农业生产部门、农业生产者提供及时有效、准确可靠的资源管理和决策支持服务。

截至 2009 年年底，全国 333 个地(市)中已有 260 个设立了农业信息服务机构，占地(市)总数的 78%；全国 2 800 个县(市、区)中有 1 210 个设立了农业信息服务机构，占总数的 43%；全国 43 000 多个乡镇中，有 7 000 多个建立了信息服务机构，占乡镇总数的 18%。此外，近年来各级农业部门对信息体系建设的投资不断增加，全国省、地、县三级农业部门在信息网络建设方面的投资已达 4.12 亿元，其中省级 1.18 亿元、地(市)级 1.22 亿元、县(区)级 1.72 亿元。

运用智能的物联网 M2M 技术，使得生产高附加值的生态农业和循环农业成为可能，而生态农业和循环农业带来的收益将会是传统农业产值的数十倍。以目前改造和建设全国范围内生态农业大棚和循环农业物流为例，建设多样化的农业信息平台，整合与农业相关联的物流、运输、监管、经济作物和肉禽加工等产业链经济，通过物联网的手段实现与农业智能化的无缝衔接，其中蕴藏的市场商机将是十分巨大的。

5. 快速消费品监管

物联网和其他 M2M 相关技术的发展，可对快速消费品从原材料生产、运输、仓储，到生产加工、渠道管理及市场销售等领域实现透明化监管，全面监测其从原料到产品再到消费者手中的各个环节。

目前，工业和信息化部主导的《物联网产品“十二五”规划》的基本架构已经成型。“十二五”期间，国家不会指定大型企业进入物联网产业进行产业推动，而是将细分领域的具体应用项目进行公示,鼓励有实力的民营企业和研究机构申请。此举意味着物联网产业将向民营企业敞开大门。国家对物联网产业发展给予了高度重视,根据国家“十二五”规划纲要,智能电网、智能交通、智能物流、智能家居、环境与安全检测、工业与自动化控制、医疗健康、精细农牧业、金融与服务业、国防军事是我国物联网产业重点发展的十大领域。

未来5年,我国将先行发展智能交通、智能环保和精细农牧业这三大领域,并有可能进一步推出相关的扶持政策和资金支持。“十二五”期间,我国的物联网仍处于示范应用阶段,产业发展思路应从部分领域寻求突破,进而带动上下游产业链,然后逐渐扩大到更多领域。

5.2.3 产业链各环节市场发展分析

1. 芯片与技术领域发展现状

(1) 中国物联网芯片还无法实现量产

物联网芯片的设计本身有非常专业的要求,最终要通过严格的性能测试,芯片生产出来和大规模量产是差距非常大的两个概念,无法量产,则不能实现资源的最大化应用。由于标准的缺失,处理芯片需要根据不同的需求和应用进行定制开发,另外,由于跨行业较多,不同行业标准不同也导致芯片在处理跨行业的需求时要花费大量的时间进行二次开发。

(2) 我国第一颗 2.4 GHz 超低功耗射频可编程片诞生

2009 年,西安优势集团推出的“唐芯一号”是我国第一颗 2.4GHz 超低功耗射频可编程片上系统,该芯片集射频无线收发、数字基带、数据处理于一体,可以作为包括无线传感器网络、无线个域网、有源 RFID、短距离无线互联系统等在内的物联网产业链上的核心,“唐芯一号”核心芯片填补了国内的空白。

(3) 中国首颗手机传感芯片问世,打破国外垄断

2009 年 12 月,上海芯片企业深迪半导体宣布,国内第一款具有中国自主知识产权的商用 MEMS 陀螺仪诞生,这是国内首颗手机传感器芯片。全球陀螺仪芯片市场销售额一年近 20 亿美元,中国市场占 1/3 左右,但此前我国的陀螺仪全部为进口,该传感芯片的问世使得国内众多消费电子厂商一直以来完全依赖进口陀螺仪芯片的局面即将被打破。

2. 软件与应用开发商市场发展现状

(1) 应用还处于示范阶段,软件产品还不是开发重点

目前中国物联网重要技术 RFID 应用多处于示范验证阶段,规模应用还没起来,而且 RFID 应用上较复杂,与企业应用结合紧密,面向企业的应用个性化强,而且,开发的多是应用解决方案,还不是 RFID 软件产品。

(2) 软件产品个性化居多,产品化难度大

目前,国内物联网软件应用规模小,应用行业有限,因此,国产 RFID 等软件目前还是个性化居多,导致软件产品化难度较大。

(3) 物联网软件产品多是将关键技术纳入现有中间件产品中

从国内外的 RFID 软件产品看，多是将 RFID 技术纳入其现有中间件产品的软件体系中，RFID 作为可选子项，如 IBM 将 RFID 纳入 WebSphere 架构，SAP 在 NetWeaver 中增加 RFID 功能。这种在现有产品基础上开发 RFID 模块的方式，优点是开发工作量小、技术成熟度高而且产品集成性好；缺点是使得 RFID 中间件产品变得庞大，推出“套餐”价格高，不便于中小企业低成本轻量级应用。

(4) 技术产品落后，高端市场国内厂商无法与国外公司竞争

目前在高端市场，国内厂商很难与国外公司竞争，但可以研制高端软件，来与国外中低端软件抗衡。通过 RFID 攻关项目，推动国产软件产品水平的提高，实现软件组件可拆分、可配置，提供核心产品模块和二次开发接口，增强接口描述能力。

3. 系统集成市场发展现状

(1) 技术相对成熟领域系统集成商数量较多

中国目前进入物联网集成市场的企业数量较多，以现阶段主要市场——RFID 市场来说，目前中国从事 RFID 系统集成的企业数量已超过千家，其中 13.56 MHz RFID 的系统集成技术成熟，厂商众多，而技术相对国外落后的 UHF 段 RFID 系统集成厂商则较少。

(2) 系统集成商各具优势服务和行业特性

RFID 系统集成商提供一系列的服务，从简单的即贴即送方案到硬件/软件选择、安装、产品测试、将 RFID 数据集成到企业软件和仓库管理系统、项目管理和产品包装研发。不过并不是每个系统集成商都会提供所有的服务。有一些在数据集成或许在硬件测试方面比较专业，而另一些则在商用航空业或医疗保健品等垂直行业很有经验。

(3) 各行业应用需求推动物联网集成商发展

从早期的门禁、安防系统，到现在的供应链管理、生产线管理等应用，物联网系统集成的覆盖面正越来越广，物联网产品和技术的应用也逐渐渗透到各个领域，物联网在不同行业应用的普及反过来又很大程度上对集成商的发展起到了推动作用。

(4) 政府主导项目是近年来系统集成产业主要推动力量

近几年，随着一些政府主导的大型 RFID 系统集成项目的展开，为该产业提供了巨大的发展空间，例如，二代身份证、校园一卡通、交通一卡通的普及及铁路、军事方面的运用。另外，一些纯商业化的 RFID 应用市场在中国也在逐步兴起，虽然目前其规模普遍较小，但是它也将是助推未来中国 RFID 系统集成产业的快速增长的主要动力之一。

(5) 多数集成商角色由软硬件设备商承担

在物联网发展现阶段，在各个行业间有很强的专业性，技术范围比较集中，各行业间的联系也不多，物联网应用系统还比较简单，很多设备提供商既提供设备又提供解决方案，随着行业信息化和物联网产业的发展，未来 3～5 年，各行业间应用的关联性会提高，涉及的物联网技术和产品的范围和数量的增加会要求有全面的系统解决方案

提供商，专注于细分行业的设备提供商将难以提供全系统解决方案，专业的系统集成商将应运而生。

(6) 国内系统集成商多不具有自己核心技术

目前，国内有上千家的条码或自动识别企业，但基本上都是系统集成商，系统集成商的赢利模式是：代理各个设备商的数据采集设备和底层软件，然后提供各种行业的数据采集解决方案。

4. 应用设备市场发展现状

(1) 市场表现企业分散、规模小、创新能力不足

标准制定的价值正是体现在把技术固化为标准，然后推动产业。同样，因为标准的缺失，使得市场表现分散、规模小。就传感器产业来说，中国的传感器产业已经做了10多年时间，但企业规模都较小，国内企业通常使用 ZigBee 标准，进行一些简单的集成应用，这是一个很低层次的应用，这个标准是有许多缺陷的，而且一直没有被国际所承认。另外，正是因为标准的缺失，使市场具有很多不确定因素，也相应地增加了市场风险，无法吸引大企业进入。由于进入物联网设备领域的企业基本都是中小型的企业，本身资金实力就比较薄弱，再加上要维持企业的运营，无法拿出大量资金投入到技术研发当中，这大大限制了企业的技术创新能力。

(2) 可靠性的提高是物联网技术研究上面临的重要问题

物联网是由大量的机器构成，缺少人对设备的有效监控，并且具有数量庞大，设备集群等相关特点，这导致了物联网除了面对移动通信网络的传统网络安全问题之外，还存在着一些与已有移动网络安全不同的特有的安全问题，涉及到设备层面有以下问题。

① 物联网机器/感知节点的本地安全问题

由于物联网的应用可以取代人来完成一些复杂、危险和机械的工作。所以物联网机器/感知节点多数部署在无人监控的场景中。那么攻击者就可以轻易地接触到这些设备，从而对它们造成破坏，甚至通过本地操作更换机器的软硬件。

② 感知网络的传输与信息安全问题

感知节点通常情况下功能简单(如自动温度计)、携带能量少(使用电池)，使得它们无法拥有复杂的安全保护能力，而感知网络多种多样，从温度测量到水文监控，从道路导航到自动控制，它们的数据传输和消息也没有特定的标准，所以没法提供统一的安全保护体系。

③ 核心网络的传输与信息安全问题

核心网络具有相对完整的安全保护能力，但是由于物联网中节点数量庞大，且以集群方式存在，因此会导致在数据传播时，由于大量机器的数据发送造成网络拥塞，产生拒绝服务攻击的问题。安全问题关系到应用的推广和普及，以及规模化应用，是目前物联网技术研究上面临的重要问题。

(3) 企业重推各自标准，对产业发展有一定的阻碍

现在大多数 RFID、二维码、无线传感器、采集设备公司缺乏 M2M 以及网络融合的概念，没有统一标准以及相应的远程控制管理平台，在行业应用上还比较落后。中国的原始设备制造商和消费者都有 M2M 应用的需求，许多公司在产品设计、推广上都在推自己的企业标准，建立自己的壁垒避免竞争对手进入各自的领域，造成业务应用、市场扩展、规模化发展上的一个很大的障碍。

(4) 设备成本下降将推动物联网技术普及

由于国内相关产品技术水平不高，需求不大，无法规模化量产等原因，物联网相关设备成本长期居高不下，以 RFID 标签为例，仅一个 RFID 电子标签的价格，从几角到几十元钱不等，是条形码价格的几十倍、上百倍。巨大的成本差距，严重阻碍了 RFID 技术的普及。随着相关研发企业的持续投入和需求的上升，相关设备成本必然会呈下降趋势。目前 RFID 标签成本已经明显降低，在一些高价值产品的细分市场中，成本已不再是主要问题，成本的降低将有效推动物联网产业发展。

(5) 采购供应链的信息化或信息共享程序低，限制规模化发展

现阶段国内的 RFID 应用分为两个层次，一是在闭环系统内部应用；二是在开放系统中应用，目前 RFID 技术的应用还主要是在闭环系统（如企业或单位内部）内应用，使用独立的一套设备、频率、流程和编码标准体系。但 RFID 技术的优势是建立在信息共享机制之上的，从上游到下游，可信息共享的链条越长，RFID 应用越具价值。目前中国采购供应链的信息化或信息共享程度还很低，未来将向外部拓展，成为一个开放式的信息共享链条。

(6) 当前国内物联网设备市场的主要产品是前端设备

物联网前端设备包括标签、阅读器、智能卡等，由于需求量大、技术门槛低，是当前国内物联网市场的主要产品。

5. 电信运营商市场发展现状

(1) 电信运营商早有物联网业务的开展

早在几年前，国内三家运营商就已经开始的视频监控、智能交通等业务可以说就是物联网的应用，2009 年以来，各个国家对物联网的高度关注，物联网在各国国家战略地位的确定，以及国内高层领导人和业内优势企业的积极回应和支持，使得运营商对相关业务的重视和投入也有所提高，并加大了对原有物联网业务的投入以及推广力度。

(2) 电信运营商紧追物联网发展脚步

2009 年，随着物联网概念在各大媒体的曝光，运营商也作出了积极响应。中国移动的董事长王建宙多次在公开场合表明对物联网价值和前景的信心，并以政协委员的身份，围绕物联网未来的发展，提出了主题为“发展物联网，推动信息化”的提案。另外，三家运营商都在 2009 年以来加紧了在交通、安防等行业中与产业链各方合作关系的建立。

(3) 运营商将 M2M 视为物联网的核心应用

电信运营商 M2M 市场的优势网络、用户、渠道优势明显，而话音市场的饱和等因素也促使电信运营商向 M2M 方向转移。随着 M2M 市场的进一步发展和成熟，将有越来越多的电信运营商以各种商业模式进入 M2M 市场，未来几年将在 M2M 市场占据主导地位。

5.2.4 产业规模分析

当前，物联网产业包括感知设备制造产业(传感器、RFID 设备)、通信网络产业(移动通信网、互联网)、应用服务产业(云计算)。

1. 射频识别

2009 年，我国的射频识别(RFID)市场规模达 85.1 亿元，同比增长 29.3%，在全球居第三位，仅次于英国和美国。研究显示，2010 年中国射频识别的市场规模为 117.7 亿元，比 2009 年增长 38.3%。由于中国经济增速回升，已基本走出国际金融危机的影响，而且受中国从国家战略层面推动物联网发展的带动，2011 年中国 RFID 市场规模增速还会明显上升。未来几年，在政府和行业管理机构的推动下，随着相关标准的逐步建立，产品成本将进一步降低，技术越来越成熟，行业应用越来越广，中国 RFID 产业将会快速发展，市场规模将会保持持续较快增长。

射频识别在应用市场的表现不俗，如果说 2008 年的奥运会门票开启了 RFID 电子门票应用的元年，那么，2009 年的世博会将 RFID 电子门票的价值更进一步深化、丰富和提升。将 RFID 技术与手机结合，在场馆内多处应用 RFID 技术，是世博会非常吸引人的亮点。在奥运门票、世博门票的带动下，全运会门票、各类大型重要活动的门票，都在开始采用 RFID 技术，以 RFID 技术为核心基础的电子票证市场正在形成。

2009 年 RFID 技术在交通领域的应用得到了更进一步的深化和推进，交通领域是 RFID 应用的典型市场之一，已成为行业用户和 RFID 企业的共识。交通部确立的两个射频识别技术应用领域国家信息化试点项目：天津港基于 RFID 的集装箱陆运作业流程改造项目和上海港中美集装箱电子标签国际航线应用项目，对港口物流业和国内射频识别在交通领域的应用带来了积极的影响。经过几年的努力，交通行业已经深刻地意识到作为物联网的基础，传感技术、RFID 技术在交通运输行业有着非常广泛的应用，在高速公路联网收费、不停车收费、多路径识别、道路运政管理、水路运政管理、港口管理及海事管理等方面都有着广阔的应用需求和应用前景。

射频识别在酒类防伪中的应用也开始令人兴奋。2009 年年初，五粮液启动了电子标签防伪项目，电子标签防伪在高档酒类产品中的应用，得到广泛关注。继五粮液之后，各酒厂都开始纷纷计划尝试这一新型防伪技术。酒类防伪在 2009 年是一个刚刚启动的阶段，但未来将有着巨大的发展空间。

此外，射频识别在城市一卡通、食品追溯、图书馆、医疗等行业的应用，也进一步得到了推进。业界一直期待的应用市场正在一步步打开，相信未来一定会有更多的进展。

2. 传感器

传感器是物联网的重要部件。它以其技术含量高、经济效益好、渗透能力强、市场前景广等特点为世人瞩目。

从世界范围来看，全球传感器市场正在以持续稳定的增长态势向前发展。东欧、亚太区和加拿大成为传感器市场增长最快的地区，而美国、德国、日本依然是传感器市场分布最大的国家。就世界范围而言，传感器市场上增长最快的依旧是汽车市场。从 2004 年到 2009 年，全球车用传感器以 9%左右的速率增长，2008 年市场需求量约为 14.87 亿个。

近年来，我国传感器市场保持了较快的发展态势，增长速度超过 30%。2009 年我国传感器主要应用于工业、汽车电子产品、通信电子产品、消费电子产品专用设备等领域，其中工业和汽车电子产品占市场份额的 42.5%，市场规模达到 138.9 亿元。

消费类用传感器是我国传感器市场未来发展的重点，MEM 传感器加工成本降低，将在家用电器中普及，新一代信息家电、办公用信息产品的需求，将进一步加速消费类市场的繁荣势头。未来传感器市场需求的产品结构将向着增加投资类产品的比例发展。原因如下：汽车工业的持续发展促进国产传感器加快进入市场；各工业部门为节约原材料、降低能耗、提高经济效益，将大量采用工业过程控制传感器；环保过程中所需各类传感器的需求会愈加旺盛，尤其是我国投入 4 万亿元用于基础建设项目以及应对国际金融危机采取的防范措施等重点工程，无疑会大幅度促进传感器的需求增长；农业、医疗卫生以及仪器检测用传感器等也将是广阔的新市场；此外，力学量传感器、湿度传感器、光传感器、磁传感器、生物传感器、温度传感器的主要品种的产业化也逐渐成熟，我国传感器市场空间将进一步扩展。

(1) 我国传感器产业市场规模及产量

2009 年，中国传感器市场规模约为 409 亿元，同比增长 20.65%，如图 5-2 所示。

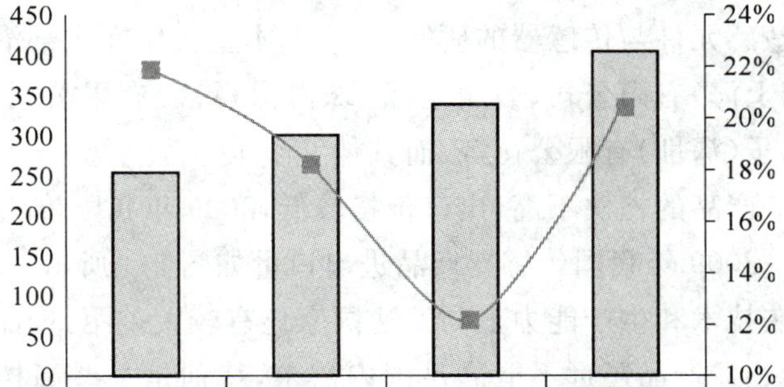

	2006年	2007年	2008年	2009年
市场规模(亿元)	255	302	339	409
同比增长	22.00%	18.43%	12.25%	20.65%

图 5-2　2006—2009 年我国传感器市场规模及增长率

2009 年我国传感器产量达到 36.5 亿个，同比增长 9.94%，2010 年我国传感器产品产量达到 42.6 亿个，同比增长 16.71%。预计到 2013 年产量达到 74.35 亿个，同比增长 16.9%。预计我国半导体传感器市场份额会继续增加，而以 MEMS 为基础的智能化传感器和具有总线能力的传感器将会成为市场的主流，如图 5-3 所示。

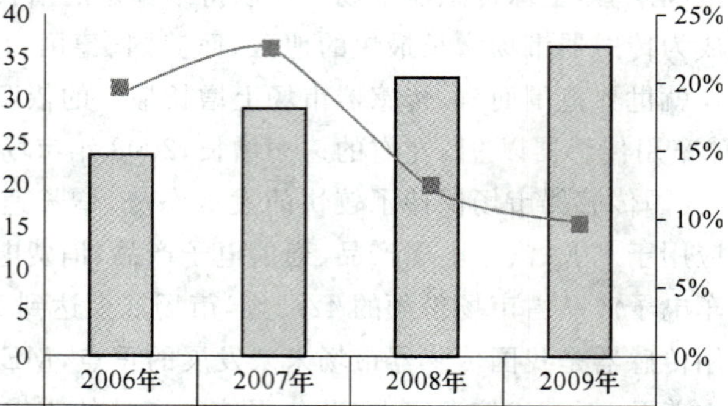

	2006年	2007年	2008年	2009年
产量(亿个)	24	29.42	33.2	36.5
同比增长	19.79%	22.58%	12.85%	9.94%

图 5-3　2006—2009 年我国传感器产品产量及增长率

(2) 2009 年传感器产业进出口情况

目前我国有 455 家从事敏感元件及传感器生产的厂家，而整个产业链上下游所涉及的企业更是多达 1 400 多家，传感器年产量突破 36 亿个，呈现出良好的发展事态。

全球传感器种类约有 2 万种，而国内仅有 3 000 多种，尚有大量的品种短缺，一些高档传感器仍然主要依赖进口。2009 年我国传感器产品进口量增长到 171 万套。目前国内能批量生产的传感器产品涉及光敏、电压敏、热敏、力敏、气敏、磁敏和湿敏七大类，约 3 000多个品种，年销售量较高的企业集中在北京、上海、江苏、陕西、广东、浙江等省市。

我国敏感元件与传感器的研制、生产基本上集中在东部沿海地区，产量较大的企业包括欧姆龙(上海)有限公司、爱科电子(珠海保税区)有限公司、杭州大和热磁电子有限公司、精量电子(深圳)有限公司等，而其他 95%以上属小型企业，综合实力较强的骨干企业较少。出口产品的档次不高，出口价格较低，2009 年我国传感器产品出口量为 133.38 万套。2006—2009 年我国传感器产品进出口量如图 5-4 所示。

由于在技术和生产能力上同发达国家还有较大差距，产品技术档次低，品种规格不齐全，国内传感器产品还远不能满足国内需求，特别是一些高档次传感器、MEMS 传感器、汽车用传感器以及专用配套传感器等，仍然主要依赖进口。2006—2009 年我国传感器产品进口量及增长率如图 5-5 所示。

中国传感器市场被西门子、博世、霍尼韦尔、欧姆龙、精量电子等国际传感器供应商巨头占据半壁江山。根据统计，中国敏感元件及传感器的进口额从 2004 年的 14.26 亿美元迅速增长到 2006 年的 23.72 亿美元，2009 年达到 50 亿美元。更严峻的是，进口额占国内市场需求份额从 2004 年的 76.7%上升到 85.9%。我国传感器产品进口量从 2006 年的 108 万套增长到 2009 年的 171 万套。2006—2009 年我国传感器产品进口价格走势如图 5-6 所示。

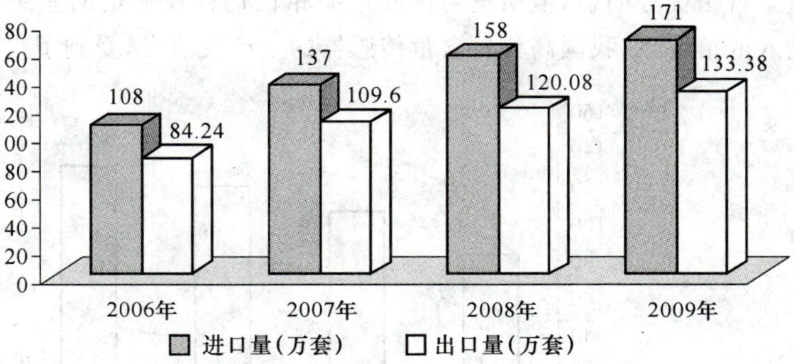

图 5-4　2006—2009 年我国传感器产品进出口量

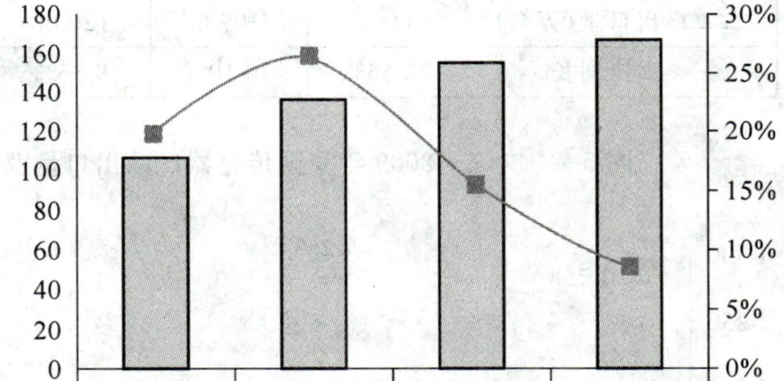

	2006年	2007年	2008年	2009年
进口量(万套)	108	137	158	171
同比增长	20.59%	26.85%	15.33%	8.23%

图 5-5　2006—2009 年我国传感器产品进口量及增长率

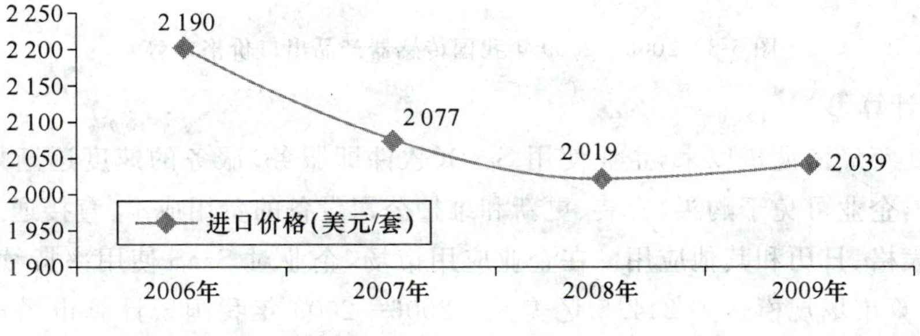

图 5-6　2006—2009 年我国传感器产品进口价格走势

2006 年我国传感器出口量为 84.24 万套，同比增长 22.55%。到 2009 年我国传感器出口量为 133.38 万套，同比增长 11.08%，如图 5-7 所示。

2006—2009 年我国传感器产品出口价格走势如图 5-8 所示。

我国传感器出口产品多为中、低档传感器，产品出口量较大，但是，出口价格较低，虽然在产品出口上价格优势明显，但质量与国外产品相比仍存在一定的差距。在国际传感器巨头纷纷进入的情况下，我国高科技含量传感器的生产及研发，受到了很大的威胁。

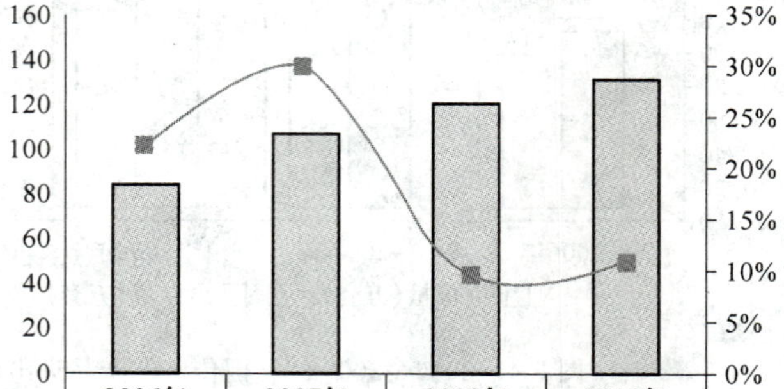

	2006年	2007年	2008年	2009年
出口量(万套)	84.24	109.6	120.08	133.38
同比增长	22.55%	30.10%	9.56%	11.08%

图 5-7　2006—2009 年我国传感器产品出口量及增长率

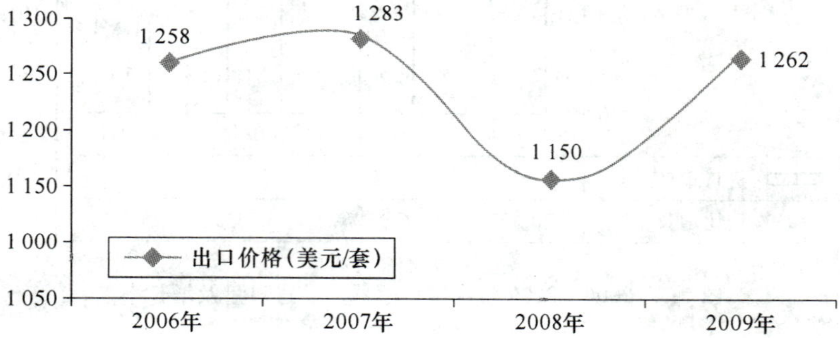

图 5-8　2006—2009 年我国传感器产品出口价格走势

(3) 云计算

自 2008 年经济危机以来，企业使用 SaaS(软件即服务)服务的速度逐渐加快。通过云计算服务，企业可免于购买、安装、更新和维护公司设备的费用成本，直接通过在线软件使用文本、表格、日历和其他应用。在企业应用市场，企业对 SaaS 使用率持续增加，2009 年国内云计算市场规模达到 244.5 亿美元。2006—2009 年我国云计算市场规模及增长率如图 5-9 所示。

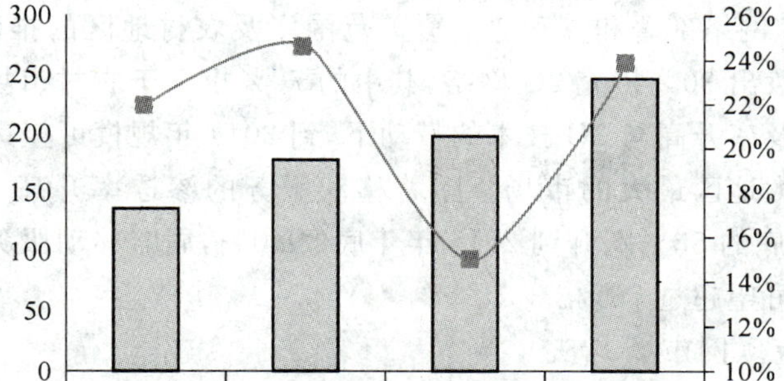

	2006年	2007年	2008年	2009年
市场规模(亿美元)	138	172.2	197.7	244.5
同比增长	21.80%	24.78%	14.81%	23.67%

图 5-9　2006—2009 年我国云计算市场规模及增长率

2010 年云计算技术将从概念层面逐渐走向应用层面。许多研发公司如谷歌、微软、IBM,已经将云计算作为新的战略核心,并探索其企业级、社会级的应用。Amazon 的 AWS、Sun 的存储云、IBM 的"蓝云"以及其他厂商所共同倡导的云计算,正在为整个业界提供所需要的存储资源和虚拟化服务器等应用,将帮助企业把内存、I/O、存储和计算容量通过网络集成为一个虚拟的资源池来使用。埃森哲则主要帮助客户制定云计算的策略,并通过与微软、Amazon Web Services 等合作,为客户建立云能力的应用。云计算从技术上讲已趋于成熟,但还缺乏成熟的商业模式。厂商要赢利,客户需要节省开支,而且还要得到更好的服务和计算平台,这是下一步要解决的问题。预测国内用于云计算服务上的支出在接下来的 5 年间可能会出现 3 倍的增长,到 2012 年达到 420 亿美元的市场规模,占据 IT 支出增长总量中 25%的份额。

(4) 通信市场

2009 年中国通信市场的销售额达到 1 370 亿美元,同比增长 24.6%。2006—2009 年我国通信市场销售额及增长率如图 5-10 所示。

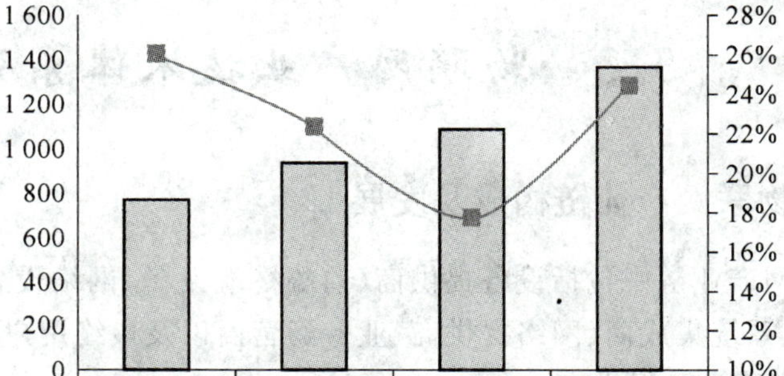

	2006年	2007年	2008年	2009年
市场规模(亿美元)	762	934	1 100	1 370
同比增长	26.25%	22.50%	17.80%	24.60%

图 5-10　2006—2009 年我国通信市场销售额及增长率

在3G网络部署和移动通信覆盖范围广及农村地区的推动下，中国移动已从资本支出总预算拨出30%扩充2G网络，其中的70%投资于农村市场。我国通信市场在农村地区手机普及率升高与3G技术的带动下，到2014年规模可望达到1 870亿美元，将取代日本成为亚太地区最大的市场。随着移动服务的渗透率升高，营业收入年增长率可望从2009年年底的58%跃升到2014年年底的80%，届时移动服务占中国通信市场服务总营收的比率可望超过76%。

(5) 互联网市场

2009年中国互联网市场规模达743亿元，相比2008年的550亿元增长35.09%，增速较2008年的35.67%有所下滑，但仍远远高于中国经济8%左右的增速，体现出新经济特有的朝气与活力。增速下滑的主要原因是受2009年年初金融危机的冲击。预计今后互联网经济有望持续快速增长。2006—2009年我国互联网市场规模及增长率如图5-11所示。

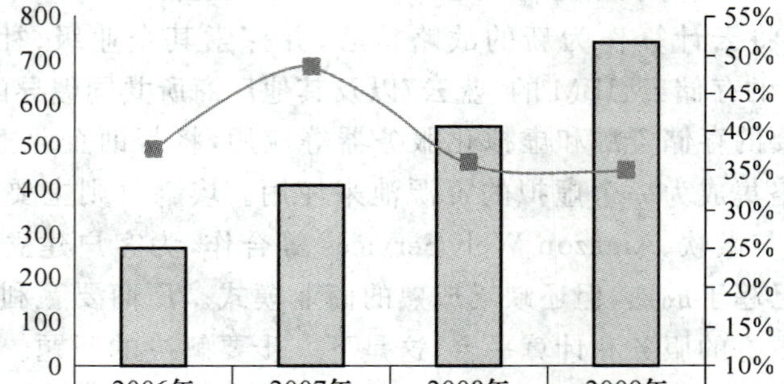

	2006年	2007年	2008年	2009年
市场规模(亿元)	272.7	405.4	550	743
同比增长	37.90%	48.65%	35.67%	35.09%

图5-11　2006—2009年我国互联网市场规模及增长率

5.3　物联网产业技术体系分析[2]

5.3.1　物联网产业链构成及发展

物联网产业链中包括设备提供商(前端终端设备、网络设备、计算机系统设备等)、应用开发商、系统集成商、网络提供商、业务运营商以及最终用户，如图5-12所示。

(1) 应用设备提供商

应用设备产品主要集中在数据采集层面，包括电子标签、读写器模块、读写设备、读写器天线、智能卡、网络设备等提供商。我国物联网设备市场是较其他产业链环节发展较快的领域，企业数量较多，但以中小企业为主。

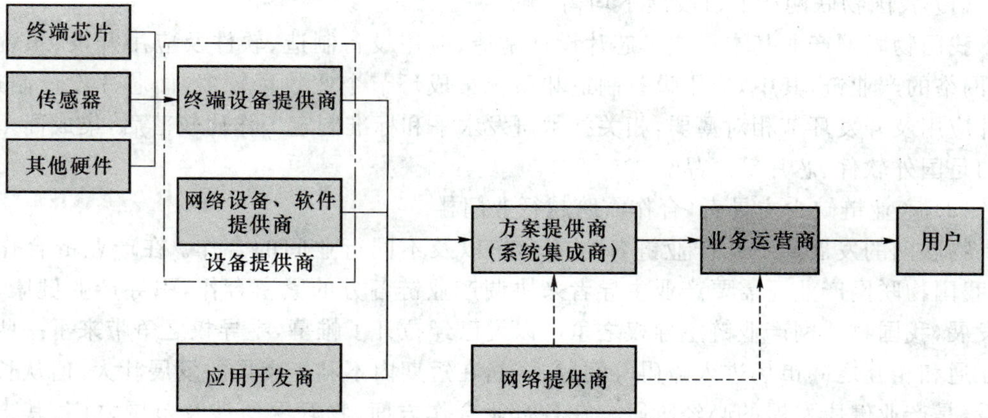

图 5-12　物联网产业链基本构成

(2) 系统集成商

系统集成商是根据客户需求，将实现物联网的硬件和软件集成为一个完整解决方案提供给客户的厂商，系统集成商的发展一方面反映了物联网业务的应用推广程度，另一方面也是影响应用推广的重要因素。国内在物联网应用集成方面企业多数规模不大，并且以专注于某一行业的集成商为主，还缺乏关注多行业的大型公司。

(3) 软件与应用开发商

软件与应用开发商市场包括中间件厂商，在国内已经发展了相当数量的企业，由于物联网应用的行业特性比较明显，因此，应用软件开发商也主要是针对特定行业的企业，提供专业性的软件产品及解决方案。

(4) 网络提供商

物联网网络提供商即数据的传输承载网络服务商，以通信网为主，包括固网和移动通信网，国内三家电信运营商都已经涉足了这一领域，另外，也有广电网络运营商的参与。

(5) 业务运营商

物联网运营及服务提供商主要是为客户提供统一的终端设备鉴权、计费等服务，实现终端接入控制、终端管理、行业应用管理、业务运营管理、平台管理等服务。目前，我国物联网运营及服务市场受制于应用的推广，还没有发展起来，未来，随着物联网应用范围的不断扩大，运行状态、升级维护、故障定位、维护成本、运营成本、决策分析、数据保密等运营管理的需求将越来越多，对运营及服务提供商的要求也将非常高。现阶段，我国物联网产业正处于成长期，国内物联网产业链发展和美国相比还存在着较大差距，还存在着产业链发展不均衡，缺少主导者推动，各方尚未达成紧密合作等问题，未来，随着技术标准的发展和受到产业链优先发展环节的带动，物联网产业链发展将日趋成熟。

目前，我国物联网产业链发展呈现了以下几方面的特点。

(1) 我国物联网产业链发展不均衡

我国物联网产业基本形成了芯片设计制造、应用设备制造、软件及应用开发、系统集成、网络的产业链,其中,应用设备制造和系统集成环节企业数量较多,而芯片设计制造、软件应用及开发环节相对薄弱,相关技术研发水平和标准制定工作比较落后,集成商多选择的是国外软件、芯片等产品。

(2) 产业链缺少主导者,合作需跨越行业门槛

物联网的发展离不开产业链各方的合作以及不同行业间的合作。在产业链合作方面,我国物联网产业还需要产业主导者来协调产业链各方的紧密合作,引导产业健康、有序发展,我国物联网产业链主导权之争可以说已经拉开了帷幕,主导权之争带来了一些互连互通和相互之间市场进入障碍等问题,虽然在短期内不利于市场的发展壮大,但从长远来看,是产业健康发展的必经阶段。在各行业合作方面,物联网所涉及范围之广,其未来发展重任,远不是一个企业或是一个行业能够担当的,物联网在城市公共安全、工业安全生产、环境监控、智能交通、智能家居、公共卫生、健康监测等多个领域的广泛用途也意味着需要各行各业的合力推动发展,跨行业之间的产业链合作成为物联网发展的必然。

(3) 设备商是物联网产业链优先受益者,但市场增长空间有限

物联网产业的发展首先受益的将是应用设备制造商,而在我国物联网产业发展的现阶段,主要是 RFID 和传感器厂商,因为 RFID 和传感器需求量最为广泛,厂商最了解客户需求;但成长空间有限,因为 RFID 和传感器厂商由于核心技术掌握度较低,很可能形成完全竞争的格局。系统集成商是其次受益的环节,成长空间较大。因为联网涉及众多技术和行业,系统集成需求巨大,将远高于目前电信网和互联网的需求,且系统集成商有可能掌控上游供应商。物联网运营服务提供商将是最后受益,但是却是具有最大成长空间的环节。物联网的应用将从行业垂直应用向横向扩展,对海量数据处理和信息管理需求将催生运营商巨头。考虑到物联网运营商是新兴的子行业,且未来很可能形成寡头垄断的格局,成长空间最大。

5.3.2 物联网技术链体系设计

物联网技术是以产业应用为导向的,物联网技术链的梳理最终目标是研究和指导产业发展,所以技术链体系设计需要解决两个问题:一是构成物联网技术链基础技术的梳理,表现为依托核心技术的星状结构(可以是多核的星型结构);二是技术链如何对应和指导产业链梳理,由于产业链中每个环节甚至每个环节上的不同产品都需要运用不同技术,或者说产品的生产往往是多种技术的组合,如何在技术链的承接关系上体现产品结构和上下游属性,这是技术链体系设计需要解决的第二个问题。两个关键问题的回答,得出物联网技术链体系中的技术链和产业技术链。产业技术链,是物化于产品中的技术依据产品的上下游关系链接而成。与技术链的多核星型不同,产业技术链体现为依托某产品或目标应用形成的平行结构的承接关系。产业技术链为产业链的梳理提供了方向和支撑。

技术链体系设计需要梳理物联网技术链结构及其基础技术,主要采用德尔菲技术、数

据库检索、专业咨询等方法，同时需要进行技术成熟度分析。

(1) 物联网技术链多核星型结构分析

高新产业的技术链一般表现为星状结构，即一种核心技术处于中心节点，其应用领域可以向多个领域拓展，并形成多个分支节点，每个分支节点又有多个细分领域。类似于物联网这种高新技术链，体现了较为复杂的产业和技术依托联系，以及技术产业集群发展方式，构成中心节点的技术可能会有多个，形成了多核星型结构的技术链模式。

对物联网技术链进行梳理，可以描述为感、传、知、控的多核星型视图，体现了物联网技术的领域分类。多核星型结构的物联网技术链由四个核心技术源点、中心节点、分枝节点、末梢终端节点以及连线等组成。源节点共同为链上的其他节点提供技术和资源基础，中心节点为综合性技术节点，以中心节点为基础而延伸出来的一些具有并列关系的节点，它们的地位都是相同的，一般表现为核心技术综合在各个领域的应用。

在对国内外物联网产业应用分析的基础上，结合企业、高校和研究机构的专家调研，针对上述技术链，可以通过三种途径完善物联网技术链图谱：一是查阅资料，对物联网相关的文献进行全面大量的核查分析；二是专家访谈，对高校、科研院所、物联网相关企业的物联网领域专家进行面对面访谈和问卷调查，梳理物联网技术；三是专业咨询报告的梳理分析，购买物联网相关专业咨询报告，进一步完善物联网技术链体系。如表 5-2 所示为物联网技术链一级技术梳理形成的表格。

表 5-2　技术链层次表

层次	一级技术
感知	RFID 技术
	二维码技术
	传感器技术
	视频采集技术
	GPS 定位技术
传输	近距离无线通信技术
	互联网技术
	移动通信网络技术
	NGN 技术
	网络测量技术
	网络管理技术
	网络安全技术
	末梢网组网技术
	末梢网支撑技术
	网络融合技术

续表

层次	一级技术
智能计算	计算机系统结构技术
	软件架构技术
	高效能计算
	海量数据处理技术
	可信计算技术
	智能感知技术
	人机物融合计算技术
协同控制	智能控制技术
	协同软件处理技术
	系统集成技术
	节点组网与协同处理技术
	核心控制芯片技术
	异构融合技术

物联网技术链的四个核心，每个都呈现出星型结构，由于构成中心节点的核心技术有4个，它们连接在一起构成多源网络型结构的物联网高新技术链。

物联网产业的技术链体系全图如图5-13所示。

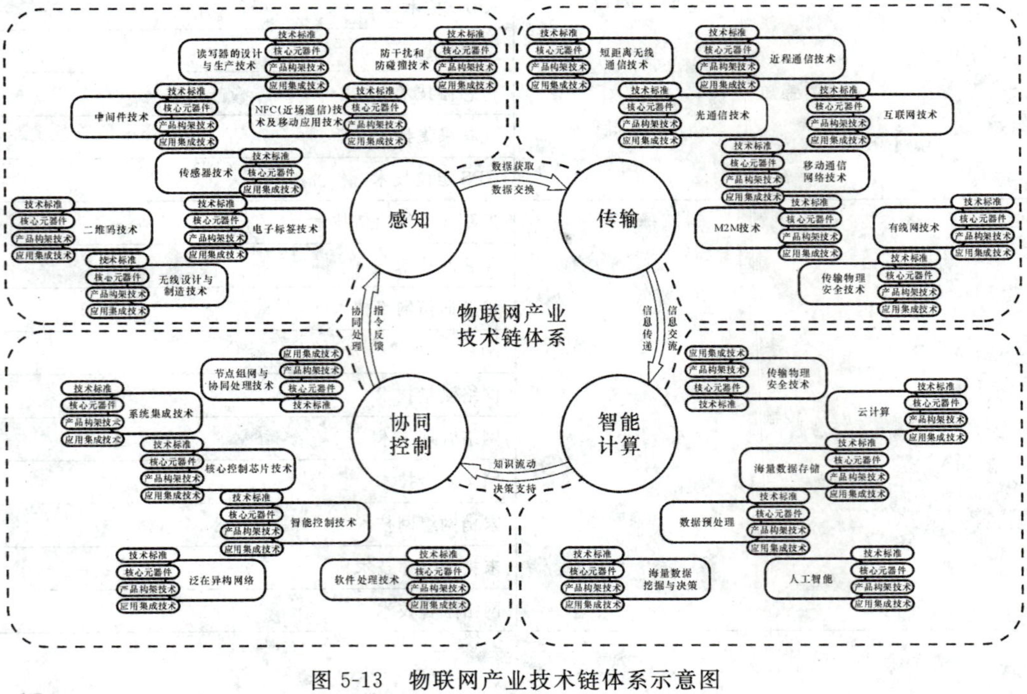

图5-13 物联网产业技术链体系示意图

在技术链上，每个节点之间在技术上互为依存、紧密相连，构成产业产品的设计技术、制造技术、工艺技术、设备制造维修技术、集成技术，等等，它们也是相互依存、紧密相连的。物联网产业的技术链好像一条"肋骨"，将物联网产业中的核心技术、主导技术、配套技术等统统链接起来，形成一个强有力链条，突破各种技术的边界，把整个产业的技术有机地统合起来，形成完整的产业技术复杂系统。

(2) 物联网技术链中关键共性技术

技术链中主干技术、辅助技术、配套技术，它们之间的作用常常表现为共生与协同演化，一项技术的创新离不开与之伴生的配套技术、共生技术的发展，如果没有这种配套技术、共生技术的协同发展，这项技术就不可能得到发展。据此，我们对物联网技术链感知、传输、智能计算、协同控制四个核心技术方向进行深化，一方面，围绕四个核心，细分每个核心所构成的星状技术链结构。另一方面，每个核心技术在以星状向多个领域拓展时，往往意味着与拓展领域内原有技术的融合，许多核心技术在拓展领域上也可能出现重合现象，这就构成了关键共性技术。

对技术链的深化分解，其依据是：结合一级技术，对该级技术进一步分析，梳理二级技术，然后考察物联网技术成熟度和研发需求。技术链是按产品生产过程的科学程序来考察的技术结构，一般包括装备技术、检测技术、研发技术和工艺技术等方面。

物联网技术链中感知、传输、智能计算、协同控制四核技术链包含以下关键共性技术。

① 可编程技术研究

研究可编程传感器网络模型、可编程协议设计、虚拟机和移动代理设计、情境感知等可编程技术。

② 测试技术研究

建立传感器网络与蜂窝移动网融合的综合测试环境与平台，研究短距离无线通信与物联网关键测试技术，研究短距离无线通信与蜂窝网融合应用下的关键测试技术，建立物联网国家标准化体系框架及参考模型，研究针对组网、传输、信息处理、测试、接口等关键技术的标准测试技术；面向应用，研究典型应用子集标准；构建短距离无线通信测试中心。

③ 基础支撑技术

应用于物联网的现代信息通信、计算机及网络、微电子、新材料、新能源、软件等基础支撑技术，如微电池与储能技术、能量采集技术、智能化能源管理技术等。

5.3.3　物联网四核星型技术链图谱

进一步对物联网感传知控制的技术方向进行深化，围绕物联网多核(四核)技术链的四个核心，下面对每个核心所构成的星型技术链结构进行分析。

(1) 感知层的技术链

感知层即全面感知，利用 RFID、传感器、二维码等随时随地获取物体的静态动态信息，作用是识别物体，采集物体的静态和动态信息。主要关键技术包括：传感器技术、二维码、电子标签技术、天线设计与制造技术、读写器的设计与生产技术、中间件技术、防干扰和防碰撞技术、NFC(近场通信)技术及移动应用技术等。具体的设备包括二维码标签和读写器、RFID标签和读写器、摄像头、GPS、传感器、终端和传感器网络等。诸如高速公路不停车收费系统,超市仓储管理系统都是基于这一类结构的应用。感知层分级和技术成熟度具体的内容如表5-3所示。

表5-3 感知层二级技术列表

一级技术	二级技术	技术成熟度		
		短期	中期	长期
RFID技术	适合标签芯片实现的存储技术		√	
	防冲突算法及电路实现技术			√
	芯片安全技术		√	
	标签芯片与传感器的集成技术			√
	低温热压的封装技术		√	
	精密机构设计优化技术			√
	多物理量检测与控制技术		√	
	高速高精运动控制技术		√	
	装备故障自诊断与修复技术		√	
	在线检测技术		√	
	实时定位系统的实现技术		√	
	智能有源标签SAL技术		√	
	RFID传感器网络技术		√	
	2.45 G、5.8 G等微波频段RFID芯片设计与开发技术	√		
	电子标签产品测试技术			√
	标签印刷技术		√	
	标签天线匹配技术		√	
	不同应用对象的RFID标签天线结构优化技术	√		
	多标签天线优化分布技术		√	
	片上天线技术	√		
	读写器智能波束扫描天线阵技术		√	
	多读写器防冲突技术	√		
	防干扰和防碰撞技术	√		
	低成本小型化读写器集成技术	√		
	超高频读写器模块开发技术		√	
	读写器安全认证技术		√	

续表

一级技术	二级技术	技术成熟度		
		短期	中期	长期
二维码技术	图像预处理技术	√		
	条码定位技术	√		
	条码图像校正技术		√	
	条码识别技术		√	
	纠错译码技术			√
	数据译码技术	√		
	条码信息加密技术		√	
	条码印制技术	√		
	二维码符号表示技术	√		
	条码编码技术		√	
	条码纠错编码技术		√	
传感器技术	中高速传感器网络接入设备技术		√	
	中高速传感器网络节点基带技术		√	
	中高速传感器网络系统设备技术		√	
	低功耗传感器网络核心芯片技术			√
	低功耗片上系统关键技术			√
	节点的小型化、高敏感度、低功耗技术		√	
	中高速传感器网络射频芯片技术		√	
	传感器核心中间件技术		√	
	低功耗传感器网络节点、网关技术			√
	无线传感器网络自重构、自调整性技术		√	
视频采集技术	数字化视频采集技术		√	
	压缩算法	√		
定位技术	物联网中 ZigBee 的定位技术		√	
	物联网中 WSN 的定位技术		√	
	定位跟踪辨识集成技术			√

(2) 传输层的技术链

物联网的传输目标即通过全面的通信和互联网络的融合和统一，将物体的信息实时准确地传递出去进行信息处理，网络层承担这一任务。网络层主要包括感知数据管理与处理技术，其作为物联网的核心技术，主要包括传感器网络数据的存储、查询、分析、挖掘、理解以及基于感知数据决策和行为的理论和技术。

基于3G平台的通信传输为物联网网络层的发展提供了可靠的保障。短距离无线通信技术是感知层涉及的主要技术，但也是重要传输技术。PAAS作为海量感知数据的存储、分析平台，也构成了物联网网络层的重要组成部分，且是应用层众多应用的基础。

无线通信技术最终将迈向4G网络时代，即和物联网智能化最相匹配的无线通信时代。相互之间没有隔阂的各项标准，高速率清晰准确的信息传递和相对低廉的通信费用，都将在智能化的未来创造巨大的价值。传输层分级和技术成熟度具体的内容如表5-4所示。

表5-4 传输层二级技术列表

一级技术	二级技术	技术成熟度		
		短期	中期	长期
近距离无线通信技术	低能耗无线电通信技术		√	
	跳频技术		√	
	短分组技术	√		
	前向纠错编码技术		√	
	FM调制方式		√	
	异步数据通道	√		
	Wibree超低功耗蓝牙无线技术		√	
	频谱感知技术			√
	媒体接入技术		√	
	QoS技术		√	
	路由技术		√	
	资源管理分配技术		√	
	射频技术	√		
	移动性管理技术		√	
	ZigBee技术		√	
	红外(IrDA)技术	√		
	超宽频(UWB)			√
	近距离无线通信(NFC)		√	
互联网技术	组网技术	√		
	路由技术	√		
	物理层技术、MAC层技术	√		
	组播技术	√		
	光纤接入与传感技术		√	

续表

一级技术	二级技术	技术成熟度		
		短期	中期	长期
	光纤无线融合技术		√	
	光纤同轴混合接入技术		√	
	自由空间光接入技术(FSO)		√	
	有线网关/无线网关		√	
	网关防火墙	√		
	网关交互协议		√	
	网关接口	√		
	高带宽无源接入网技术(EPON/GPON/DPON)	√		
移动通信网络技术	网络组网技术		√	
	天线技术、分集技术		√	
	调制技术			√
	移动性管理技术		√	
	多址接入技术		√	
	资源管理分配技术		√	
	编码技术		√	
	协同技术		√	
	射频技术	√		
	中继技术	√		
	同步技术		√	
NGN 技术	核心传送网技术	√		
	固定移动融合技术		√	
网络测量技术	超高速链路数据包捕获		√	
	精确采样	√		
	快速业务流匹配		√	
	高效精确的流量识别		√	
	实时测量的路由器新型体系结构	√		
	分布式测量体系		√	
	网络与业务行为模型		√	
	网络流量控制		√	
	网络资源优化		√	
	采样技术		√	

续表

一级技术	二级技术	技术成熟度		
		短期	中期	长期
网络管理技术	网络管理环境模型		√	
	管理体系结构		√	
	综合告警关联分析		√	
	自动网络配置控制机制	√		
	自主网络管理机制		√	
	SLA 管理		√	
	上下文管理			√
	业务管理		√	
	网络管理质量评价模型		√	
	面向传感器网络的管理体系			√
	传感器网络故障容忍及恢复机制		√	
	终端管理技术		√	
网络安全技术	网络信任关系模板	√		
	信任信息获取机制			√
	安全信任协商模型		√	
	身份鉴别技术		√	
	访问控制技术	√		
	病毒防护技术		√	
	入侵检测技术	√		
	行为审计技术		√	
	托管服务技术	√		
	流量分析技术		√	
	业务识别与控制技术	√		
	桌面安全技术	√		
	内容审计技术		√	
	负载均衡技术		√	
	数据安全存储技术		√	
	非法外联监测技术	√		
	数字水印加密技术		√	

续表

一级技术	二级技术	技术成熟度		
		短期	中期	长期
末梢网组网技术	拓扑控制		√	
	路由协议设计		√	
	MAC 协议设计		√	
末梢网支撑技术	定位技术		√	
	同步技术		√	
	数据管理技术		√	
	数据融合技术		√	
	嵌入式操作系统技术			√
网络融合技术	基于网关的末梢网络接入		√	
	基于 IPv6 的节点 IP 化	√		

(3) 智能计算的技术链

智能计算和智能处理，即利用当前先进的云计算，模糊识别等各种智能计算技术，对传递过来的海量的数据信息进行分析和处理，以便用户对物体实施智能化的管理。其中云计算概念自提出后，就一直备受学术界和实务界关注。近年来，在谷歌、IBM、微软等 IT 巨头的推动下，在物联网产业发展迫切需求下，云计算逐渐走向商用，目前也成为物联网产业发展最重要的关键技术之一。智能计算层分级和技术成熟度具体的内容如表 5-5 所示。

表 5-5　智能计算二级技术列表

一级技术	二级技术	技术成熟度		
		短期	中期	长期
计算机系统结构技术	高度并行的处理机技术		√	
	向量处理机技术		√	
	阵列处理机技术	√		
	多核处理机技术		√	
	面向多核/众核系统的编程与运行支撑环境技术			√
	高性能计算服务环境构建技术			√
	高端系统紧耦合共享存储器体系结构与故障管理关键技术		√	
	系统级低功耗技术		√	
	精简指令集处理机技术	√		
	复杂指令机处理技术	√		

续 表

一级技术	二级技术	技术成熟度		
		短期	中期	长期
软件架构技术	具有复杂环境适应特性的软件密集型系统建模技术		√	
	电子使能软件的全生命周期开发方法与支撑技术		√	
	构件化、可裁减和自主演化的应用服务架构技术			√
	大规模软件系统的协同与自适应技术			√
	软件系统可信性与质量保障技术			√
	普适计算基础设施构建的关键技术			√
	面向服务架构 SOA 技术		√	
	动态软件架构技术			√
	多层次软件架构技术		√	
	面向模式的软件构件技术			√
高效能计算	高性能并行计算算法和技术		√	
	网格计算技术		√	
	云计算技术	√		
	人工智能计算技术		√	
	群体智能计算技术			√
	基于模糊论的计算技术			√
	基于粗糙集的计算技术			√
海量数据处理技术	新型数据模型和管理技术		√	
	海量 Web 数据提取技术	√		
	数据质量保障关键技术		√	
	海量数据的数据库处理技术			√
	海量数据的知识发现技术			√
	基于 XML 的数据处理技术		√	
	海量数据存储技术		√	
	海量数据挖掘技术	√		
可信计算技术	高可信数字内容服务技术		√	
	风险评估关键技术		√	
	等级保护应用支撑技术	√		
	结构无关的高效容灾备份技术		√	
	软件与系统安全确保体系与关键技术		√	
	安全应急响应与处置支撑技术		√	

续表

一级技术	二级技术	技术成熟度		
		短期	中期	长期
	恶意代码行为检测与防御技术		√	
	失泄密监测与防范技术		√	
	面向下一代网络的多媒体信息内容安全监控关键技术		√	
	大规模信息系统安全技术(云计算)		√	
	安全数字身份管理技术		√	
	异构无线网络移动服务安全技术		√	
	射频识别与安全管理技术		√	
	网络身份识别/认证技术	√		
	可信操作系统的关键技术		√	
	病毒防护技术		√	
	数据安全存储技术			√
	数据加密解密技术		√	
智能感知技术	大场景智能环境感知关键技术	√		
	多模式交互技术		√	
	开放架构视觉信息计算与应用集成技术		√	
	中文为核心的自然语言处理技术		√	
	跨语言翻译和沟通技术	√		
	基于认知的感知机理与技术		√	
	物体与行为的检测、分析与跟踪技术		√	
	自然、灵巧、人性化的新型人机接口技术			√
	三维数字城市导航和信息服务技术			√
	网络智能感知搜索技术		√	
	远程呈现技术	√		
	感知上下文计算技术		√	
	基于语义的知识表示技术			√
人机物融合计算技术	虚拟现实技术			√
	多感官深度沉浸虚拟环境支撑技术		√	
	超大规模计算资源共享、协同和服务关键技术		√	
	面向信息-物理融合系统的软件技术		√	
	多模态信息的获取、表示与应用技术	√		
	跨模态、跨平台的人机交互技术		√	
	基于服务的资源虚拟化技术		√	
	面向云计算模式的桌面虚拟化关键技术			√
	人类互动学习技术		√	

(4) 协同控制的技术链

物联网协同控制技术指的是面对复杂工业环境，研究先进传感技术、场景感知信息的分析与理解、多层次网络化控制技术及场景重构可视化与交互式终端技术，研究动态检测技术、异类或/与异步多传感器的信息融合技术、信息决策技术，以便于建立综合计算、网络和物理环境的多维复杂系统，实现复杂工业环境的实时场景感知、智能控制和故障自诊断与自修复，完善系统集成。协同控制层分级和技术成熟度具体的内容如表 5-6 所示。

表 5-6 协同控制二级技术列表

一级技术	二级技术	技术成熟度		
		短期	中期	长期
智能控制技术	神经网络控制技术		√	
	专家控制系统		√	
	学习控制系统技术		√	
	分层递阶控制技术	√		
	模糊控制技术		√	
	集成/混合控制技术		√	
	同步技术			√
	自动控制策略		√	
协同软件处理技术	角色关系协同技术			√
	角色感知技术		√	
	角色访问与控制技术		√	
	信息交换技术		√	
	信息检索中的协同技术		√	
	协同数据库技术		√	
	工作流协同技术		√	
	Petri 网协同技术			√
	分布式计算		√	
	网络计算			√
	普适计算		√	
	P2P 计算		√	
系统集成技术	用户界面集成技术		√	
	业务流程集成技术			√
	消息代理技术		√	
	应用程序接口技术	√		
	远端过程调用技术		√	
	分布式中间件技术		√	
	函数和方法集成技术	√		
	数据集成技术	√		

续 表

一级技术	二级技术	技术成熟度		
		短期	中期	长期
	数据聚合技术		√	
	数据集中技术			√
节点组网与协同处理技术	自治网络多路径路由技术		√	
	自治网络自适应路由技术		√	
	Ad Hoc 与 Internet 融合技术		√	
	自治计算技术	√		
	节点自定位技术		√	
	协同资源管理技术		√	
	协同感知远程指针技术			√
核心控制芯片技术	光调制器模块技术	√		
	无线数据采集技术		√	
	长轴组件装载技术		√	
	半导体存储器芯片组件技术		√	
	高速 RFID 电路放置技术		√	
	大规模半导体逻辑器件	√		
异构融合技术	数据融合技术		√	
	嵌入式操作系统技术			√
	基于网络层的异构无线网络移动性管理技术		√	
	基于移动 IP 的异构无线网络融合技术		√	
	分层移动 IP 最优管理技术		√	
	异构无线网络融合架构技术		√	
	异构无线网络联合无线资源管理技术	√		
	异构多模终端和接入选择机制	√		
	软件无线电和重配置技术		√	
	异构网络间垂直切换技术		√	
	异构网络间垂直切换性能评估技术		√	
	基于 HNMM 的网络层移动性管理技术		√	
	基于 IP 的移动性管理技术	√		
	多层联合优化的移动性管理技术		√	
	基于无线 Mesh 的异构无线网络融合与协同技术		√	
	基于移动 IP 的 3GPPSAE 移动性管理技术	√		
	异构环境中集中式联合无线资源管理技术		√	
	异构环境中分布式联合无线资源管理技术	√		
	异构环境中分级式联合无线资源管理技术		√	

5.3.4 物联网技术链成熟度分析

技术成熟度是衡量技术开发状态和技术风险的重要指标。技术成熟度评价是指为确定技术的成熟程度,对与技术有关的概念、技术状态、经演示验证的技术能力等进行的评估活动。美国、英国等国家在国防采办中特别强调对技术成熟度的评估,推出的 TRL 标准已成为众多科学技术协会采纳的规范。

我们对物联网技术链中涉及的相关技术进行成熟度评价,作为技术创新和技术投资的依据。

(1) 感知层技术链关键技术成熟度分析

感知层主要有 52 项关键技术,依据感知层技术链问卷专家反馈,其短期、中期、长期技术成熟度比例如图 5-14 所示。

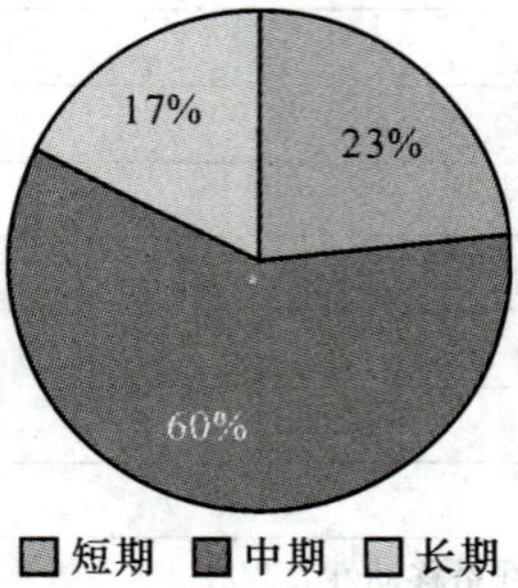

图 5-14 感知层技术成熟度示意图

感知层主要关键技术成熟度处在中短期,其中技术成熟度中期为 60%,短期为 23%。感知层技术链一级技术成熟度从高到低依次为二维码技术、RFID 技术、视频采集技术、传感器技术、定位技术。感知层处于物联网技术应用的前端,部分相关技术已经较为成熟并已有一定的市场化基础。但是类似视频采集技术、传感器技术、定位技术等尚未达到产业化应用的相关要求,技术处于中期研发投入期,需要在技术创新和市场需求的衔接上有所突破。

其中 RFID 技术和传感器技术应用最为广泛,作为物联网开展广泛应用的技术源,对于物联网产业的展开具有十分重要的作用,目前在此领域我国与发达国家还有技术上的差距,缺乏资金支持和产业需求。

(2) 传输层技术链关键技术成熟度分析

传输层主要有 91 项关键技术,依据传输层技术链问卷专家反馈,其短期、中期、长期技术成熟度比例如图 5-15 所示。

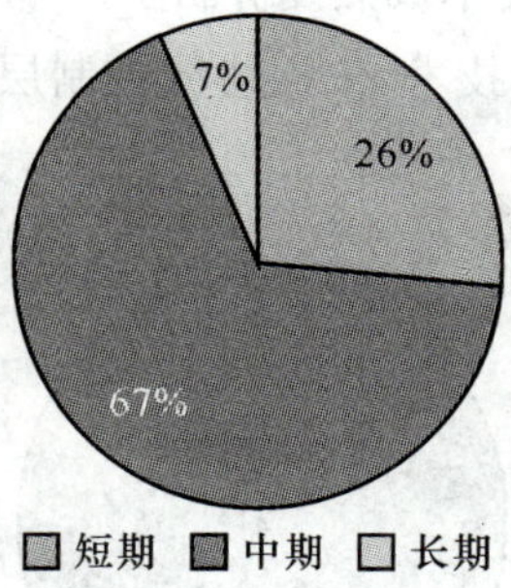

图 5-15　传输层技术成熟度示意图

传输层主要关键技术成熟度处于中短期，其中技术成熟度中期为 67%，短期为 26%。传输层一级技术成熟度从高到低依次为互联网技术、NGN 技术、网络安全技术、近距离无线通信技术、移动通信网络技术、网络管理技术、网络融合技术、网络测量技术、末梢网组网技术、末梢网支撑技术。传输层技术是物联网技术链体系中成熟度最高的环节，目前我国的传输网络已经能满足物联网的基础应用。传输层技术成熟度比较低的是末梢网络互连与管理技术、无线传感器网络自组织网络技术、高速率传输技术等。

(3) 智能计算层技术链关键技术成熟度分析

智能计算层主要有 75 项关键技术，依据智能计算层技术链问卷专家反馈，其短期、中期、长期技术成熟度比例如图 5-16 所示。

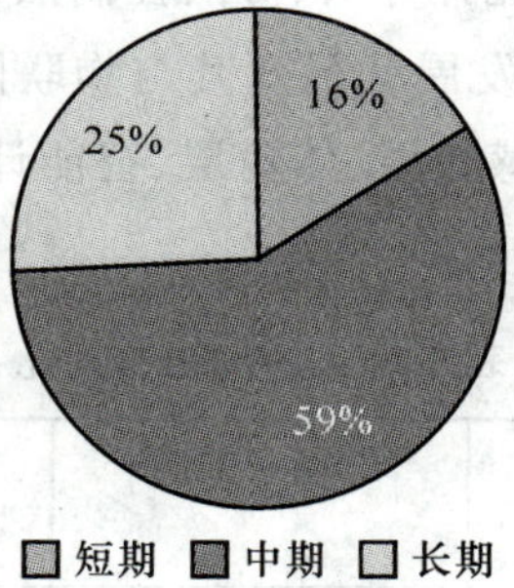

图 5-16　智能计算层技术成熟度示意图

智能计算层主要关键技术成熟度处于中长期，其中技术成熟度中期为 59%，长期为 25%。智能计算层技术链一级技术成熟度从高到低依次为计算机系统结构技术、智能感知技术、高效能计算技术、海量数据处理技术、可信计算技术、人机物融合计算技术、软件架构技术。

智能计算层技术偏于软件方面，技术成熟度不高，短期还很难展开普及应用，目前技术虽然处于中长期的研发投入期，但是智能计算是未来物联网业务应用的“大脑”。

（4）协同控制层技术链关键技术成熟度分析

协同控制层主要有 62 项关键技术，依据协同控制层技术链问卷专家反馈，其短期、中期、长期技术成熟度比例如图 5-17 所示。

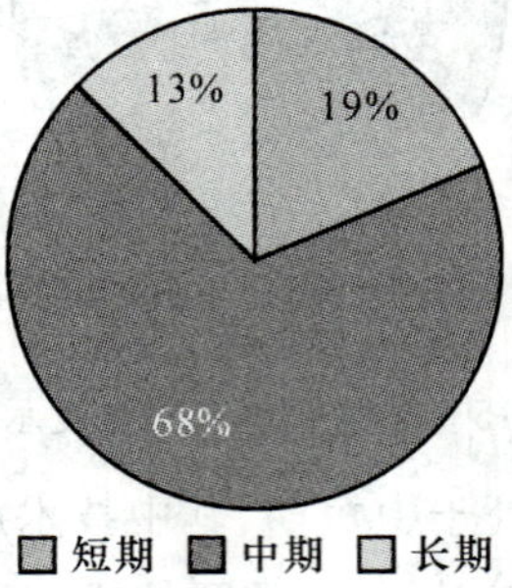

图 5-17　协同控制层技术成熟度示意图

协同控制层主要关键技术成熟度处于中期，其中技术成熟度中期为 68%。协同控制层一级技术成熟度从高到低依次为系统集成技术、异构融合技术、核心控制芯片技术、智能控制技术、节点组网与协同处理技术、协同软件处理技术。协同控制层技术偏向于软件方面，目前技术成熟度还处于中期，协同控制层技术在硬件方面需要加强的是核心控制芯片的研发。

（5）四核技术链横向比较分析

纵向分析感知层、传输层、智能计算层、协同控制层技术成熟度主要是从四个技术源节点的角度了解各个模块的技术发展状况及其与物联网产业相关的重点发展领域。表 5-7 和图 5-18 将从横向角度比较感知层、传输层、智能计算层、协同控制层四层的技术成熟度。

表 5-7　技术成熟度对比

技术成熟度 / 技术链	短期	中期	长期	合计
感知层	23%	60%	17%	100%
传输层	26%	67%	7%	100%
智能计算层	16%	59%	25%	100%
协同控制层	19%	68%	13%	100%

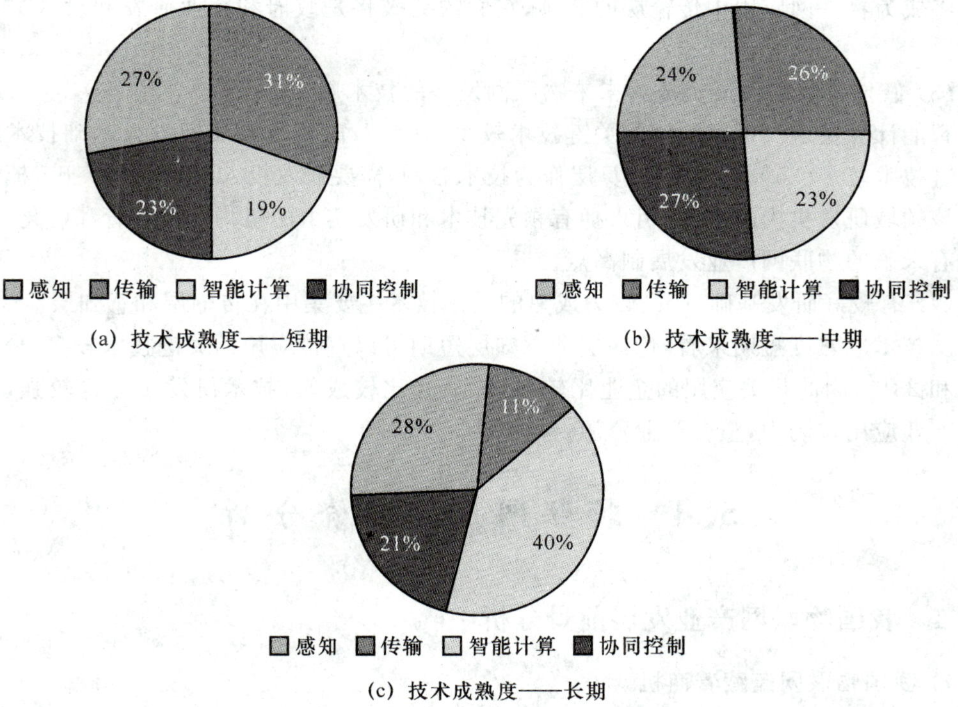

图 5-18　技术成熟度对照图

从表 5-7 和图 5-18 可以得出以下几点。

(1) 四核模块技术成熟度从高到低依次为传输层、感知层、协同控制层、智能计算层。

① 传输层的相对成熟使得投资的技术风险最低，对于传输网络，目前电信/广电基础运营商拥有覆盖全国的网络和支撑系统，在此基础上面向物联网的改造、发展和演进都应由运营商主导，运营商的物联网应用平台引入将是首要选择。

② 感知层中二维码技术、RFID 技术等拥有较高的技术成熟度而这些技术作为物联网物品身份识别的基础技术，将对物联网应用产生深远影响，拥有这样技术的核心骨干企业将会影响整个产业链的源头。

(2) 我国物联网技术链几乎 60％以上的关键技术的成熟度都是中期，处于研发投入期。

① 如何寻求各关键技术研发中的领军企业或研发机构，结合地区经济优势和资源分布状况，加以引导和孵化将是分析的重点；

② 在了解产品技术成熟度的基本情况下，结合资源分布，研究产品技术的演进，核心不是猜测技术创新是哪天有谁实现突破，而是从蕴含技术系统演化的信息——技术创新成果(主要是专利)进行评价将是最可行的方法；

③ 例如，传输层技术成熟度较低的无线传感器网络自组织网络技术、高速率传输技

术等将成为物联网应用中传输层的瓶颈，它们的突破将是政府和企业研发和投入关注的焦点。

(3) 智能计算层可能会成为未来物联网发展的技术瓶颈。

智能计算层短期可以利用的关键技术较少(16%)，需要政府长期投入基础技术研发的关键技术较多(25%)。智能计算层作为技术瓶颈，需要研发投入实现技术突破，梳理国内外该领域研发机构的排名，引入拥有领先技术和研发实力的机构加以培育和孵化，将可能占有未来的物联网产业发展制高点。

(4) 有较好研发基础、产品较为成熟的关键技术主要集中在传输层和感知层。

从技术成熟度短期来看，传输层和感知层短期可以直接应用的关键技术较多，分别为26%和23%，因此相关应用的企业比较多，产品会比较成熟，技术研发实力也较强，需要加强产业应用拉动力，整合产业资源。

5.4 物联网产业投资分析

5.4.1 我国物联网产业发展前景分析

1. 我国物联网蕴藏着商机

(1) 物联网敲开手机产业新投资领域

目前，由中国银联联合有关方面的新一代手机支付业务已进入大规模试点阶段。手机支付被业内普遍视为物联网推进的重要信号，而且相关设备和服务在需求上的增加也是支撑物联网概念股实实在在的利好，而由物联网概念引发手机产业的巨大商机价值正受到业界的热捧。

① 物联网将激活庞大的终端市场

目前物联网主要涉及的行业包括电子元器件、软件和通信等领域，而手机支付成为第一个将物联网和移动个人互联网融合的成熟商业模式。

对于物联网终端市场容量，业内目前的预测众说纷纭。不过，业内预测物联网终端用户将成为手机等移动通信终端用户数量的10倍，终端企业市场潜力巨大。

物联网只要找到一些有刚性需求的应用，就能规模化、产业化。例如，RFID射频识别标签就将是最普通的物联网应用，装有RFID的终端将到处都是，人们可以用内含RFID射频模块的手机去看电影、乘公交和飞机。

② 手机支付携物联网概念落地

2010年3月16日，中国银联宣布由中国银联联合有关方面研发的新一代手机支付业务已进入大规模试点阶段，这预示着手机支付已开始进入规模化。

不仅如此，中国移动入股上海浦东发展银行也被市场解读为物联网进一步发展的标志性事件。中国移动入股上海浦东发展银行20%的股份，最大的目的不是财务投资，而是为了打通手机支付的制度屏障，此举彰显国家层面上对手机支付的支持力度。此前手机钱包已进入中国移动2010年的KPI计划，手机支付爆发在即。实际上，运营商已经在积极地推进物联网相关业务。中国移动已经在厦门建立了TD无线城市，对推动物联网规模化应用进行试点。

③ 物联网引领3G终端革命

物联网作为一个概念整体提出来，必定引发一场大的技术和商业模式的革命，但技术主要是适应于商业模式的革命。对于个人消费者来说，2G和3G不在于技术的优劣，而是新技术能够带来什么样的消费体验。

因此，3G试点关键的不是技术，而是内容和服务，通过挖掘人们的有效需求，去做好服务和内容，把人们的一种消费习惯或者模式转移到新的服务和模式中来，这才是关键。所以，3G时代除了要把基站布局好，实现信号的有效覆盖，关键一点是必须依靠3G网络形成新的、有效的以及人们需要的内容和服务，去分食传统领域内容和服务的蛋糕。

从近期的市场表现来看，物联网概念的热火朝天甚至还引发了节能LED照明概念、3D概念、3G概念和锂电池概念的集体升温。可以看出，3G应用正成为物联网概念落地的"先头阵地"，而物联网也将给各3G终端企业的发展带来新的机遇。

(2) 物联网推动智能卡市场商机无限

亚太区拥有全球增长速度最快的智能卡市场。不断壮大的电信行业是促使智能卡市场发展的主要趋势之一，这包括中国和印度3G服务的推出、EMV智能卡的广泛应用以及政府采用智能卡身份认证加强保安。最令人瞩目的是非接触式智能卡的发展，尤其在移动付费方面，这在新加坡的Ez-Link卡、韩国的T-Money交通智能卡以及中国台湾的悠游卡上得到了充分体现。市场研究公司Frost & Sullivan表示，2008年非接触式智能卡所带来的收益为7.694亿美元，预计到2014年将高达13.56亿美元。

在中国，《金融IC卡"十一五"发展规划》的出台，使银行EMV(Europay，Mastercard，Visa三大银行卡)标准迁移工作为产业带来近200亿元的商机。2008年，中国银联和各家商业银行共发出16亿张银联卡(UnionPay)，处理超过数以万亿元交易，成功推出了安全支付服务和银行卡产业的发展。

此外，随着3G和全业务时代的来临，运营商已经认识到智能卡的重要性，纷纷开始制定并开展大范围的智能卡技术和应用创新，高质量的电信卡将成为重点。多功能智能卡方便老百姓支付水费、电费、煤气费、城市交通等公共服务，实现一卡多用，现在已有超过170个城市发出1.5亿张城市卡，交易次数已达到4.6万亿次。

2. 物联网市场的投资机会

从目前来看，物联网主要的投资机会集中在通信设备、网络运营、系统集成、传感器以及身份识别等领域。

要从三个方面把握物联网的机会。

① 物联网的实质是信息化与工业化融合的延续，是将信息化进一步拓展到社会生活的方方面面，逐渐产生各个行业的智能化应用。

② 在物联网产业的应用推广中,具备丰富行业经验、领先技术优势,已有大量用户积累的信息化提供商,将受益于物联网这一新兴产业的快速推进,并获得广阔的市场空间。

③ 结合国内各行业信息化发展状况,智能城市(包括交通、城市管理、建筑等)、智能工业(电力、制造等)、智能农业、智能医疗等领域的商机值得关注。

我国物联网产业重点关注的领域如表 5-8 所示。

表 5-8　我国物联网产业重点关注的领域

传感器	给物品贴上身份标识的感知能力的一种技术,可以称得上是整个物联网系统的触角,在未来的物联网时代,传感器的潜在需求量最大。在目前的竞争格局中,有歌尔声学、大华股份、航天机电等企业
身份识别	身份识别技术在整个物联网产业链中的地位非常重要。目前,与发达国家比较而言,我国的射频识别相对落后。国家已经明确提出要大力发展射频识别,后续还将会有进一步的政策跟进
网络运营	随着物联网建设的不断跟进,必将催生物联网运营商的需求量。物联网对于信息处理、数据分析有着十分明确的要求,这些对于物联网运营商而言,都是巨大的利润增长点
系统集成	由于物联网涉及非常多的技术和行业,因此对于系统集成的需求就显得巨大,此外,有些系统集成商还有可能掌控上游的供应商,目前国内覆盖此领域的龙头企业有启明信息、北斗通信等
芯片制造	物联网本身就是一个大概念,芯片制造所涉猎的行业更是广泛,传感器、射频识别、通信设备等领域都需要芯片,可以说,芯片制造在物联网产业链中的地位是牵一发而动全身的
通信设备	网络运营商必须适时提高网络建设,以适应物联网的发展。目前的网络已经难以驾驭 P2P、网络视频、高清影视等一些业务,网络升级建设刻不容缓

5.4.2　物联网产业发展的制约因素分析

目前,我国物联网产业链发展格局呈现以下特点。

(1) 发展不均衡

应用设备制造和系统集成环节企业数量较多,而芯片设计制造、软件应用环节相对薄弱。

(2) 主导者空位,合作需跨越多行业门槛

物联网的发展离不开产业链各方的合作以及不同行业间的合作。在产业链合作方面,我国物联网产业还需要产业主导者来协调产业链各方的紧密合作,引导产业健康、有序发展。

(3) 各方收益先后和成长空间不同

物联网产业的发展首先受益的将是应用设备制造商,系统集成商是其次受益的环节,成长空间较大。网络运营服务提供商将最后受益,是具有最大成长空间的环节。

(4) 存在技术壁垒

RFID 关键技术、传感器关键技术、云计算技术和 IPv4 地址数量都存在技术壁垒。

① 标准壁垒

由于传感器网络应用种类繁多，各应用之间对技术的要求差异大，因此长期以来传感器网络缺乏统一的标准体系。

② 产业链壁垒

物联网的产业化必然需要芯片商、传感设备商、系统解决方案厂商、移动运营商等上下游厂商的通力配合，所以要在我国发展物联网，在体制方面还有很多工作要做，如加强广电、电信、交通等行业主管部门的合作，共同推动信息化、智能化交通系统的建立，加快三网融合进程。

5.4.3　物联网产业投资策略研究

1. 2010—2012 年物联网投资策略

物联网产业分析如表 5-9 所示。

表 5-9　我国物联网产业分析

优势	弱点
1. 我国物联网技术研发具有先发优势 2. 物联网下游市场需求旺盛	1. 高端产品技术还有很大提升空间 2. 行业小企业数量多，竞争激烈
机会	**威胁**
1. 应用市场蓬勃兴起 2. 政府各部门对发展物联网产业态度积极	1. 国外厂商具有先进技术及品牌优势 2. 国内厂商开展“价格战”

2. 2010—2012 年物联网细分行业投资策略

物联网的发展将呈“倒三角形”的金字塔模式。在最初的两三年内，50％的投资机会在于信息采集领域，30％在信息传递领域，20％在应用领域；而在接下来的两年后，50％的投资机会存在于应用领域，30％在信息传递领域，20％在信息采集领域。如图 5-19 所示。

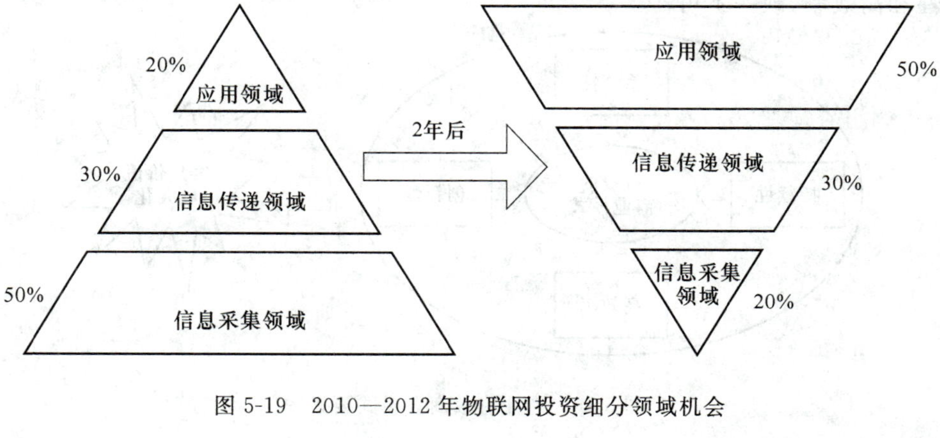

图 5-19　2010—2012 年物联网投资细分领域机会

5.5 物联网商业模式现状与创新[2]

5.5.1 商业模式的界定

谈及物联网的发展，各方关注更多的是有关物联网核心技术的突破、标准的制定或者政策的支持以及一个个在具体行业的应用案例，现在另一个越来越引起业界关注的阻碍物联网发展的问题，是物联网有效商业模式的缺失。

商业模式即 Business Model，在 20 世纪 50 年代首次提出，到 90 年代才被广泛使用和传播。商业模式的定义在理论界尚未形成统一的权威解释，现在越来越多的学者更倾向于用系统的观点全面研究商业模式。从体系论出发，商业模式可以概括为一个系统，它由不同部分、各部分之间的联系及其互动机制组成；它是指企业能为客户提供价值，同时企业和产业链上其他参与者又能分享利益的有机体系；它包括产品及服务流、信息流和资金流的结构，包括对不同商业参与者及其角色的描述，还包括不同商业参与者收益及其分配的划分。

谁也不能否认，无论传统的手工作坊，还是现代化的 IT 公司，从最原始、最简单的组织，到最庞大、最复杂的产业，无一例外，都拥有自己的商业模式，但并不是每一个企业、每一个产业都能发展壮大，商业模式在其中起着至关重要的作用。商业模式有有效、无效之分，有效的商业模式能使企业赢利再赢利，并能促使企业脱颖而出，成为行业翘楚，拥有一个有效的商业模式，一个新兴产业就能够茁壮成长，稳定持续发展；无效的商业模式只能使企业亏本再亏本，导致企业步履维艰，难以为继，一个无效的商业模式可以导致一个产业加速缩短其生命周期，快速走向衰退和没落。

如何判断一个产业的商业模式是有效的呢？图 5-20 描述了从产业角度出发，有效的商业模式应该具备的几个要素。有效的商业模式应具备以下四大要素：系统性、持续性、创新性和高效率，缺一不可。

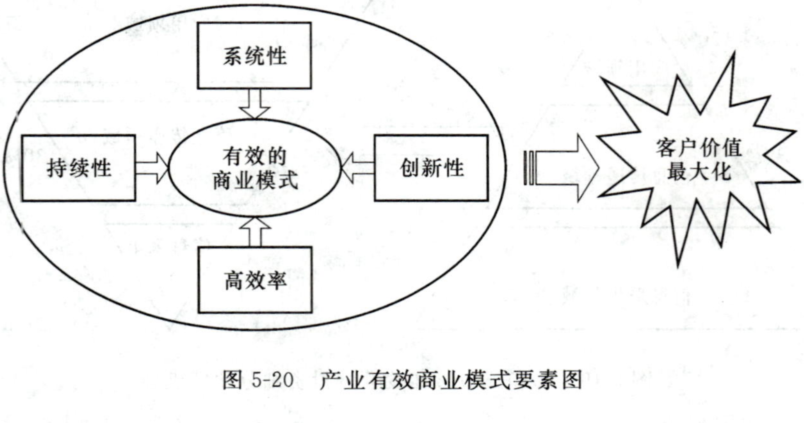

图 5-20 产业有效商业模式要素图

(1) 系统性。系统性即整体性，是指商业模式的研究不仅仅从企业内的小系统出发考量，还要从企业所在整个产业链的大系统出发。商业模式是一个整体的、系统的概念，而不仅仅是一个单一的组成因素。商业模式的组成部分之间必须有内在联系，这个内在联系把各组成部分有机地关联起来，各组成部分之间能够协调、组织和融合，进行有机的整合，使它们能够互相支持，共同作用，形成一个良性循环的整体。对于产业来说，商业模式系统性的外在表现最终体现为产业链上各方的共赢。

(2) 持续性。持续性是指商业模式的设计要具备一定的前瞻性，体现在以下两个方面。一方面是指在产业链上各方能够持续赢利。产业链上各方能否持续赢利是我们判断产业的商业模式是否成功的唯一的外在标准。持续赢利是指既要"赢利"，又要有发展后劲，具有可持续性，而不是暂时的、偶然的赢利。另一方面是指商业模式在短期内要持续相对稳定，因为商业模式的频繁调整和更新，不仅会增加企业的成本，严重的会导致产业链上各方和顾客的混乱。

(3) 创新性。创新性是指商业模式的设计要根据千变万化的宏观环境和市场环境适时进行反复矫正。商业模式是一个动态的概念，今天的模式也许不适于明天的发展，甚至成为企业和产业正常发展的障碍。有效的商业模式必须始终保持必要的灵活性和创新能力，具有动态匹配功能的创新型商业模式才能获得成功。

(4) 高效率。高效率是指通过商业模式的运行，整合产业链上各环节内部及各环节之间关系，使取得 1+1>2 的效果，实现产业链各环节价值的最大化，使得整个系统高效率运行，创造良好的经济效益。

有效的商业模式的最终目的是实现客户价值的最大化，有效的商业模式要能够很好地识别并满足客户需求，做到客户满意，不断挖掘并提升客户的价值。一个不能满足客户价值的商业模式，即使赢利也一定是暂时的、偶然的，是不具有持续性的。

5.5.2　我国物联网商业模式创新

当前，物联网正处于产业发展初期，有许多瓶颈等待突破，其中之一是缺乏成熟的商业模式，被看做是制约发展的关键要素。由于产业尚处发展初期，规模经济不够，成本相对较高。物联网现在的发展与 IT 业最初阶段非常类似，都有着广阔的市场前景，甚至可以达到万亿元级市场规模，但是整个行业目前都在寻找稳定和有利可图的商业模式。

物联网被认为是继计算机、互联网与移动通信网之后的又一次信息产业浪潮。在未来的发展中，要极力避免当初计算机和互联网产业大规模发展时，因为没有掌握核心技术而不得不付出的巨大代价，未来发展所选择的路径必须将主动权掌握在自己手中。因此，创新商业模式，才能提高物联网产业发展的核心竞争力。

尽管物联网产业还处于起步时期，具体的商业模式还有待形成，已有的模式也不尽如人意，但是目前的现象并非表明物联网没有好的商业模式，而是说明对物联网商业模式的开发远远不够。发展物联网产业要非常重视商业模式的自主创新。创新不只是局限在技术方面，还应包括技术与人的行为模式结合的商业模式的创新。物联网商业模式创新作为一种新的创新形态，其重要性已经不亚于技术创新。加快物联网的发展，关键的是要真正建立一个多方共赢的商业模式，这是推动物联网发展的核心和关键。所谓多方共赢的商业模式，就是必须让物联网真正成为一种商业的驱动力，而不是一种行政的强制力。让所有参与物联网建设的各个环节都从中收益，获得相应的商业回报，才能够使物联网得以持续快速地发展。

从物联网广泛的应用看，发展物联网产业将可能会形成以下几种类型的商业模式。

1. 政府买单模式

我国目前大部分物联网示范应用都是由政府买单，而用户自发建设的比较少。政府为关系物联网发展具有战略性、全局性、示范性的公共服务、民生工程买单，有助于产业化过程中加强各行业主管部门的协调与互动，能有效地保障物联网产业的顺利发展。政府的示范工程在全国的推广应用，对物联网的发展显然是十分重要的。

2. 免费模式

在全球最大的100家公司中，有60家的大部分收入都源于这样一种商业模式：公司通过向某一类客户收取少量费用或提供免费服务，来吸引足够数量的同类客户，然后再依靠他们来大量吸引另一类客户，而后者贡献的收入将大大超过公司获取和服务前者的成本。“免费”就是这样的一种商业模式。它所代表的正是数字化网络时代的商业未来。因此，当今的网络商业模式中的免费策略仍不失为一种好的选择，例如，谷歌和百度。在物联网的产业发展初期，可以先通过免费服务吸引大量用户的关注和使用，并逐渐将其中的一部分升级为付费的VIP，以更好的增值服务作为交换。

3. 运营商推动模式

运营商包括电信运营商和软件服务运营商，他们依据定位的客户市场和客户群体共性需求特征，充分利用传感技术和运营商的运营服务能力，形成智能终端或其他智能应用，广泛服务于大规模的用户群体，直接带动社会化的应用创新和生活方式改变。

4. 用户与厂商联合推动模式

这类应用的推动力量来自行业（领域）用户的业务需求，系统集成商或软件产品厂商作为系统的实施方，充分发挥自身技术优势，针对用户需求形成满足行业（领域）需要的智能化服务方案（如环保领域的碳足迹监控系统、智能化城市交通系统等），这类应用将在促进两化融合、保障民生、促进社会生活健康发展方面发挥重要作用。

5. 垂直应用模式

这种模式高度标准化，与企业流程紧密结合，专业性强，业务门槛特别高。在这种模式下物联网应用推进速度非常快，同时需要跟企业实施战略合作才能有效推进。电力、石油、铁路等行业领域都可采取此种模式。共性是一个行业内往往存在一个或几个大型企业，具有非常强的执行力。

6. 行业共性平台模式

这个行业内的企业碎片化，存在很多大大小小的企业，因此该行业的物联网难以规模发展，需要公共平台的支持和服务。另外，这样的行业标准化推进难度非常大，需要政府、行业、企业共同合作推进，运营商提供的行业共性平台服务相应才有市场。

5.6　我国物联网产业发展政策建议

5.6.1　物联网产业发展难点

1. 政策层面

目前，我国大力发展物联网产业的环境已经形成，上海、无锡、苏州、嘉兴、重庆等地纷纷出台了各自的规划及战略指导意见，但总体看来各地计划的方向和内容比较接近，很少突出特色，而且基本上都没有就物联网的产业关键环节出台具体的扶持政策。从全国范围来看，部门之间、地区之间、行业之间的分割情况比较普遍、产业缺乏顶层设计，资源共享不足。各地规划意识和协调机制薄弱，凸显出物联网产业研究成本过高、资源利用率过低、无序重复建设现象严重的态势。

针对各地纷纷上马物联网项目的现状，要警惕出现泡沫。建议国家选择产业基础好的区域重点布局，集中优势资源，进行重点突破，警惕盲目上马和低水平重复建设。

2. 执行层面

目前在物联网发展诸多问题中，标准的统一无疑是产业成员最为关心的。物联网产业链上游关系众多技术装备企业，中间关联着电信等网络层的基础通信运营商，下游关联着众多行业应用。其覆盖面广，涉及范围多，在这种情况下，迫切需要统一标准、统一规划，而面对各行业间的技术和应用差异，如何做到标准的大统一，是摆在中国物联网产业面前的重要问题。

但是，由于物联网标准在国际和国内均处于初级阶段，没有系统化。各国各标准组织之间对物联网的研究也缺乏统一的协作，每个国际标准组织的研究都是针对物联网的某一方面或自己擅长的部分研究，国内对于物联网也是根据需求进行零散研究，没有系统的端到端的规划。

3. 技术层面

在物联网技术发展产品化的过程中，我国一直缺乏对一些核心关键技术的掌握，所以产品档次上不去，价格下不来。而我国物联网的技术创新，相当一部分是在原有的信息化基础上进行深化和发展，通过增加新功能，使其具备了物联网的特性，这并不是从无到有的创新，也很难形成核心技术，会导致产业大量采用国外技术，在专利方面受制于人，在信息安全方面没有保障。更会导致物联网数据采集环节的传感器、电子标签等设备的成本过高，从而拖累整个物联网行业的发展。因此缺乏关键技术的独立自主产权是限制中国物联网发展的关键因素之一。

5.6.2 发展战略政策建议

从各国物联网产业发展规划与行动方案来看世界主要发达国家都意识到物联网产业对于未来经济社会发展的巨大意义。我国物联网产业的发展需从战略的高度进行精心设计,战役的角度全面筹划,战术的层次积极推进,发挥物联网产业作为经济增长"倍增器"、发展方式"转换器"、产业升级"助推器"、新兴产业"孵化器"的作用。我国物联网产业发展战略包括以下四个方面。

1. 制定宏观规划,从战略上部署物联网产业发展路径

物联网产业不仅是一项新兴的技术,更是一个由各种产业联结而成的一个产业网络。物联网产业的技术思想与精华就在于融合,技术的融合、业务的融合、信息的融合、信息与物理的融合,这种融合所带来的是社会生产与生活方式的变革,必然引起国家整个产业结构与经济发展方式的变化,因此物联网产业发展宏观规划不仅可以使这种融合有章可循,也可以提前预知产业发展的障碍,使物联网产业的发展与经济、社会的发展相融合。

2. 着重核心环节,从战役上提高物联网产业技术的研发实力

新兴产业的发展通常经历以下四个发展时期。朦胧时期:这个时期更多是事物的发展构想与宏观目标;成长时期:技术研发是这个时期的主要内容;过渡时期:这是从科学实验到商业应用的阶段;成熟时期:在这个时期,产业将处于投资应用阶段。物联网产业的发展目前正处于成长时期,产业技术的研发是这个阶段的主要工作,然而这种成本很高、风险巨大的技术研发很难由个别企业来完成,这需要国家的重资投入与规划,技术创新主体的合理分工合作。

3. 实施重点项目,从示范应用上刺激需求带动产业发展

增强基础技术研发实力是产业发展的长期活力源泉,是从技术推力的角度来促进产业的长远发展,但仅仅强调技术推力是不够的,产业发展的市场需求才是其直接的拉动力,有需求才能有市场,有市场才能有企业积极介入,企业作为产业发展的微观主体不仅可以带动基础技术研发由实验到产业化,而且可以让研发紧贴市场需求,降低研发投入的风险。实施重点项目主要是国家用公共财政将新兴产业应用于公共服务,既可以激发产业需求,也可以提高公共服务水平。

4. 加强标准建设,以进一步协调物联网产业的应用

物联网应用是工业化与信息化的深度融合,涉及各个行业、各个领域,而各个行业领域具有各自的特殊性和用户不同的需求,物联网产业化应用必须依据一定的技术标准。标准的制定不仅关系我国物联网技术的快速应用更关系到物联网科学领域的国际话语权。

5. 重视信息安全,加快制定信息安全法

信息安全是涉及经济、社会发展和国家安全的重大问题,而物联网这种高度智能的网络使得人与物、物与物之间的通信无时无处不在,信息安全正在告别传统的病毒感染、网站被黑及资源滥用等阶段,迈进一个复杂多元、综合交互的新的历史时期。在数据感知和数据交互的过程中,如何确保国家机密、商业机密、个人隐私不外泄,有关部门要吸取互联网发展过程的经验和教训,做到趋利避害、未雨绸缪。

目前中国网络与信息安全工作主要依赖于中央和各部位陆续出台的管理政策、文件进行指导,尚未上升到法律的高度。另外,各部门颁布的法规、规章之间缺乏统筹规划,现行的法律法规也过于原则或笼统,缺乏可操作性。

因此,建议国家尽快将《信息安全法》纳入立法规划中,尽快出台《信息安全条例》。同时物联网产业链上的硬件制造商和软件提供商也应从技术层面着手,规避物联网信息安全隐患。

6. 建立多方共赢的商业模式

虽然物联网产业市场前景广阔,但是我国整个行业目前尚未出现稳定和有利可图的商业模式。因此,建立一个多方共赢的商业模式,才是推动物联网长效发展的核心关键问题之一。所谓多方共赢的商业模式,就是必须让物联网真正成为一种商业的驱动力,而不是一种行政的强制力。只有让所有参与物联网建设的各个环节都从中收益,获得相应的商业回报,才能使物联网持续快速的发展。

7. 加强人才队伍建设

针对物联网专业人才缺乏的现状,各级政府和企业应加大引进与培养的力度,抢占人才的制高点,打造一支结构合理的人才队伍。要进一步完善人才引进和培养的平台建设,积极引进物联网专业技术人才,特别是领军人才和创新型人才,发挥高校、科研机构在物联网相关领域的专业优势,倡导高校与物联网企业合作办学,形成管产学研多层次的人才培养体系。

5.6.3 构建物联网有效商业模式的政策建议

虽然目前我国物联网尚未形成有效的商业模式,但这并不表示物联网没有有效的商业模式,而是说明了我国物联网商业模式的探索和创新还有待进一步加深。

1. 以信息平台为支撑点,创建有效的商业模式

物联网的感知层可以采集信息,网络层传递信息,那么随着物联网应用的普遍化,随着物联网感知功能平台的建立以及网络资源的聚集,网络运营商将最有可能成为一个各行各业信息汇聚的平台,这时网络运营商在产业链中的定位将不仅仅是数据通道提供者,将转变为信息服务提供商,并以这一全新身份向客户提供服务。这里引进一个概念——AE应用使能(Application Enablement,AE),其涉及云计算,AE应用使能的目标是建立庞大的细分市场,其客户可以享受范围广泛的高级应用、内容和个性化服务。网络提供商作为信息汇聚者提供网络连接和中间平台,以可控可管的方式通过AE平台,以云的方式有选择地暴露网络能力和信息,以Web页面展示信息,为应用开发商开发新业务提供一个强大的应用平台。若每个运营商都建立 AE 平台，借助这个平台，应用开发商就可以获得多个网络运营商的网络能力和多个行业的信息，应用开发商可以跨网络充分地调用网络的各种能力以及各行业信息开发新的应用，而且各种网络能力和各行业信息可以合理地聚合起来，为更加复杂的应用服务，解决应用孤岛的问题，达到效用最大化，根据信息的不断更新还可以进行业务不断的创新。同时，网络运营商也将从应用开发商那里获得更多的商业受众，也可利用长尾效应开发更大的应用开发市场。而系统集成商则把各种行业及最终用户、各种设备和服务（产业链上的其他环节）以及各种应用集中起来，这就形成了一种新的商业模式，以攫取更大的商业利润。有了市场需求，通过这个 AE 平台能够把产业链上各个环节的厂商都连接在一起，不管是芯片提供商还是网络运营商，还是服务提供商，通过 AE 平台，就能充分调动产业链各环节的积极性，将各环节的优势发挥出来，获得各环节都满意的商业利润。下面将举例说明这一模式，如图 5-21 所示。

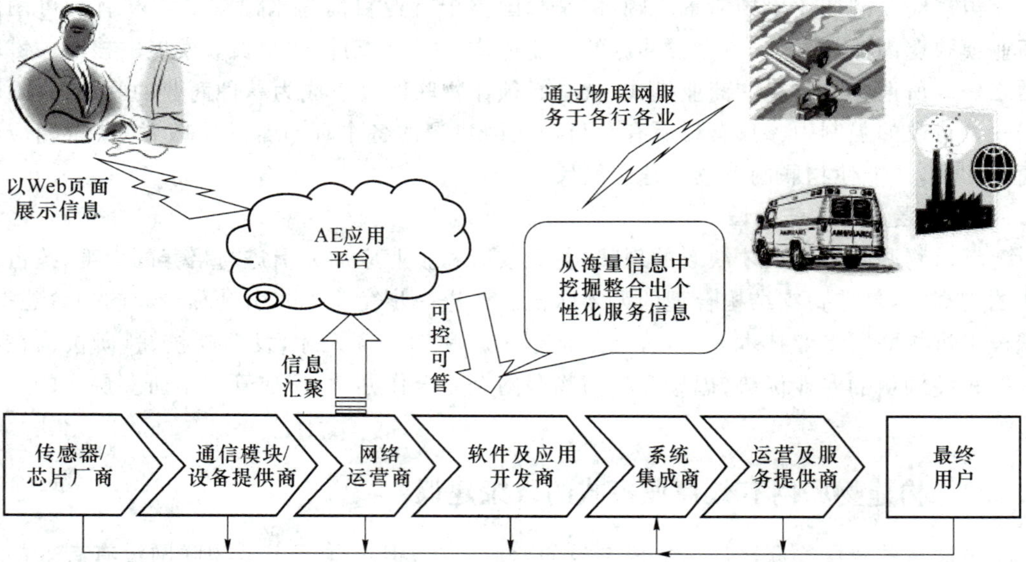

图 5-21　以信息平台构建有效商业模式

以农业物联网为例，所谓"农业物联网"，就是物联网技术在农业生产经营管理中的具体应用，通过操作终端及传感器采集各类农业数据，通过无线传感器网、移动通信网和互联网实现信息传输，通过操作终端实现农业生产过程监控。其初衷是实现农业生产的现代化，目前已有十余个省份在推广应用。随着物联网在现代农业中网络部署的完善，网络运营商将成为一个汇聚庞大的各类农业数据的信息平台，如农场的分布、蔬菜的种类及成长状态，等等，然后以可控可管的方式将农业信息和运营商的网络能力开放给应用开发商，应用开发商进行数据分析挖掘，细分市场，如果把处理的信息同销售环节结合起来，这就可能会出现一家或多家农产品销售厂商。如将农业信息同其他行业的信息整合，将会出现其他服务于农业的应用。系统集成商则通过这些应用将芯片产商、设备提供商和服务提供商等产业链上各环节联合起来。这使得目前貌似没有商机的地方获得商业利润，同时也拉动了物联网上下游各厂商的市场需求，促进了农业物联网的快速部署和完善。

这个模式以信息平台为支撑点，通过 AE 平台帮助业务开发商开发新业务，同时丰富的应用也是吸引用户的源泉，扩大了服务的范围，从而产生数量更大的商机和利润，使得物联网产业链上的各方都获得了共赢，并让最终用户享受到更优质的服务，从而提高最终用户的黏性和满意度，通过良性循环，打造了一个和谐的物联网生态系统，体现了有效商业模式的系统性、创新性、持续性和高效率的特点，并实现了客户价值最大化的目标。

2. 创造不同市场需求，助力有效商业模式的形成

物联网有效商业模式虽基本搭建完成，但商业模式的建立应与物联网的产业发展阶段密切相关，在不同的阶段，应创造不同市场需求，方能推动有效商业模式的快速形成。以驱动物联网市场需求的方式为依据，可以把物联网商业模式的发展先后分为政府驱动阶段和市场驱动阶段。

首先是政府驱动阶段，此阶段是物联网发展的初始阶段，即目前所处阶段，由于大众对物联网的认知还处于懵懂阶段，市场需求动力不足。此阶段物联网要发展必须获得政府的大力扶持，使政府成为物联网市场需求的第一驱动力，成为物联网应用最大的需求者和购买者。在此阶段，物联网的应用开发应集中于政府对矛盾突出的社会领域的监管应用，以及经济领域需求突出的行业监管应用的开发，如食品药品安全、公共安全、环境保护、城市管理等领域，以获得政府的资金投入。此阶段商业模式的特点最终要体现资金投入所引起的投资倍增效应，并要实现管理部门行政管理成本的大幅度降低和提高行政效率，以吸引政府的投资兴趣并持续使用。同时在该阶段，物联网企业还应关注并投入到那些将来会大规模应用的重要领域，如智能电网、智能汽车、智能医疗、智能家居等，为第二阶段商业模式的建立做好铺垫。

其次是市场驱动阶段。随着物联网标准体系的逐步建立和完善，应用稳步扩大到各行各业并渗透到个人生活。在此阶段，行业和社会生活需求将是物联网产业发展的第一驱动力，物联网的应用也将转而集中于基于聚合信息的产品和服务的创新。该阶段商业模式的特点应在于实现主要各行业组织的低成本运营和利润增长，并实现不同行业间的低门槛关联。此阶段也将是互联网、物联网、移动通信网络从技术到业务到商业模式的完整融合阶段。

3. 消除壁垒，加速有效商业模式的形成

要加速有效商业模式的形成就要快速消除物联网发展过程中已经形成的行业、地区和产业链内的壁垒，实现联动效应的最大化。

首先，物联网的发展应该在国家层面进行战略部署。在各地纷纷出台发展物联网产业政策的情况下，国家层面应有整体和统一的战略规划，进行顶层设计，明确物联网产业总体的定位、发展目标、时间表和路线图，以作为各地产业联盟发展的总纲领。

其次，各地区产业联盟之间应该错位发展，合作共生，消除地区壁垒。目前在产业发展中，各地已经将物联网当做一个朝阳产业大力扶持，如在长三角区域，不仅无锡、南京、杭州等地都有物联网产业基地，单上海就有两个物联网产业基地，这些基地如何避免重复建设、消除恶性竞争？要实现产业联盟之间联动最大化，就需要地方整体规划，做好联盟间沟通交流工作，各地的业务和发展方向分开，错位发展，与各地经济和特色相结合，做到各有侧重。如上海浦东就确立了“物联网双核联动”的行动规划，即以张江高科技园区为核心的产业技术和产业基地发展，以及以上海综合保税区为核心的产业应用发展的“双核效应”，实现了产业联盟间的联动效应。

最后，产业链内部壁垒问题的解决。物联网有效商业模式的形成需要依赖于产业链上各环节厂商相互扶持和合作，地方产业联盟内部可以成立一个物联网企业网络联盟平台，各环节上的厂商可以在这个平台的基础上开展各种实体活动，共同合作抢滩物联网市场，不仅可以在项目、销售环节，还可以在技术甚至专利等方面，实现多方合作共享，实现联动效应最大化，有利于物联网应用更快更好地投入到市场中，有了财富效应，资本才会大量集聚，才能更快地推动物联网有效商业模式的形成。例如，无锡“530”企业抱团抢滩物联网，530 家物联网企业合作愿望十分强烈，共同为地方物联网产业联盟消除内部壁垒做出了表率，以实现产业联盟内部联动最大化。

本章参考文献

[1] 田舒斌，苏少林，等. 2009—2010 年中国物联网产业发展报告[R]. 新华社智库，2010，4.

[2] 杨震. 物联网技术发展及产业政策研究[R]. 工信部软科学研究技术项目研究报告，2010，12.

第6章　物联网亟待解决的问题与展望

6.1 概　　述

传感技术、射频识别技术、通信技术等日渐成熟，从而使得物联网由概念逐步变成现实。但是真正要实现物联网的大规模应用，还需要人们作出大量的研究和开发工作，还面临着诸多挑战。表6-1归纳了尚待研究和解决的问题。首先是标准化活动，其次是地址和网络化的问题，最后则是安全和隐私问题[1]。

表6-1　物联网中尚待研究和解决的问题

	简短描述	详见
标准化	目前已有若干标准化的努力，但它们尚未被综合成一个全面的框架	6.1节
物体地址的移动支持	已有若干用于物体地址的建议，但在物联网的方案中尚无其对移动性的支持，其中特别是对异质技术的可扩展性和自适应性最重要	6.2节
命名	物体名词服务器(ONS)是需要的，以反映对一特定物体和有关识别器的描述	6.2节
传输规程	现有传输规程对物联网是没有用的，由于它不需要连接的建立和拥塞控制，而且现有这些规程当实现于物体时往往需要过量的缓存	6.2节
数据流特征及QoS支持	物联网中产生的数据流，其格式与现有的互联网中的帧不同。因此，必须规定新的QoS需求，和新的支持方案，特别是针对多媒体数据流的	6.2节
对物体的确认	物联网中对物体的确认是困难的，因为确认需要有相应的基础设施，而物联网的资源和计算能力往往是十分有限的	6.3节
数据的完整性	这通常由带有口令的保护数据予以保证，但在物联网中能提供强力保护的口令长度大多数情况下太短	6.3节
隐私	物联网中扩散个人隐私信息，利用现有技术是不可能解决的	6.3节
数字遗忘	随着存储器价格的不断下降，利用物联网所收集的全部信息。可以长期地保存着。即使几年后，仍可利用数据挖掘技术很容易收回，不致被遗忘	6.3节
多媒体信号处理与数据融合	传统的预测编码技术不适于物联网的编码处理，要采用分布编码	6.4节

6.2 标准化活动

物联网能否获得广泛应用和成功，标准化是关键。目前，围绕物联网的各种技术，许多科研机构和技术社区参与其中。表 6-2 综合了有关标准化的现状。

表 6-2 物联网标准化现状

标准	目的	状态	通信距离/m	数据速率/(kbit·s^{-1})	价格/美元
EPC global	把 RFID 技术综合到电子产品码(EPC)框架中。使人们能共享有关产品的信息	当代	~1	~100	~0.01
GRIFS	定义 RFID 标准，支持局部的 RFID 应用到物联网应用的转变，由欧洲协调	正进行	~1	~100	~0.01
M2M (machine to machine)	定义用于 M2M 通信的价格合理的方案，使其可能应用于市场	正进行	未定	未定	未定
6LoWPAN	把低功率 IEEE 802.15.4 设备综合到 IPv6 网络中	正进行	10~100	~100	~1
ROLL	规定异质低功率和有损网络的路由规程	正进行	未定	未定	未定
NFC	规定一组短程和双向通信	当代	~100	最高 424	~0.1
Wireless Hart	规定用于 IEEE 802.1.4 设备上的自组织、自愈和网格体系	当代	10~100	~100	~1
ZigBee	低价、低功率的无线网络，用于监视和控制	当代	10~100	~100	~1

射频识别(RFID)的标准化组织是 EPC global，ETSI 和 ISO。目前正分段地向标准化迈进。其主要部分是：RFID 频率、RFID 标签和阅读器的通信规程、标记的数据格式。

EPC 的标准化组织是 EPC global，它由国际物品编码协会(EAN)和美国统一代码委员会(UCC)联合成立，目前拥有上百家会员[2]。

全球 RFID 互操作标准化论坛 GRIFS(Global RFID Interoperability Foram for Standards)由 ETSI，GS1 和 CEN 于 2008 年发起成立，获得了欧盟支持。每两年开一次

会，旨在推动国际 RFID 标准间的互操作性。规定了 RFID 的通信体系、RFID 使用的频谱、影响 RFID 的安全和隐私问题[3]。

国际标准化组织(ISO)的工作重点在于物联网标准化的技术问题，诸如使用的频率、调制方案，以及反碰撞的规程[4]。

M2M 技术委员会由 ETSI 发起成立，旨在推动 M2M 系统和传感器网络的标准化活动。M2M 是物联网方向发展的启动性项目。目前 M2M 标准化还较少，市场上采用的是互联网、蜂窝网和 Web 技术。因此 ETSI 的 M2M 技术委员会的目的是：开发用于 M2M 的端到端体系和标准化工作，具体包括：传感器网络的综合、命名、地址、位置、QoS、安全、供电、管理、应用和硬件接口[5]。

6LoWPAN 是 IPv6 over Low power Wireless Personal Area Networks 的缩写，是隶属于 IETF 的一个工作组，关注 IPv6 在低功耗无线个域网的标准化工作[6]。6LoWPAN 规定了一组规程，可用于把传感器节点综合到 IPV6 网络中，其核心规程已经确定。6LoWPAN 工作组正努力研制四个标准草稿，包括改进的头压缩、6LoWPAN 的近邻发现、使用条件、路由需求等[6,7]。

ROLL 是 Routing Over Low Power & Lossy networks 的缩写，也是隶属于 IETF 的工作组。重点在于低功率和有损网络，它最近发布了 RPL(Ripple Protocol，波纹规程)、6LoWPAN 上的路由[8]。

欧洲关于物联网的 R&D 项目组(CERP-IoT)提出物联网标准化是未来互联网标准化的一个重要组成部分。未来将允许将各种物体连接到各种网络，固网或移动网络，并将允许在未来互联网中相互连接互通。因此，目前国际上，主要的标准化机构以及物联网的相关技术联盟都在物联网标准化问题上正在进行紧密的合作。需要指出的是，整个工业界的共同合作努力也进一步推动了 IoT 的应用范围[9]。

6.3　地址和网络化

物联网就是物物相连的互联网，这意味着物联网的节点数目可以达到无法想象的程度，每一个节点将产生任一授权用户所需的反馈内容。物联网中的每个物体都需要一个唯一的标识，这就需要有效的地址策略。现在的计算机网络中，人们通过一个 4 字节的地址，采用 IPv4 规程标识每一个节点。但众所周知，2011 年年初，IPv4 资源已经处于接近用完状态。因此很显然，应采用其他的地址策略而不再利用 IPv4。

正如 6.1 节所述，IPv6 地址已被建议用于 6LoWPAN 中的无线通信节点。IPv6 地址用 128 比特表示。因此它可规定 10^{38} 个地址。显然，这对识别任一物体所需地址数已是足够了。然而，由于 RFID 标准采用了 EPC global 标准化所规定的 64～96 bit 的识别器，这就需要把 RFID 标准的地址融入到 IPv6 网络中的方案。可以采用 IPv6 地址中的 64 比特作为接口识别器以报告 RFID 标记识别器，而网络前沿采用其他 64 比特，以表示 RFID 系统与互联网之间的网关地址[10]。

因此，该网关应这样处理，由 RFID 标记产生的消息并送入互联网：它将产生一个新的 IPv6 包。包中的负荷将包括由该标记产生的消息，而包的源地址则由串接该网关 ID (IPv6 地址的网络前缀复制)和 RFID 识别器产生。类似的，网关将处理来自互联网的 IPv6 包并导向某一 RFID 标记器。

然而，根据 EPC global 规定，当 RFID 标记识别器长达 96 比特，则该方法不能被采用。这就需要一个映射机制[11]，采用一种称为代理器的网络单元。它把 RFID 识别器映射成一个 64 比特的域。该域被用做于 IPV6 地址的接口 ID。图 6-1 给出了一种融合 RFID 和 IPv6 的方法[12]。

<table>
<tr><td>形式　流量类型</td><td colspan="3">流符号</td></tr>
<tr><td>负荷长度</td><td>下一个头</td><td colspan="2">跳的极限</td></tr>
<tr><td colspan="4">源地址(128 bit)</td></tr>
<tr><td colspan="4">接收地址(128 bit)</td></tr>
<tr><td>下一个头</td><td>头长度</td><td>选用类型</td><td>选用长度</td></tr>
<tr><td>RFID形式</td><td>消息形式</td><td colspan="2">备用</td></tr>
<tr><td colspan="4">RFID码(96比特)</td></tr>
<tr><td colspan="4">消息数据</td></tr>
</table>

图 6-1　把 RFID 消息封装入 IPv6 包中

上述方法的共同假设是：每一个 RFID 只有通过一个网络与 RFID 系统之间的网关，才能到达目的地。

还有两个问题需要分析：RFID 的移动性问题和地址获取问题。对于物联网的移动性问题，上述方法并不支持 RFID 的移动性。目前现有的一些研究成果对于物联网的异构网络而言，其移动性方案的可扩展性和自适应性已被证明尚存在问题。对比分析蜂窝网中的 HLR(Home Location Register)和 VLR(Visitor Location Registers)方案，存在中心服务器，这对于可扩展性而言是致命的。因此，需要设计一种类似移动 IP 的家庭代理来解决这一问题[13]。

还有一个问题是地址如何获得。在传统的互联网中，任一主机的地址是通过查询适当的服务器所谓的域名服务器(DNS)被识别的。域名服务器的功能是根据某一输入统一资源定位符(URL)提供主机的 IP 地址。在物联网中，通信对象是物体之间而不是主机之间。因此必须引入物名服务器(Object Name Service，ONS)，它对特定物体和有关的 RFID 标记识别器的描述附上一个参考帧[14]。具体讲，标记识别器被映射到一个互联网均匀位置参考器(Internet Uniform Refrence Locator，IURL)，它指向该物体的有关信息。

在物联网中，物名服务器应工作在两个方向，即对一给定 RFID 标记识别器所指定物体的描述，反之亦然。但该功能并非易事，它需要一个适当的服务，这被称为物体编码映射服务(Object Code Mapping Service，OCMS)[15]。在复杂的工作环境下，例如，在物联网中，物体编码映射服务的设计和评价是一个尚未解决的问题。

众所周知，传输层的主要目的是保证端到端的可靠性，并执行端到端的拥塞控制。传统互联网的传输层采用 TCP(Transmission Control Protocol，传输控制协议)，但 TCP 并不适用与物联网的传输层，主要存在以下一些原因[16]：

(1) 连接建立。TCP 是面向连接的，每次会话开始时有一个连接过程(即所谓的 3 次握手)。这在物联网中是不必要的。因为物联网是本来就已连接好的。而且，绝大多数通信只涉及少量的数据交换。这种连接建立过程将占据相当大部分的会话时间。

(2) 拥塞控制。由于物联网绝大多数通过采用无线介质，这对 TCP 来说是一个严重的挑战性问题。而且在一次会话中，物联网中被交换的数据量很小，因此拥塞控制是无用的。

(3) 数据缓存。TCP 需要把数据缓存于源点和接受点的缓存器中，不然无法恢复丢失的数据。物联网不可能采用价格高、消耗能量的缓存器。

到目前为止，物联网的传输层协议还需进一步研究和解决。主要是物联网中数据流的特性，至今仍不清楚，而这对设计网络基础设施和规程都是一个十分重要的基础。难点在于物联网中存在实现各种目的的传感节点，而且范围的分布式 RFID 系统网络刚刚起步，还未研究这个流的特性。为了支持 QoS，研究流的性能及其模型化显然是十分需要的[17]。对 M2M 通信 QoS 的模拟一直在进行，这对物联网来说应是一个关键问题。

6.4　安全和隐私

1. 安全

物联网的安全是个严重的问题，它很容易受到外来攻击。其原因是：首先，它的节点经常处于无人照顾的状态下，因此易受到攻击；其次，它的绝大多数通信是无线方式的，因而对它的偷听是十分简单的；最后，绝大多数物联网节点的能量和计算资源方面是十分有限的。无法实现支持安全性的复杂方案。

虽然最近有了若干解决方案，这些方案中，传感器节点被看做传感器网络的一部分，节点不与互联网直接相连，需要通过某些网关才能与互联网通信。而在物联网中则不然，传感器节点必须被看成是互联网的节点。最近也有一些方案建议用于 RFID 系统，但都还有若干的安全问题。

最后，至今没有一个方案可有助于解决代理攻击问题(Proxy Attack Problem)。它也被称为中间人攻击(man in the middle attack)，如图 6-2 所示，某一节点被用来识别某物或人，从而考虑提供对某一业务或某一区域的接入(例如，一个电子护照，或基于

RFID 的钥匙)。

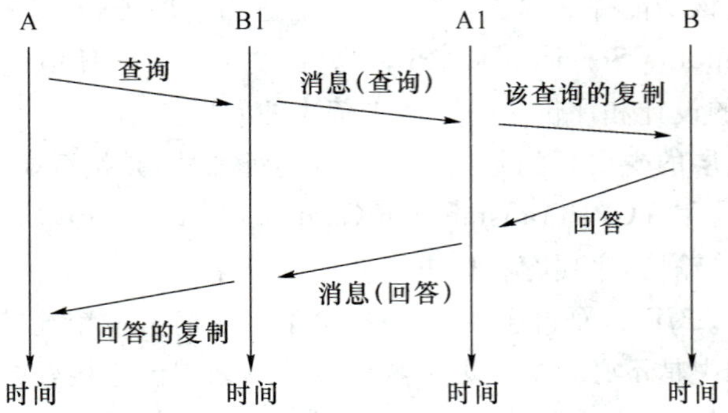

图 6-2　中间人攻击示意图

考虑这样的情况,A 是一个节点,它要通过某些 RF 机制确认其他系统,而一个攻击者则要偷得节点 B 的标示符。注意 B 可能是任一物联网的节点,它能计算和通信。攻击者带有两个收发信机,第一个接近于 A,称它为 B1,第二个接近于 B,称它为 A1。基本想法是,使 A 相信 B1 是 B,使 B 相信 A1 是 A。为此,节点 B1 将送出被确认节点 A 所接收的查询信号到 A1,A1 将传送该信号,使 B 接收它。可看到,被 A1 传送的信号正好是被 A 传送的信号的复制品,因此,节点 B 不可能理解该信号不是被 A 传送的,于是它将用其 B 的身份回答。节点 A1 接收这样的回答,并传送它给 B1,而 B1 将它传送到 A,节点 A 不能区别这样的回答不是 B 传送的,因此将 B1 识别为 B,并因此提供接入口。于是,不论该信号是否加密实现了 A 把 B1 当成 B。

2. 数据完整性

数据完整性是在某事件中没有系统地检测到变化时,对手不可能修改数据。数据完整性问题在传统的计算和通信系统中一直被广泛研究。在物联网中节点的大部分时间是不被照顾的,于是当数据存储于节点中时,或当它跨越该网络时,数据可能被修改,为保护这两类攻击。特别是 RFID 系统中,数据完整性的保护就更加复杂了。考虑到物联网中实体往往归属于不同的机构和组织,一种可行的数据完整性保护方案中的密钥管理也将是一个挑战性问题。

最后,所有支持安全性保护的方案,一般需要采用某些加密算法,这些加密算法的实现需要占用节点的计算资源,这往往需消耗收发端的大量能量和带宽资源。如果相应的代价过高,这在物联网中也将是无法推广应用的,这就要求安全保护的保护方案是一种轻量级的加密算法。

3. 隐私

隐私保护的意识在物联网中是一个严重的问题。个人很难控制其个人信息不被泄露。为了保证所收集的个人数据只用于支持授权提供者给出的授权业务。可以采用一个称做隐私中介器(privacy Broker)的代理服务器,该代理一方面与用户互通,另一方面与该业务互通。它保证向用户只提供严格需要的信息，这个方案的可扩展性还是存在一定的问题[18]。

4. 数字遗忘

这个问题尚处于启动阶段，因为它在最近才被认为是一个重要问题[19,20]。由于存储器价格不断下降，能存储的数据量惊人地增加，因此有必要提出一种有效的方案，可周期性地删除一些对自己已无用的信息。

本章参考文献

[1] Luigi Atzori, Antonio Iera, Giacomo Morabito. The Internet of Things: A Survey[J]. Computer Networks, 2010, 54(15): 2787-2805.

[2] Felice Armenio, Henri Barthel, Paul Dietrich, et al. the EPC global architecture framework[EB/OL]. www. epcglobalinc. org.

[3] GRIFS[EB/OL]. http://www. grifs-project. eu/.

[4] International Organization for Standardization[EB/OL]. http://www. iso. org.

[5] Shelby Z. ETSI M2M Slandardigatiom[S]. 2009-3-16.

[6] Nandakishore Kushalnager, Gabriel Montenegro, Christian P. Schumacher. IPv6 over Low-Power Wireless Personal Area Networks (6LoWPANs): Overview, Assumptions, Problem Statement, and Goals[C]. United States: ISOC, 2007.

[7] Shelby Z. News from the 75th IETF [DB/OL]. 2009-8-3. http://www. zachshelby. org.

[8] Roll[EB/OL]. http://tools. ietf. org/wg/roll/.

[9] Gérald Santucci. Internet of the future and internet of things: What is at stake and how are we getting prepared for them [C]. eMatch conference. Oslo, 2009.

[10] Sang-Do Lee, Myung-Ki Shin, Hyoung-Jun Kim. EPC vs. IPv6 mapping mechanism[C]//Advanced Communication Technology, The 9th International Conference. 2007: 1243-1245.

[11] Dong Geun Yoo, Dong Hyeon Lee, Chang Ho Deo, et al. RFID networking mechanism using address management agent[C]//Fourth International Conference on Networked Computing and Advanced Information Management. 2008: 617-622.

[12] Using RFID & IPv6 [EB/OL]. http://ipv6. com/articles/applications/Using-RFID-and-IPv6. htm.

[13] Perkins C. IP mobility Support for IPv4[C]//IETF RFC3344. United States: RFC Editor,2002.

[14] Mealling M. Auto-ID Object Name Service (ONS) 1.0 [S] Auto-ID Center Working Draft,2003.

[15] Krylov V, Logvinov A, Ponomarev D. EPC Object code Mapping Service Software Architecture: Web approach[C]. MERA Nerwork,2008.

[16] Cerf V, Dalal Y, Sunshine C. Specication of Internet Transmission Control Program. IETF RFC 675,1974.

[17] Chen D, Varshney P K. QoS support in wireless sensor networks: a survey, Proceedings of International Conference on Wireless Networks[C]. 2004.

[18] Lioudakis G V, Koutsoloukas E A, Dellas N, et al. Aproxy for privacy, the discreat box[C] EUROCON, International Conference on Computer as a Tool (EUROCON)2007. 966-973.

[19] Viktor Mayer-Schonberger. Delete: The virture of forgetting in digital age [M]. Woodstock Princeton Univercity,2009.

[20] Clive Thompson. 25 Ideas for 2010, Digital Forgetting[J]. Wired UK,2009 (11).